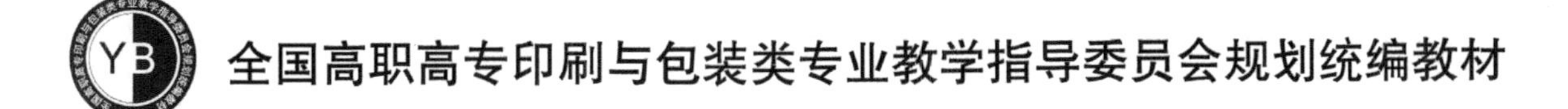

平版印刷机结构与调节技术

Pingban Yinshuaji Jiegou Yu Tiaojie Jishu

主　编： 郭俊忠

编　著： 郭俊忠　赵世英　杨海明　佟成男　杨景亮

主　审： 赵吉斌

内容提要

本书根据平版印刷工的岗位要求，以《平版印刷工国家职业标准》为依据，基于平版印刷机操作的工作过程，将理论与实践相结合的一体化教材。本书共分7个教学情景，22个教学任务，每个教学任务包括学习目标、学习方法建议、教学实施等内容，每个教学任务同时还包括实施任务书和项目考核表。

本书既可作为高职高专院校开设印刷技术、印刷设备及工艺专业的平版印刷机结构与调节技术课程的教材，也可作为平版印刷工职业等级鉴定培训参考书。

图书在版编目（CIP）数据

平版印刷机结构与调节技术/郭俊忠主编.-北京:文化发展出版社，2013.8

全国高职高专印刷与包装类专业教学指导委员会规划统编教材

ISBN 978-7-5142-0670-8

I.平… II.郭… III.平版印刷机－结构;平版印刷机－调节 IV.TS825

中国版本图书馆CIP数据核字(2013)第066910号

平版印刷机结构与调节技术

主　　编：郭俊忠
编　　著：郭俊忠　赵世英　杨海明　佟成男　杨景亮
主　　审：赵吉斌

责任编辑：张　琪　　责任校对：岳智勇
责任印制：邓辉明　　责任设计：侯　铮
出版发行：文化发展出版社（北京市翠微路2号 邮编：100036）
网　　址：www.wenhuafazhan.com
经　　销：各地新华书店
印　　刷：北京建宏印刷有限公司

开　　本：787mm×1092mm　1/16
字　　数：280千字
印　　张：12
印　　次：2013年8月第1版　2020年7月第5次印刷
定　　价：39.00元
I S B N：978-7-5142-0670-8

◆如发现印装质量问题请与我社发行部联系。直销电话：010-88275710
◆我社为使用本教材的授课老师提供免费教学课件，欢迎来电索取。电话：010-88275715

出版说明

CHUBAN SHUOMING

20世纪80年代以来，世界印刷技术飞速发展，中国印刷业无论在技术层面还是产业层面都取得了长足的进步。桌面出版系统、激光照排、CTP技术、数字印刷、数字化工作流程等新技术、新设备在中国印刷业得到了快速普及与应用。

新闻出版总署发布的印刷业“十二五”时期发展规划提出，要在“十二五”期末使我国从印刷大国向印刷强国的转变取得重大进展，成为全球第二印刷大国和世界印刷中心，我国印刷业的总产值达到9800亿元。如此迅猛发展的产业形势对印刷人才的培养和教育工作也提出了更高的要求。

近30年来，我国印刷高等教育与印刷产业一起得到了很大发展，开设印刷专业的职业院校不断增多，培养的印刷专业人才无论在数量上还是质量上都有了很大提高。印刷产业的发展离不开职业教育的支持，教材又是教学工作的重要组成部分，印刷工业出版社自成立以来，一直致力于专业教材的出版，与国内主要印刷专业院校建立了长期友好的合作关系，出版了一系列经典实用的专业教材。

2005～2010年期间，印刷工业出版社作为“全国高职高专印刷与包装类专业教学指导委员会”（以下简称‘教指委’）委员单位，根据教育部《全面提高高等职业教育教学质量的若干意见》的指导思想，在教指委的规划指导下，组织国内主要印刷包装高职院校的骨干教师，编写出版了《印刷专业技能基础》《数字印前技术》《印刷色彩管理》《组版技术》《包装材料学》《印刷概论》《印刷原理与工艺》《数字印刷与计算机直接制版技术》《制版工艺》《印刷电工电子学》《印刷色彩学》《胶印机操作与维修》《印刷质量控制与检测》《现代印刷企业管理与法规》《柔性版印刷技术》《印后加工工艺及设备》《印刷专业英语》共计17门高职高专规划统编教材，其中，《包装材料学》《印刷专业技能基础》《数字印前技术》《印刷色彩管理》《组版技术》5本教材被教育部列为“十一五”国家级规划教材；《印刷专业技能基础》在2008年被教育部评选为“十一五”国家级规划教材中的精品教材。这套教材出版后，得到了全国印刷包装高职院校的广泛使用，有多本教材在短时间内多次重印。

随着印刷专业技术的快速发展和高等职业教育改革的不断深化，为了更好地推动印刷与包装类专业教育教学改革与课程建设，紧密配合教育部“十二五”国家级规划教材的建设，2010年，教指委根据全国印刷包装高职院校的专业建设和教学工作的实际需要，又规划并评审通过了一批统编教材，进一步补充和完善了已有的教材体系。印刷工业出版社承担了《数字印刷实训教程》《纸包装印后加工技术》《丝网印刷工艺与实训》《数字图像处理与制版技术》《印刷电气控制与维护》《数字化工作流程应用技术》《平版印刷实训教程》《印刷工价计算》等多本规划统编教材的出版工作。同时，还将对已经出版的统编教材进行修订，这些教材将于2011～2013年期间陆续出版。

总的来说，这套教材具有以下显著特点：

● 注重基础，针对性强。本套教材的编写紧紧围绕高职高专教育教学改革的需要，从实际出发，重新构建体系，保证基本理论和内容体系的完整阐述，符合高职高专各专业课程的教学要求。

● 工学结合，实用性强。本套教材依照高等职业教育的定位，突出高职教育重在强化学生实践能力培养的特点，教材内容在必备的专业基础知识理论和体系的基础上，突出职业岗位的技能要求，在不影响体系完整性和不妨碍理解的前提下，尽量减少纯理论的叙述，并采用生产案例加以说明，使高职高专的学生和相关自学者能够更好地学以致用，收到实效。

● 风格清新，体例新颖。本套教材在贯彻知识、能力、技术三位一体教育原则的基础上，力求编写风格和表达形式有所突破，应用了大量的图表、案例等形式，并配备相应的复习思考题，实训教程还配备相应的实训参考题，以降低学习难度，增加学习兴趣，强化学生的素质，提高学生的操作能力。本套教材是国内最新的高职高专印刷包装类专业教材，可解决当前高等职业教育印刷包装专业教材急需更新的迫切需求。

● 编者队伍实力雄厚。本套教材的编者来自全国主要印刷高职院校，均是各院校最有实力的教授、副教授以及从事教学工作多年的骨干教师，对高职教育的特点和要求十分了解，有丰富的教学、实践以及教材编写经验。

● 实现立体化建设。本套教材采用教材＋配套PPT课件（供使用教材的院校老师免费使用）。

“全国高职高专印刷与包装类专业教学指导委员会规划统编教材”已经陆续出版并稳步前进，我们真诚地希望全国相关院校的师生及行业专家将本套教材在使用中发现的问题及时反馈给我们，以利于我们改进工作，便于作者再版时对教材进行改进，使教材质量不断提高，真正满足当今职业教育发展的需求。

印刷工业出版社

2011年4月

PREFACE

随着我国印刷行业的快速发展，迫切需要一批掌握平版印刷机操作的高技能型人才。本书是根据平版印刷工的岗位要求和国家职业技能标准，本着以就业为导向、以能力为本位、以学生为主体的教学理念，为满足职业岗位需求与学生可持续发展的要求开发的、理论与实践相结合的一体化教材。本教材的特点是：

1. 教学内容与职业标准相结合，体现岗位要求。
2. 以“任务”为载体，实现理论与实践的有机统一。
3. 以学生为主体，充分调动学生的学习积极性。

本书共分7个情境，22个教学任务，每个教学任务设计了任务书和任务评价标准。情境1介绍了平版印刷机的基本组成和主要操作界面。情境2～5分别介绍平版印刷机各个部分的结构及调节。情境6介绍了平版印刷机的润滑、维护和保养。情境7为综合实训提高。

本书由郭俊忠主编，赵吉斌主审。情景1和情景3由郭俊忠编写，情景2和情景4由赵世英编写，情景5由杨海明编写，情景6由佟成南编写，情景7由杨景亮编写，杨军平、王华明在本书的编写过程中给予了很多帮助，在此表示感谢。

本书以单张纸平版印刷机为主，介绍了常见平版印刷机的基本结构和调节方法。在编写过程中参考了国内有关印刷机结构、原理及操作等方面著作，书后列出了参考文献，在此对所参考著作的作者表示感谢。同时，本书在编写过程中得到北京印刷学院教务处的大力支持，在此表示感谢。

由于时间仓促，加之作者编写水平有限，难免有疏漏之处，敬请印刷行业的专家和读者批评指正。

编　者

2013年3月28日

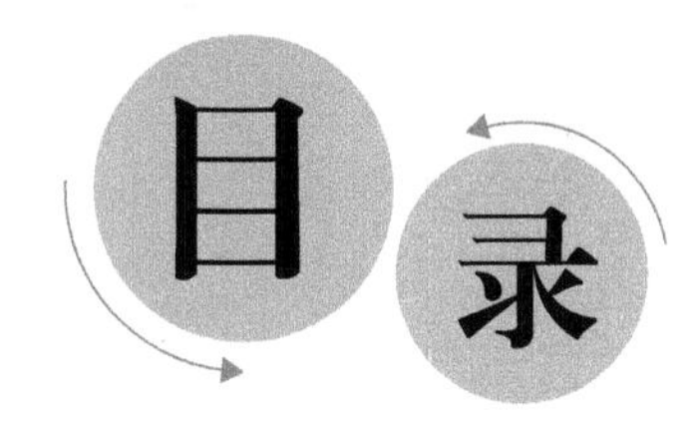
目
录

情景 1

启动平版印刷机

知识目标

1. 熟悉平版印刷机的分类和命名。
2. 掌握平版印刷机的基本组成及各部分的作用。
3. 熟悉平版印刷机传动面、操作面及操作。
4. 熟悉传动链、主传动系统图。
5. 了解国内、国外主要的机型及特点。

能力目标

1. 能够根据平版印刷机标牌识别平版印刷机的机型、规格及性能。
2. 能够指出平版印刷机各组成部分。
3. 能够根据传动系统图，分析平版印刷机的传动并调节传动系统。
4. 熟悉窗口菜单操作。

任务 1.1　认知平版印刷机

1. 学习目标

知识：掌握平版印刷机的组成；掌握国产及进口平版印刷机的编号；熟悉平版印刷机的按钮布局及操作界面。

能力：根据平版印刷机的标牌识别机型、性能、规格。能够分析平版印刷机的组成。

情感：通过案例教学激发学生的好奇心和学习兴趣，树立自信心。

2. 学习方法建议

宏观——四步教学法，微观——引导、案例教学，分组讨论。

3. 教学实施

工作过程	工作任务	教学组织
资讯	（1）平版印刷机的组成； （2）平版印刷机的分类； （3）平版印刷机的命名； （4）平版印刷机的操作界面	（1）公布项目和工作任务； （2）学生分组，明确分工

续表

工作过程	工作任务	教学组织
计划	（1）分析平版印刷机的组成； （2）根据铭牌指出平版印刷机的类型； （3）操作界面操作	（1）学生制订完成任务的方案，包括完成任务的方法、进度、学生的具体分工； （2）对学生提出的方案进行指导，帮助形成方案
实施	（1）按计划项目实施； （2）技术文件归档	（1）各小组按照制订的工作任务逐项实施； （2）对任务进行重点指导； （3）技术文件归档
检查评估	（1）分析学生完成任务的情况，并提出改进措施等； （2）技术文件归档； （3）完成个人报告； （4）撰写小组自评报告	（1）评估任务完成的质量、关注团队合作、考勤等； （2）教师指出过程中的不足，团队分析原因，提出优化意见

4. 工作对象

平版印刷机。

5. 工具

教材、课件、多媒体、黑板、工具箱。

6. 教学重点

平版印刷机的组成、平版印刷机的传动系统。

7. 考核与评价

结合实施任务书和任务考核表进行考核与评价，其中，成果评定60%、学习过程评价30%、团队合作评价10%。

实施任务书

项目	项目内容	分析实施
1	分析平版印刷机的组成	
2	根据铭牌指出平版印刷机的类型	（1）PZ4880－01B； （2）YP2A1A； （3）YP4880； （4）HEIDELBERG Speedmaster 102－4； （5）HEIDELBERG Speedmaster CD 102－4 LYYL； （6）KBA RAPIDA 105－4； （7）MITSUBISHI DIAMOND 3000－4 LS； （8）KOMORI LITHRONE S440
3	操作界面操作	

任务考核表

项目	考核内容	评价标准	分值
1	分析平版印刷机的组成	（1）能够指出平版印刷机各部分的名称与作用； （2）能够找到平版印刷机各组成部分； （3）能够找到平版印刷机的操作面与传动面； （4）能够找到操作面板	40

续表

项目	考核内容	评价标准	分值
2	根据铭牌指出平版印刷机的类型	（1）指出生产厂商； （2）分类名称； （3）印版种类； （4）印刷色数； （5）承印材料规格； （6）其他特性	30
3	操作界面操作	（1）总电源； （2）电铃； （3）急停； （4）正向点动； （5）运转开； （6）运转停； （7）合压； （8）给纸； （9）给纸气泵； （10）收纸气泵	30

一、平版印刷机的发展及分类

1．平版印刷机的发展

平版印刷机所使用的印版的图文部分与空白部分几乎处于同一平面。印刷过程中，先将印版上的图文转印在中间载体（橡皮布）上，再转印到承印物上的间接印刷方式的印刷机。平版印刷机的印版通过技术处理，使图文部分亲油疏水，空白部分亲水疏油，利用油、水不相溶的原理，印刷过程中对印版先上水，再上墨。

1796年德国人塞纳菲尔德做成了第一台平版印刷机以来，经过对平版印刷机的不断改进，形成了各种各样的平版印刷机。由于平版印刷机印版制作简单、操作方便、印刷速度快、效率高、印刷质量好等优点，这类印刷机占整个印刷机市场比例是最高的。但平版印刷机在印刷过程中会出现油墨的乳化、纸张伸缩等现象，对印刷质量有一定影响。近几年，随着科技水平的提高，采用新型斥墨的硅橡胶层作为印版空白部分的印版问世以来，代表绿色环保的无水平版印刷机得到了快速的发展。

2．平版印刷机的分类

（1）按纸张类型分类

可分为单张纸平版印刷机和卷筒纸平版印刷机。卷筒纸平版印刷机也称轮转机，按用途不同可分为报纸印刷轮转机和商业印刷轮转机。

（2）按印刷纸张幅面大小分类

可分为全张、对开、四开、六开和小型印刷机。

（3）按印刷色数分类

可分为单色、双色、四色、五色、六色、七色、八色、十二色等多色印刷平版印刷机。

(4) 按印刷速度分类

可分为低速印刷机（印刷速度 $v \leqslant 6000$r/h）、中速印刷机（6000r/h $< v \leqslant 10000$r/h）、高速印刷机（$v \geqslant 10000$r/h）。

(5) 按印刷面数分类

可分为单面平版印刷机、双面平版印刷机、单双面可变式平版印刷机。

(6) 按滚筒排列方式分类

可分为机组式、半卫星式、卫星式、B－B 式平版印刷机。

二、平版印刷机的组成

如图 1－1－1 所示，平版印刷机由输纸、印刷和收纸三个重要的组成部分构成。

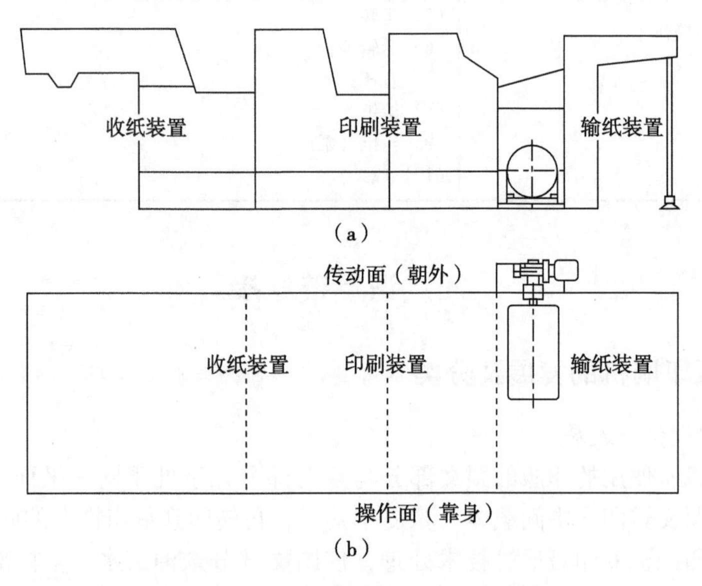

图 1－1－1 平版印刷机各部分的名称

平版印刷机两侧分别为传动面和操作面，操作面是操作人员控制平版印刷机的主要位置，设有控制平版印刷机运转的控制面板或操作手柄。平版印刷机的另一侧称为传动面，大部分传动齿轮设置在这一侧。操作面的左侧设有收纸装置，操作面的右侧设有输纸装置。

平版印刷机可分为输纸系统、传纸系统、印刷装置、润湿装置、输墨装置、收纸装置及辅助设备等装置。如图 1－1－2 所示为单张纸平版印刷机的组成。

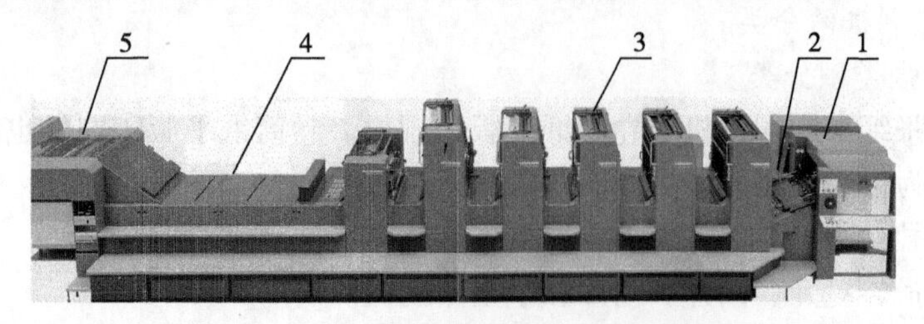

图 1－1－2 单张纸平版印刷机的组成

1—输纸系统；2—传纸系统；3—印刷装置；4—联机干燥装置；5—收纸装置

1. 输纸系统

输纸系统的主要作用是为印刷部分连续、稳定地提供纸张。单张纸平版印刷机输纸系统主要包括给纸台、输纸头（飞达）、输纸板等组成部分。卷筒纸平版印刷机输纸系统主要包括安装、开卷、接纸、制动等装置，以保证纸带能够按照输纸要求连续不断地进入印刷装置。

2. 传纸系统

传纸系统包括定位和传递。定位的主要作用是将输纸系统传过来的纸张在输纸板上相对于印刷滚筒有确定的位置，实现纸张定位的装置有前规和侧规。传递的作用是将经过定位的纸张传递到印刷滚筒上。卷筒纸平版印刷机传纸系统主要包括拉伸和引导系统。拉伸主要是通过采用驱动辊进行纸带拉伸和控制，使纸带获得必要和稳定的张力，维持纸带的正常印刷和印刷质量。引导是根据机器和印刷要求，支撑和牵引纸带沿规定的路线运行，使纸带获得导向、翻转、平移和干燥。

3. 印刷装置

印刷装置是印刷机的核心，是实现油墨转移、保证印刷质量的重要装置。它主要包括印刷滚筒（印版滚筒、橡皮滚筒、压印滚筒）、离合压部件和调压部件。

4. 湿润装置

湿润装置的主要作用是为印版空白部分提供均匀的水膜。主要包括水斗辊、传水辊、着水辊等。

5. 输墨装置

输墨装置的主要功能是为印版图文部分传递油墨，形成均匀的墨膜。主要包括墨斗辊、传墨辊、串墨辊、着墨辊等。

6. 收纸装置

单张纸收纸装置的主要功能是将印刷后的纸张连续、稳定地传递到收纸台上，并实现纸张的闯齐。主要包括纸张传送、纸张减速、纸张平齐、纸张防污与平整系统和收纸台等。卷筒纸收纸装置有裁切、折页和复卷等方式。

7. 联机上光/干燥装置

单张纸联机上光装置是通过在印刷品涂布一层无色透明涂料，从而改善印刷品表面性能的一种有效方法，可以增加印刷品表面的光泽，提高印刷品的耐磨性和表面强度。联机干燥装置可以使印刷品上的油墨迅速固化，缩短印刷品的干燥时间。

三、平版印刷机的命名

1. 国产机的命名方法

我国印刷机产品型号编制方法曾制定了五个标准，第一个是JB/Z 106—1973，这是我国第一次为印刷机产品命名，实现了从无到有。其后诞生了JB 3090—1982、ZBJ 87007. 1—1988、JB/T 6530—1992及JB/T 6530—2004等印刷机的命名标准。

（1）JB/Z 106—1973标准（1973年7月1日实施，1983年1月1日止）

该标准将印刷机型号分为基本型号和辅助型号两部分。基本型号采用印刷机分类名称汉语拼音的第一个字母来表示，辅助型号则包括机器的主要规格（如纸张幅面、印刷色数等）和顺序号。

①基本型号表示产品分类名称。如J表示胶印机，T表示凸版印刷机，A表示凹版印刷机，K表示孔版印刷机，JJ表示卷筒纸胶印机，JS表示双面胶印机。

②单张纸印刷机第一个数字表示幅面。1代表全张，2代表对开，4代表四开，……

③单张纸印刷机第二个数字表示色数。1代表单色，2代表双色，4代表四色，……

④单张纸印刷机的第三和第四个数字表示设计的顺序号。产品的顺序号用01，02，03，……表示。

⑤最后一个字母表示改进设计的版本。用英语字母A，B，C，……表示第一次改进设计，第二次改进设计，第三次改进设计。

例：

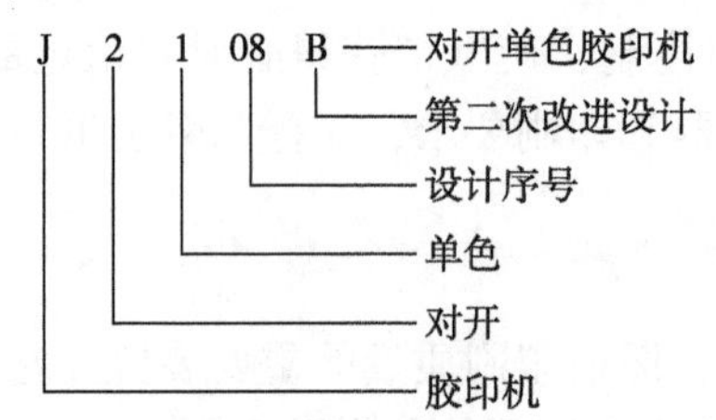

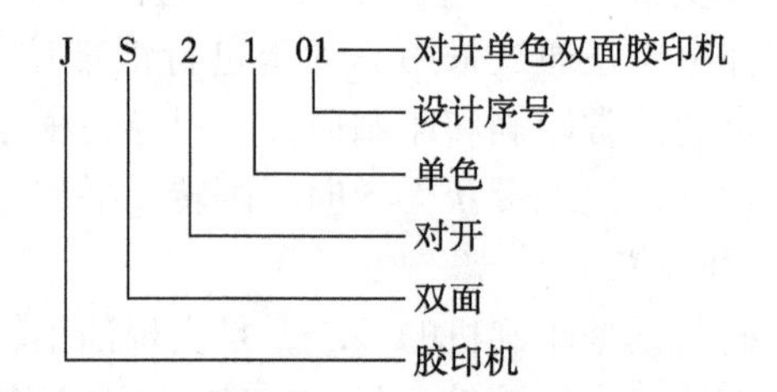

（2）JB 3090—1982标准（1983年1月1日实施，1989年1月1日止）

此标准规定产品型号由主型号及辅助型号两部分组成。主型号一般依次按产品分类名称、结构特点、纸张品种、机器用途及自动化程度等顺序编制，主型号均采用汉语拼音字母表示。辅助型号为产品主要性能规格及设计顺序，辅助型号性能规格用数字表示，设计顺序采用英语字母A、B、C表示。使用了平版的P代替了胶印的J；使用了纸张的幅面宽度参数代替了纸张幅面的开数。PZ表示机组式平版印刷机，PJ表示卷筒纸平版印刷机，PW表示卫星式平版印刷机，PD表示对滚式平版印刷机等。

例：

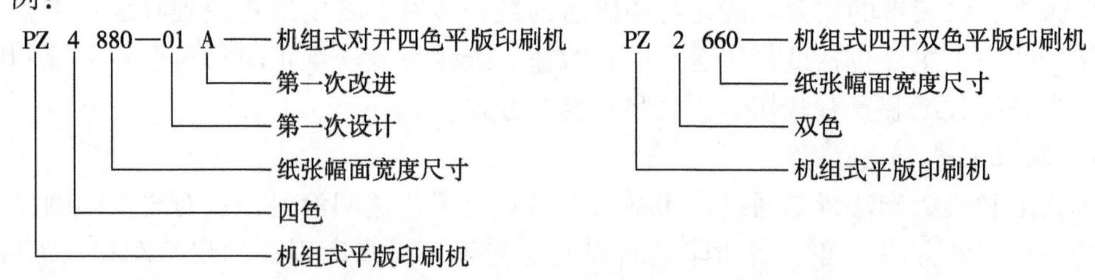

（3）ZBJ 87007. 1—1988标准（1989年1月1日实施，1993年1月1日止）

该标准规定产品由主型号和辅助型号组成。主型号表示产品的分类名称、印版种类、压印结构型式、印刷面数等，用大写汉语拼音字母表示，辅助型号表示产品的主要性能规格和设计顺序，用阿拉伯数字或英语字母表示。该标准的产品型号由以下7个方面组成。

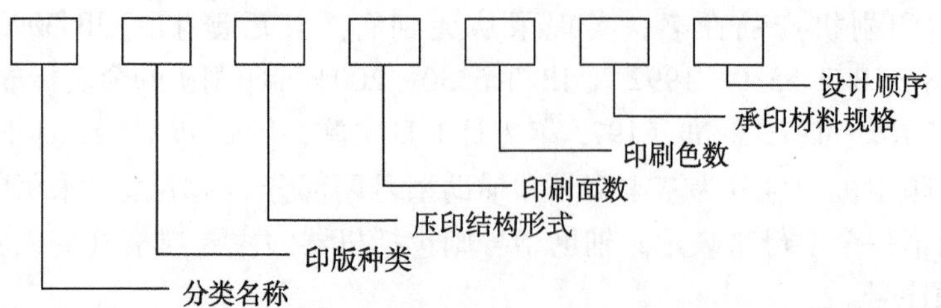

①分类名称：印刷机用Y表示。

②印版种类：P代表平版、T代表凸版、A代表凹版、K代表孔版。

③压印结构型式：P代表平压平凸版、T代表停回转凸版、Y代表一回转凸版、E代表二回转凸版、W代表往复转凸版等。

④印刷面数：单面印刷机不表示，双面印刷机与单双面可变印刷机用“S”表示。

⑤印刷色数：用数字1、2、4、5、6、…表示。

⑥承印材料规格：单张纸用A0、A1、A2、A3或B0、B1、B2、B3，卷筒纸用纸卷的宽度尺寸表示。

⑦设计序号：第一次不标，以后用A、B、C、…表示。

例：

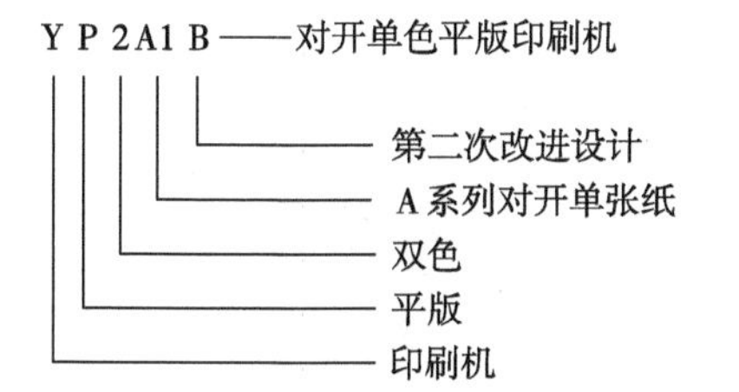

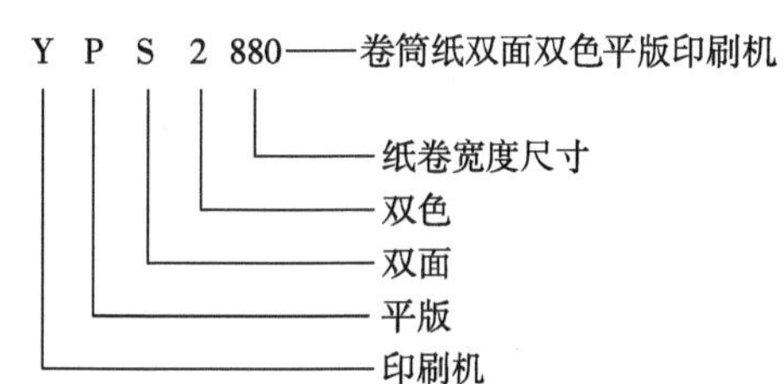

（4）JB/T 6530—1992标准（1993年1月1日实施，2005年3月31日止）

此标准与1988年标准基本相同，仅有三方面变化。

①用S表示双面印刷机或单双面可变印刷机，单面印刷机不表示。

②表示印刷机的色数时，单色不表示。

③改进设计字母也可表示第二个厂家开发的产品。

（5）JB/T 6530—2004标准（2005年4月1日实施）

此标准与1988年标准有很多相同之处，除了在印版的种类中将凸版分成了两类，改进在单张纸非标准规格的表达外，增加了第八项特殊功能项目代号。具体变化如下：

①印版种类中的凸版分成两类，用硬版（T）和柔版（R）表示。

②承印材料规格中单张纸非标准规格，采用以mm为单位的数字表示。

③特殊功能代号，企业可以自己编写。

例：

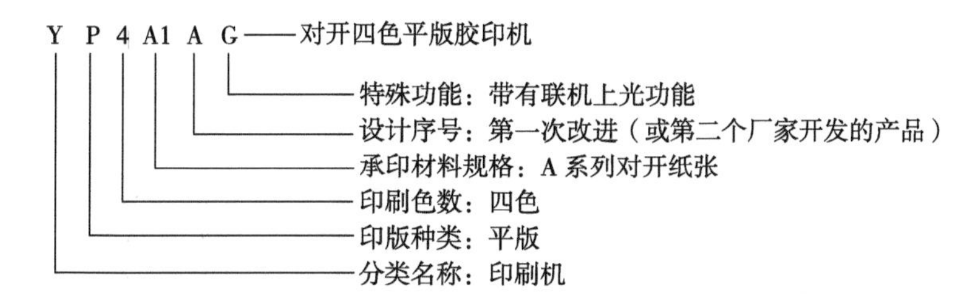

2．进口胶印机的命名方法

（1）海德堡印刷机的命名方法

海德堡公司的印刷机主要分为GTO系列、SM系列、CD系列、XL系列等。如：Heidelberg CD102，Heidelberg SM74。

①定位小幅面印刷的小型机型：GTO52、SM52、PM52。

②定位发展型的中小企业：SM74、PM74。

③面向印刷企业的通用机型：SM102、CD102、CD74。

④推动潮流的新机型：XL105。

在海德堡的型号中，如 52、74、102 指的是印刷机幅面，单位为 cm，其他的字母分别是：

L——上光，机器配有联机上光装置。

H——高台收纸。

P——翻转装置，可以根据需要进行双面印刷。

Y——机组间的干燥装置。

X——加长收纸中的干燥装置。

例：

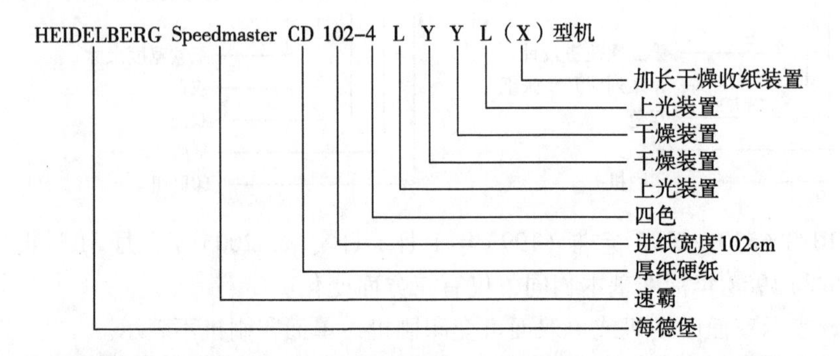

（2）罗兰印刷机的命名方法

罗兰公司的命名方法主要是厂商 + 系列号。如：Roland 204、Roland 304、Roland 706、Roland 907 等系列。204、304、706、902 中前两个数字表示幅面，最后一个数字代表色数。其他字母分别是：

L——上光，机器配有联机上光装置。

H——高台收纸。

P——翻转装置，可以根据需要进行双面印刷。

T——机组间的干燥装置。

V——加长收纸中的干燥装置。

例：

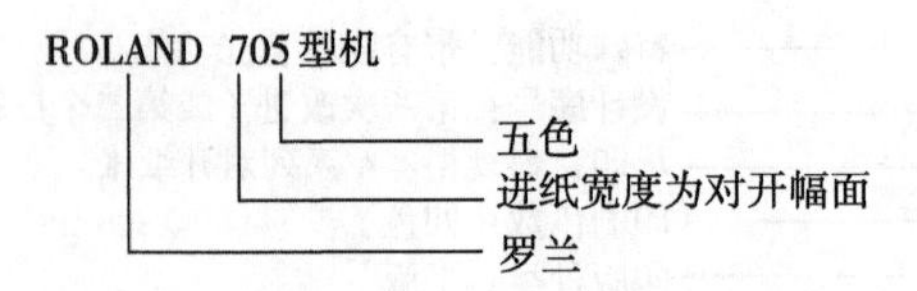

（3）高宝印刷机的命名方法

高宝公司的命名方法主要是厂商 + 系列 + 幅面，与海德堡公司的类似。如：KBA RA105、KBA RA74、KBA RA142 等。（RA 表示 RAPIDA 系列，数字表示进纸宽度，单位 cm）。在高宝的机型中有一些字母，每个字母都有它们的含义。

L——上光，机器配有联机上光单元。

P——翻转装置，可以根据需要进行双面印刷。

T——干燥装置，在印刷机组之间或印刷机组与上光机组之间的干燥装置。

ALV——加长收纸中的干燥装置。

例：

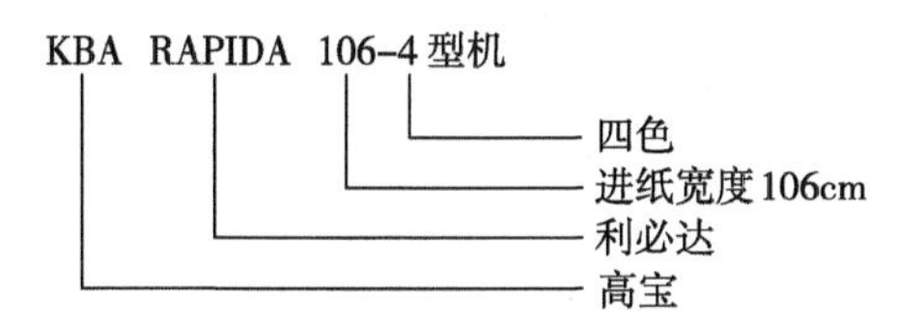

（4）小森印刷机的命名方法

小森公司的命名方法是厂商＋系列＋幅面，但是它描述幅面的参数使用的是英制单位。如：KOMORI Lithrone S40 等（小森丽色龙40英寸，即对开）。

例：

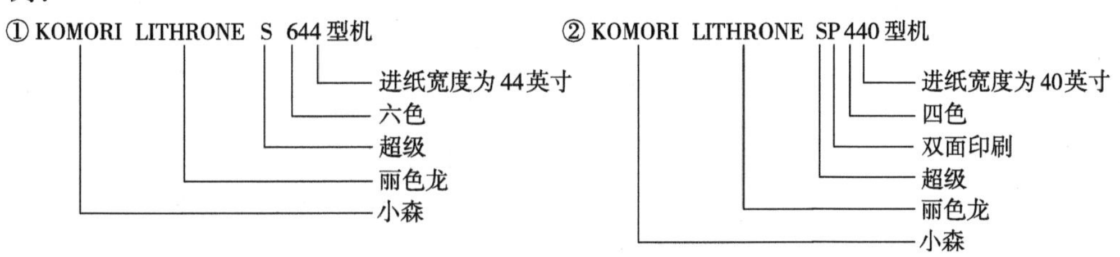

（5）其他国外印刷机的命名

例：

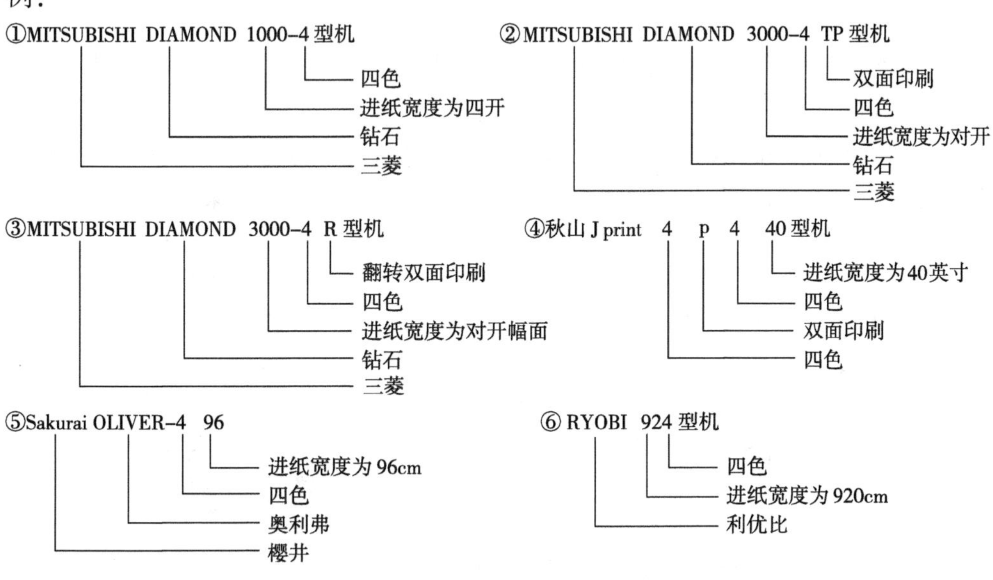

四、安全防护装置

为了防止意外事故，保证操作人员和机器的安全，印刷机上一般都设有相应的安全装置。

1. *防护罩*

在操作面、传动面两边墙板外侧都安装有密闭罩，有固定式安全防护罩和可拆卸式安全护罩。

（1）固定式安全防护罩

印刷机上的固定式安全防护罩能够有效地防止任何人触及机器内旋转着的辊子、滚筒或触及套准机构，这类防护罩可保护操作人员的安全以及防止异物侵入，对机器传动精度及润滑也提供了一定的保证。固定式防护罩主要安装在操作面、传动面两边墙板外侧；链传动部位、带传动部位、收纸部位前方及上方；印版滚筒与橡皮滚筒处；在一些水辊、墨辊、印刷滚筒之间还安装有手指保护杠。只有当印刷机停车后，才能拆卸防护罩。所有防护罩安装好后印刷机才可工作。如图 1－1－3 所示为海德堡 SM CD102 的固定式安全防护罩安装位置。

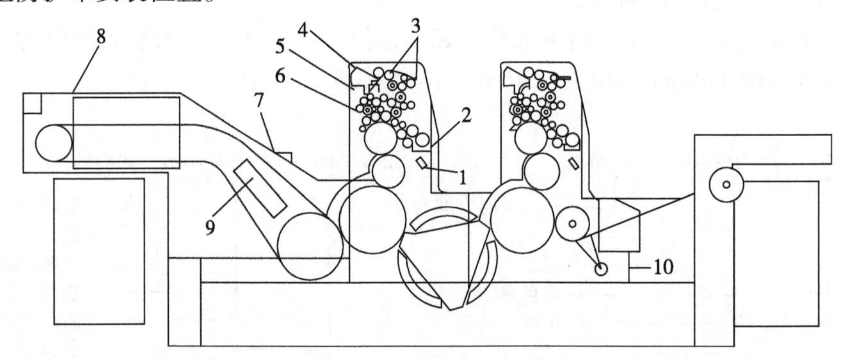

图 1－1－3　海德堡 SM CD102 固定式安全防护罩安装位置

1—橡皮布清洗装置前方的防护杠；2—水斗槽；3—串墨辊前方、上方的防护杠；4—墨斗上方的防护罩；5—墨斗下方和串墨辊前方的防护杠；6—换版器前方的防护罩；7—收纸叼牙系统上方的防护罩；8—收纸叼纸牙系统上方的防护罩；9—烘干器开口前方的防护罩；10—递纸牙前方的保护罩

（2）可拆卸式安全防护罩

印刷机的可拆卸式安全防护罩是指在印刷机调节和维修工作时能够用手打开的安全罩。这类防护罩安装有限位开关。如果印刷机运行过程中触发了某个安全防护罩，印刷机会立即停止运行。当印刷机的墨斗辊、水斗辊、上光涂料辊等采用单独电机驱动时，这些辊子的转动则不受影响，除非触发的是墨斗辊、水斗辊、上光液辊所在处的防护罩。如图 1－1－4 所示为海德堡 SM CD102 可拆卸式防护罩安装位置。

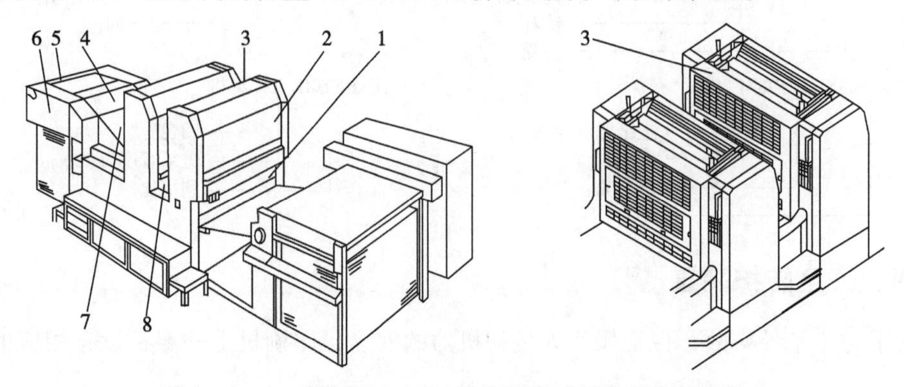

图 1－1－4　海德堡 SM CD102 可拆卸式防护罩安装位置

1—传纸滚筒前方的防护罩；2—润湿系统前方的防护罩；3—印版滚筒和橡皮滚筒前方的防护罩；4—纸张制动器上方的防护罩；5—收纸堆和收纸叼牙前方的防护罩；6—收纸单元侧面防护罩；7—收纸单元斜面防护罩；8—压印滚筒、传纸滚筒、收纸滚筒上方的防护罩

2. 紧急停机

当印刷机在操作、运转中将要出现重大危险的情况时，按下紧急停机按钮，印刷机立即停止运转。若墨斗辊、水斗辊、上光液辊由单独电机驱动，则这些辊子的转动不受限制，这时除电铃外其他所有按键都不起作用。“紧急停机”按钮按下并不表示印刷机断电。

3. 安全杠

在印版滚筒与橡皮滚筒之间设置安全杠，防止擦布、衣物及手指等卷入机器。在输纸板前沿的前规处也设置安全杠，可防止输纸过程中纸面上的异物进入滚筒而造成事故。

4. 纸堆升降安全防护装置

给纸台与收纸台都设有控制纸堆升降的限位开关，将纸堆控制在所要求的范围内。如按动给纸堆或收纸堆“纸堆降”按钮，纸堆在距离地面一定高度时会停止，由此防止脚尖被夹进纸堆的危险。

5. 空位与双张检测控制器

当发生空张、歪斜、双张等输纸故障时，空张或双张检测控制器立即发出信号，自动停止给纸和印刷，同时产生一系列连锁动作，主要有：①给纸机停止工作；②橡皮滚筒与印版滚筒、压印滚筒离压；③靠版墨辊与印版滚筒离开；④传墨辊不再与墨斗辊接触；⑤出水辊停止转动；⑥靠版水辊与印版离开；⑦前规不抬起；⑧递纸牙摆动到递纸台时，叼纸牙不叼纸；⑨计数器停止计数；⑩机器降至最低运转速度。

6. 其他安全装置

印刷机上的启动警戒信号（如电铃、音乐等），按下时可以听到警戒信号声，以此表示印刷机开始运转。警报鸣响时，需立即从危险区域退出。如果来不及退避时及时按下附近的“紧急停机”按键，使得印刷机处于不能够运转的状态。

五、印刷机工作循环图

纸张从开始输送到印刷、收集，完成一个工作循环周期。所谓工作循环图就是表示在一个工作循环周期内，各执行机构的运动规律及其相互间运动配合的图表。如图1－1－5所示为J2108型印刷机的工作循环图（部分）。

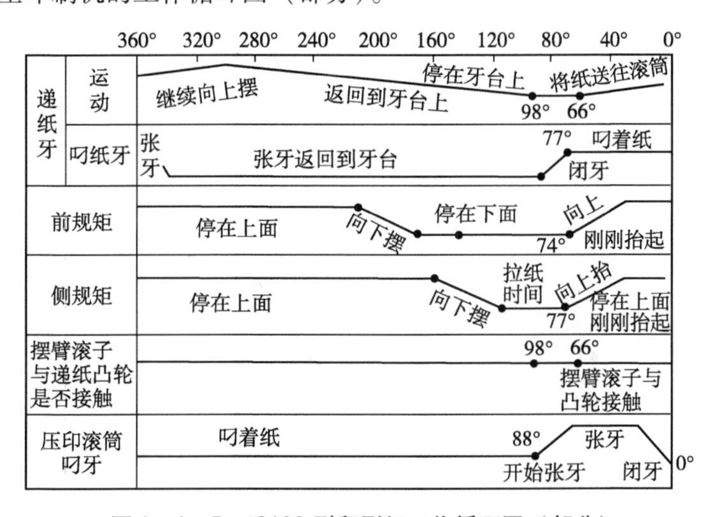

图1－1－5　J2108型印刷机工作循环图（部分）

工作循环图中的零点是指递纸牙与压印滚筒交接时滚筒叼牙叼住纸张的时刻，也是全机各机构、各部位安装调节的一个基点，称为全机“0”点位置。

对于不同的印刷机工作循环图不一样，在印刷机使用过程中由于机件磨损或进行调节时，需要按照工作循环图进行调节。

六、平版印刷机的操作面板

1. J2108 型印刷机操作面板

如图 1－1－6 所示为 J2108 型印刷机的主控制按键盒。

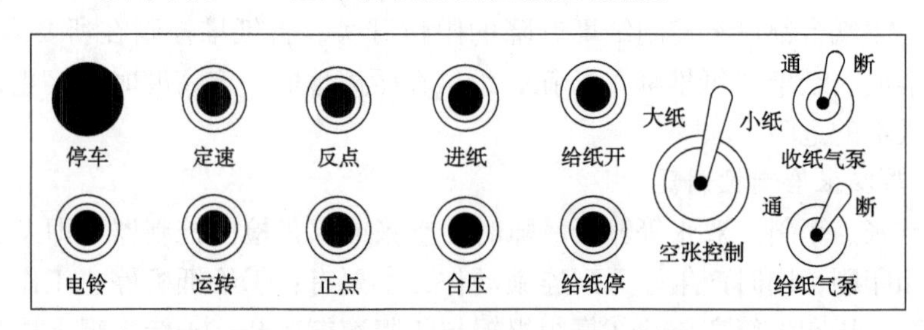

图 1－1－6　J2108 型印刷机主控制按键盒

（1）开机顺序

合上电源开关→电铃→正点/反点→运转→手动传墨→落下水辊→落下墨辊→进纸→给纸开→给纸泵通→合压→收纸泵通→定速。

（2）关机操作

给纸泵断→（纸张走完，自动离压、抬墨辊、输纸停、降速）→给纸停→停车→抬起水辊。

（3）J2108 型印刷机副控制按键盒

如图 1－1－7 所示，纸堆的升降有“纸堆升”和“纸堆降”按钮，用于纸堆的升、降控制。水/墨的控制有“墨开”、“墨停”、“水开”、“水停”按钮，用于刚开机时的上水、上墨操作和印刷过程中短时间内的水墨量控制。

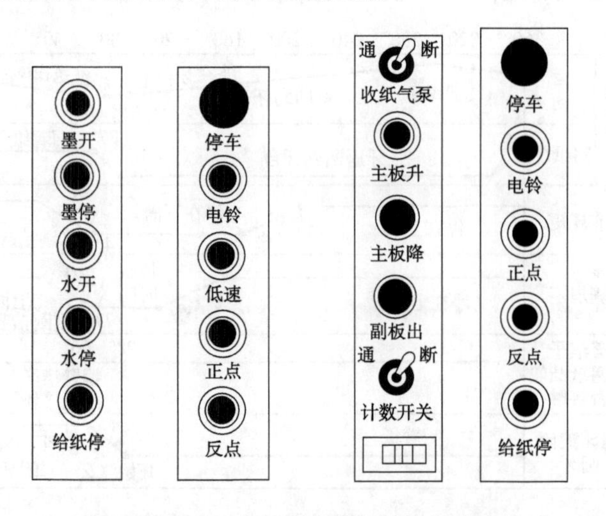

图 1－1－7　J2108 型印刷机副控制按键盒

2. 海德堡印刷机操作面板

（1）给纸机控制台面板

给纸机控制台面板示意图如图1－1－8所示。这些主要按键的功能如下：

印刷机信息显示屏1的作用是显示印刷机数据和监测进纸错误信息等。

生产按键2的作用是印刷机自动进入生产模式。在印刷机停止时按下此键，机器首先启动报警，再按下此键，机器自动进入生产模式。

停止按键3的作用是关闭与机器生产有关的所有功能，自动离合、水墨辊自动离开、飞达停止进纸。

安全开关9的作用是当前操作面板才能确认点动模式操作。再按下此键，安全功能接触，印刷机进入运转状态。

着水辊离合键13的作用是预选的着水辊实现手动离合。

走纸故障键14的作用是按下此键，可以从输纸板上抽出纸张。

主纸堆校正键25、26的作用可使主纸堆向传动面、操作面移动。

副纸堆校正键27、28的作用是可使副纸堆向传动面、操作面移动。

吸气头高度键29、30的作用是可使吸气头向上、下调整。

飞达台板定位轮调整键33、34的作用是将定位轮纸张幅面调大、调小。

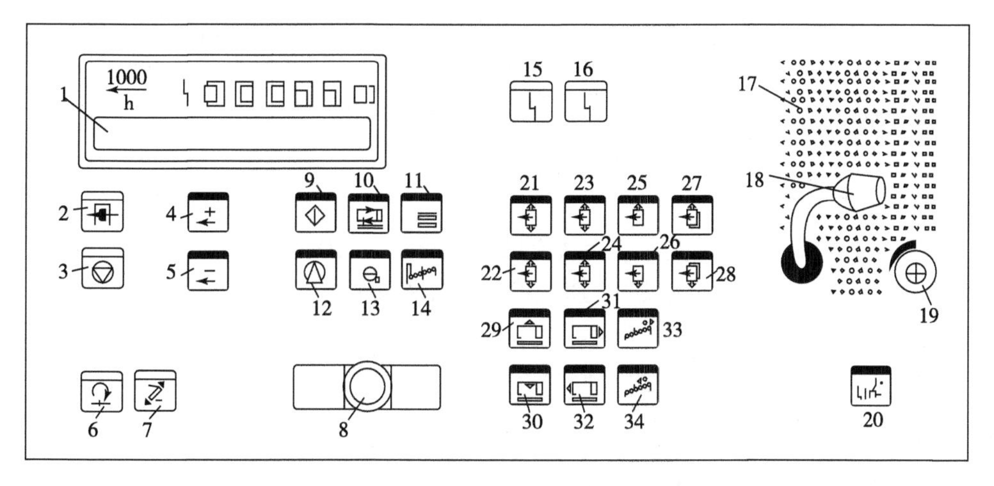

图1－1－8　给纸机控制台面板

1—印刷机信息显示屏（MID）；2—生产按键；3—停止按键；4—加速按键；5—减速按键；6—正点动按键；7—安全开关；8—紧急停机按键；9—安全开关；10—飞达开按键；11—进纸按键；12—风泵开关；13—着水辊离/合键；14—走纸故障键；15—红灯错误显示；16—蓝灯错误显示；17—扩音器；18—麦克风；19—音量调节键；20—内部通话系统；21、22—来去方向移动纸堆挡板键；23、24—侧挡纸堆位置调节键；25、26—主纸堆校正键；27、28—副纸堆校正键；29、30—吸气头高度调节键；31、32—吸气头宽度调节键；33、34—飞达台板定位轮调整键

（2）收纸控制台面板

收纸台控制面板包括收纸处尺寸调节，吹、吸风量的调节，风扇调节和润版液调节。

①收纸尺寸调节。

如图1－1－9所示为收纸处纸张尺寸调节示意图。其中按键1用来调节纸张制动器幅面大小。按键 2 用来调整纸尾吸风轮的速度快慢。按键 3、4 分别用来调节传动面、操作面齐纸器位置。

②吹、吸风量的调节。

如图 1－1－10 所示为收纸系统吹风设定示意图。

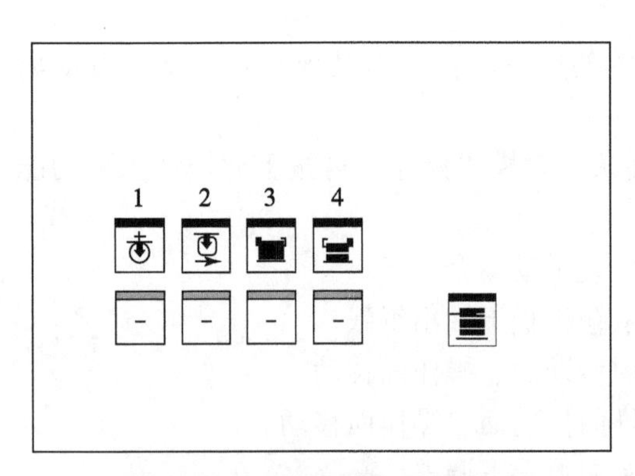

图 1－1－9　收纸处纸张尺寸调节

1—纸张制动器幅面大小调节键；
2—纸张制动器速度调节键；
3—传动面侧齐纸机构调节键；
4—操作面侧齐纸机构调节键

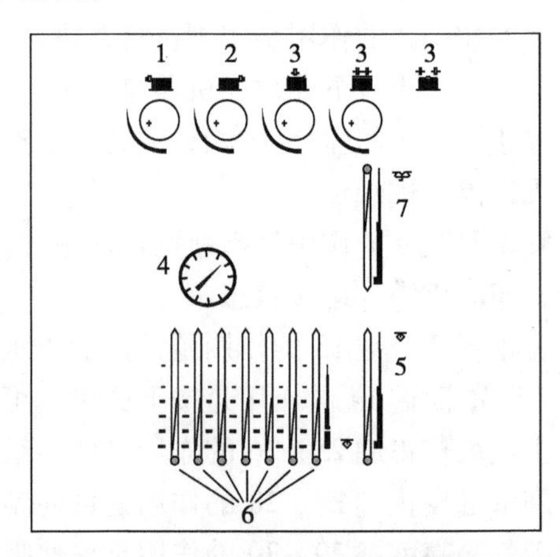

图 1－1－10　收纸系统吹风量设定

1—调节操作面横向挡纸板的吹风量；2—调节传动面横向挡纸板的吹风量；3—调节纵向吹气管的吹风量；4—调节纸张制动器的吸风量；5—调节所有进气管的吸风量；6—调节各个进气管的吸风量；7—调节平纸器的吸风量

③风扇调节。

如图 1－1－11 所示为风扇的调节示意图。

④润版液调节。

如图 1－1－12 所示为收纸台润版液调节示意图。其中按键 1 用于润版单元中增加润版液，每次按下按键，水斗辊以 2% 速度增加。按键 2 用于润版单元中减少润版液，每次按下按键，水斗辊以 2% 速度减少。

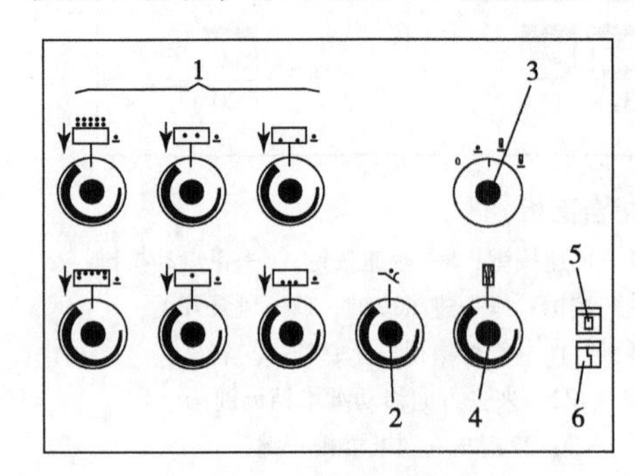

图 1－1－11　风扇调节

1—风扇速度；2—加长收纸吹风；
3—烘干器（热风量输出）；
4—烘干器（红外热量输出）；
5—烘干器开关；6—故障

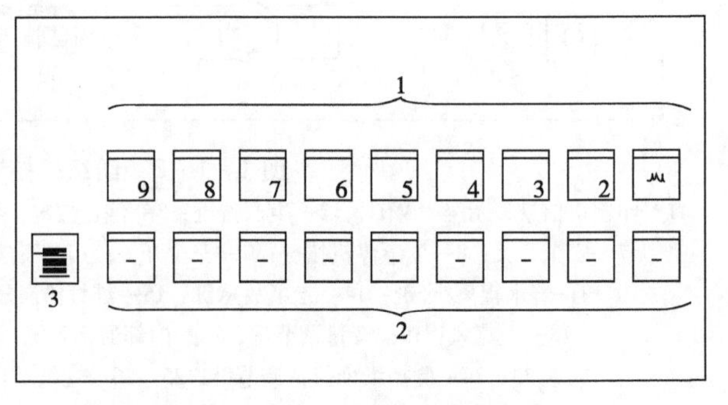

图 1－1－12　润版液调节按钮

1—增加润版液；2—减少润版液；3—抽取样张

（3）印刷单元操作面板

印刷单元操作面控制面板如图 1－1－13 所示。其中爬行速度按键 4 的作用是启动报警声，印刷机以5r/min速度运转。着墨辊离/合按键5的作用是手动实现着墨辊的离合。传墨辊离合键7的作用是手动实现传墨辊的离合。定位运行按键8的作用是启动报警声，印刷机以5r/min速度运转，印版滚筒转到卸版位置停止。装版合压按键9的作用是印刷单元进入合压状态。

（4）干燥/上光单元操作面板

①上光单元操作面控制面板。

如图1－1－14所示为上光单元操作面控制面板。

②红外干燥装置。

如图1－1－15所示为红外干燥装置控制面板。

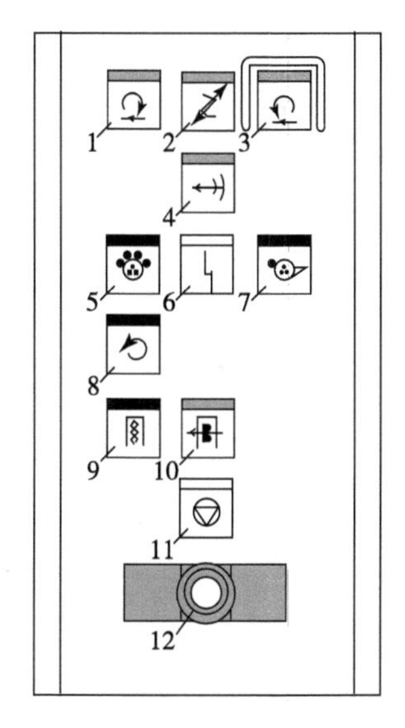

图1－1－13　印刷单元操作面控制面板

1—正向点动按键；2—安全开关按键；3—反向点动按键；4—爬行速度按键；5—着墨辊离/合按键；6—故障显示键；7—传墨辊离合键；8—定位运行按键；9—装版合压按键；10—生产按键；11—停止按键；12—紧急停机按键

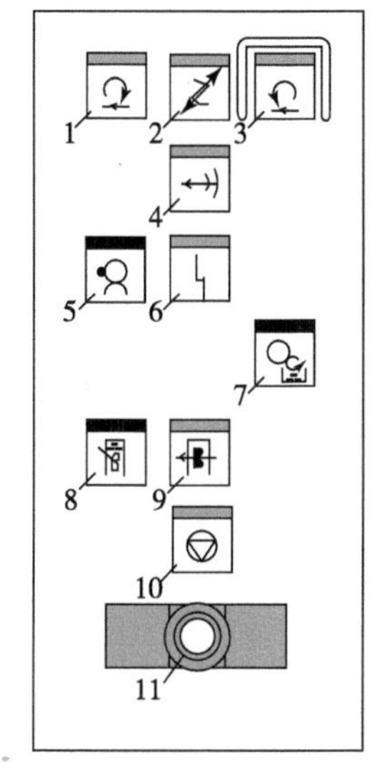

图1－1－14　上光单元操作面控制面板

1—正向点动按键；2—安全开关按键；3—反向点动按键；4—爬行速度按键；5—上光辊离/合按键；6—故障显示键；7—上光辊停止键；8—合压按键；9—生产按键；10—停止按键；11—紧急停机按键

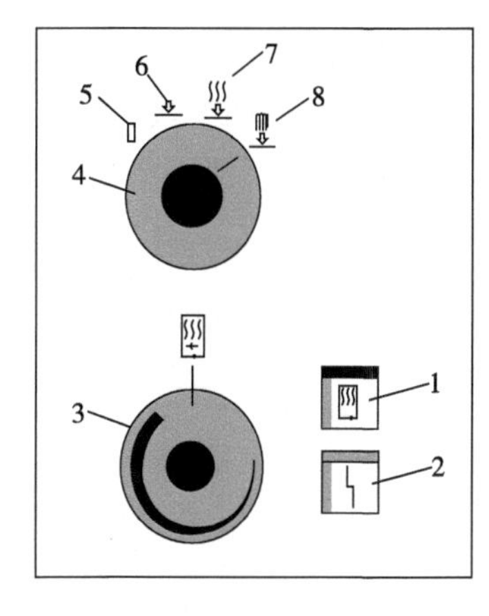

图1－1－15　红外干燥装置的设定

1—指示灯；2—故障灯；3、4—旋钮；5—关闭热风；6—冷却风；7—低热风量；8—高热风量

思考题

1. 按照纸张类型，平版印刷机可以进行怎样的分类？
2. 单张纸印刷机的基本组成及各部分作用是什么？
3. 平版印刷机型号编制经历了哪几个阶段？
4. 平版印刷机有哪些安全防护装置？
5. 平版印刷机“0”点的作用是什么？

任务 1.2 调节平版印刷机主机与给纸机传动位置关系

1．学习目标

知识：掌握平版印刷机传动链及传动系统图的基本概念；掌握平版印刷机的传动类型；掌握平版印刷机传动系统图的分析方法。

能力：能够分析平版印刷机传动系统，能够调节主机与给纸机同步位置关系。

情感：通过案例教学激发学生的好奇心和学习兴趣，树立自信心。

2．学习方法建议

宏观——四步教学法，微观——引导、案例教学，分组讨论。

3．教学实施

工作过程	工作任务	教学组织
资讯	（1）平版印刷机传动链； （2）传动系统图； （3）传动类型； （4）平版印刷机传动系统； （5）平版印刷机主机与给纸机传动同步调节	（1）公布项目和工作任务； （2）学生分组，明确分工
计划	（1）分析平版印刷机传动系统； （2）调节平版印刷机主机与给纸机同步位置关系	（1）学生制订完成任务的方案，包括完成任务的方法、进度、学生的具体分工； （2）对学生提出的方案进行指导，帮助形成方案
实施	（1）按计划项目实施； （2）技术文件归档	（1）各小组按照制订的工作任务逐项实施； （2）对任务进行重点指导； （3）技术文件归档
检查评估	（1）分析学生完成任务的情况，并提出改进措施等； （2）技术文件归档； （3）完成个人报告； （4）撰写小组自评报告	（1）评估任务完成的质量、关注团队合作、考勤等； （2）教师指出过程中的不足，团队分析原因，提出优化意见

4．工作对象

平版四色印刷机。

5．工具

教材、课件、多媒体、黑板、工具箱。

6．教学重点

平版印刷机传动系统、平版印刷机主机与给纸机传动同步调节。

7．考核与评价

结合实施任务书和任务考核表进行考核与评价。其中，成果评定60%、学习过程评价 30%、团队合作评价 10%。

实施任务书

项目	项目内容	操作方法
1	分析主传动系统	
2	调节主机与给纸机同步关系	

任务考核表

项目	考核内容	考核点	评价标准	分值
1	分析主传动系统	安全性	提出安全注意事项，出现安全事故按 0 分处理	10
		操作手法	（1）指出电机、印刷滚筒两个终端传动件； （2）找出电机到印刷滚筒的传动路线； （3）找出印刷滚筒到给纸机传动路线； （4）找出印刷滚筒到收纸机传动路线	60
		质量要求	分析方法正确，传动路线正确	30
2	调节给纸机与主机传动位置关系	安全性	提出安全注意事项，出现安全事故按 0 分处理	10
		操作手法	（1）针对机器，给出调节要求； （2）检查主机与给纸机同步位置关系； （3）提出调节的具体步骤	60
		质量要求	满足调节要求	30

一、平版印刷机传动链

传动链是指设备中运动传递所经历的路径。通过传动元件（齿轮、凸轮、链轮、带轮等机械零件）把源动力传到执行部分，用于传递动力或运动的传动联系。包括外联系传动链和内联系传动链。

（1）外联系传动链

外联系传动链指电动机到工作机构传动主轴的传动链。它的作用是将动力源的动力经适当变速后传给某工作机构主轴（如滚筒轴），动力源与工作机构传动主轴之间不要求严格的传动比。外联系传动链一般可采用皮带、摩擦轮之类的传动副。

（2）内联系传动链

内联系传动链指工作机构传动主轴到辅助机构之间的传动链。它的作用是保证有关机构按确定运动规律运动，各工作机构的动作必须协调。内联系传动链一般采用齿轮之类有恒定传动比的传动副。

二、传动系统图

机械传动系统图是由规定的图形符号代表真实机械传动系统中的各个传动件，而绘制成的机器各条传动链的综合简图。印刷机的传动系统图表明了印刷机传动系统中各个部分之间的相互关系。在图中，各个传动元件是按照运动传递的先后顺序，以展开图的形式画出来的。传动系统图只代表传动关系，不代表各个传动件的实际尺寸和空间位置。

分析印刷机传动系统图，先找出传动链的首尾端。从头到尾，分析各传动件之间的连接关系和各传动轴之间的传动方式和传动比，整理出该传动链的传动路线。

三、传动类型

（1）圆柱齿轮传动

圆柱齿轮传动用于传递平行轴间动力和运动的一种齿轮传动，如图1－2－1所示。按轮齿与齿轮轴线的相关性，圆柱齿轮传动可分为直齿圆柱齿轮传动、斜齿圆柱齿轮传动和人字齿圆柱齿轮传动3种。这种传动工作可靠，寿命长，传动效率高（可达0.99以上），结构紧凑，运转维护简单。直齿轮传动容易产生冲击和噪声，但无轴向力；斜齿轮传动冲击小，噪声小，传递平稳。现在印刷机上主要传动广泛使用斜齿圆柱齿轮传动。

（2）蜗轮蜗杆传动

蜗轮蜗杆传动是用来传递两交错轴之间的运动和动力，如图1－2－2所示。蜗轮与蜗杆在其中间平面内相当于齿轮与齿条，蜗杆又与螺杆形状相似。蜗轮蜗杆啮合传动时，啮合轮齿间的相对滑动速度大，故摩擦损耗大、效率低。另一方面，相对滑动速度使齿面磨损严重、发热严重，为了散热和减小磨损，常采用价格较为昂贵的减摩性与抗磨性较好的材料及良好的润滑装置，因而成本较高。蜗轮蜗杆传动具有传动比大、传动平稳、有自锁作用、效率低等特点。现在印刷机上调压装置、橡皮布张紧装置等广泛使用蜗轮蜗杆传动。

图1－2－1　齿轮传动

图1－2－2　蜗轮蜗杆传动

（3）锥齿轮传动

由一对锥齿轮组成的相交轴间的齿轮传动，又称伞齿轮传动，如图1－2－3所示。在锥齿轮传动中，两轴的交角一般为90°。现在印刷机上水斗辊传动、纸台升降装置等采用锥齿轮传动。

（4）链条传动

印刷机上使用的链条主要是传动链条，如图1－2－4所示。传动链条主要用在传动比需要保持准确，而且轴距比较大用不了齿轮的情况下。现在印刷机上收纸链条、纸堆升降等采用链条传动。

图1－2－3 锥齿轮传动

图1－2－4 链条传动

（5）带传动

带传动是一种摩擦传动，由具有弹性和柔性的带绕在带轮上所产生的摩擦力来传递运动和动力。带传动运行平稳、噪声小、能缓冲冲击载荷、不用润滑、具有过载保护（打滑）等优点。但也存在传动效率低、传动比不如齿轮传动准确，带的寿命较短等缺点。如图1－2－5所示。现在印刷机上主电机一般采用带传动。

（6）万向轴传动

万向轴传动一般用于轴间夹角和轴的相互位置经常发生变化的转轴之间继续传递动力，如图1－2－6所示。现在印刷机上飞达头一般采用万向轴传动。

图1－2－5 带传动

图1－2－6 万向轴传动

四、平版印刷机传动系统

1．单色印刷机传动系统

（1）主传动

J2108型印刷机是国产单张纸单色平版印刷机。主电机采用电磁调速电机（功率5.5kW，转速120～1200r/min），辅助电机采用交流电机（功率0.8kW，转速1500r/min）。传动系统如图1－2－7所示。

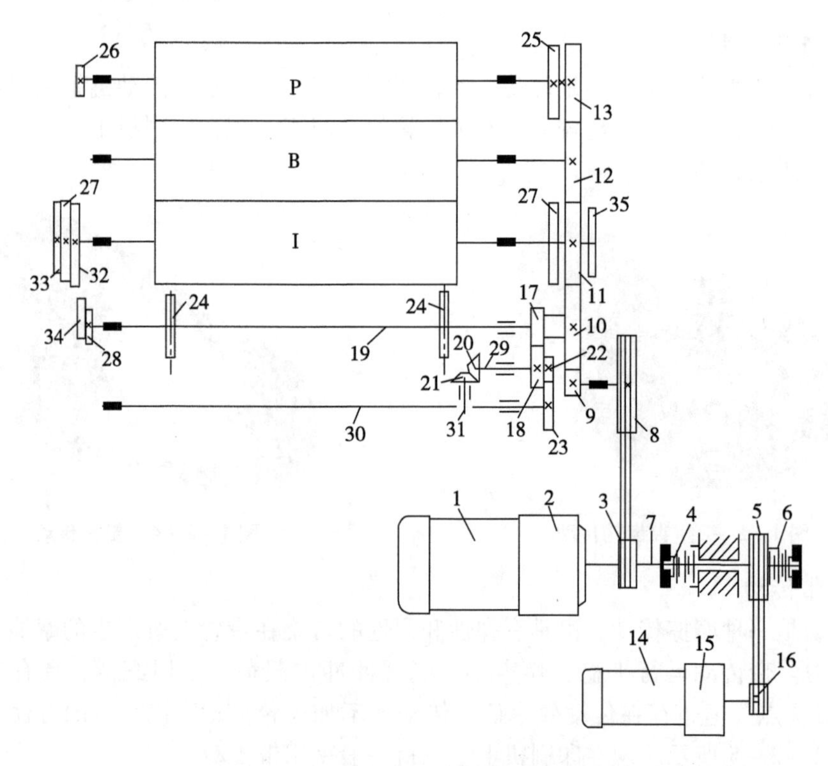

图 1－2－7　J2108 型印刷机传动系统

1—主电机；2—电磁调速滑差离合器；3、5、8、16—带轮；4—制动电磁离合器；6—低速电磁离合器；7、29—轴；9～13，17、18、22、23，25～28—齿轮；14—辅助电机；15—摆线轮减速器；19—收纸链轮轴；20、21—圆锥齿轮；24—收纸链轮；30—侧规传动轴；31—万向轴；32～35—凸轮

①正常运转。

电动机 1→电磁调速滑差离合器 2→轴 7→带轮 3（制动电磁离合器 4 断开）→带轮 8→齿轮 9→齿轮 10→轴 19（收纸链轮轴）→齿轮 11（压印滚筒 I）→齿轮 12（橡皮滚筒 B）→齿轮 13（印版滚筒 P）。

②低速运转。

电动机 14→摆线轮减速器 15→带轮 16→带轮 5→低速电磁离合器 6 接通→轴 7→带轮 3→带轮 8→齿轮 9→齿轮 10→齿轮 11（压印滚筒 I）→齿轮 12（橡皮滚筒 B）→齿轮 13（印版滚筒 P）。

（2）输纸运动

压印滚筒 I（齿轮 11）→齿轮 10→齿轮 17→齿轮 18→轴 29→圆锥齿轮 20→圆锥齿轮 21→轴 31→传递给输纸装置。

（3）输水、输墨及其他传动

①侧规轴转动。

压印滚筒 I（齿轮 11）→齿轮 10→齿轮 17→齿轮 18→齿轮 22→齿轮 23→侧规传动轴 30 转动。

②收纸传动。

压印滚筒 I（齿轮 11）→齿轮 10→轴 19→收纸链轮 24→链传动→收纸牙排收纸。

③串墨辊、串水辊转动。

印版滚筒 P（齿轮 25）→润湿装置、串墨辊、串水辊。

④串墨辊、串水辊轴向串动。

印版滚筒 P（齿轮 26）→杠杆机构使串墨辊、串水辊轴向串动。

⑤递纸牙排偏心轴承转动。

压印滚筒 I（齿轮 27）→递纸牙排偏心轴承转动。

⑥离合压传动。

压印滚筒 I（凸轮 32、凸轮 33）→离合压机构。

⑦递纸器摆动。

压印滚筒 I（凸轮 35）→凸轮连杆机构→递纸器摆动。

⑧递纸装置恒力装置。

压印滚筒 I（齿轮 11）→齿轮 10→轴 19→凸轮 34→递纸装置恒力机构。

2. *多色印刷机传动系统*

PZ4880－01 型印刷机是国产的单张纸多色平版印刷机。该印刷机共有 4 个机组，每个机组都有印版滚筒、橡皮滚筒、压印滚筒，机组之间有传纸滚筒相联系。主电机采用整流子调速电动机（功率 22kW，转速 80～2400r/min），辅助电机采用鼠笼式电动机（功率 0.75kW，转速 910r/min）。传动系统如图 1－2－8 所示。

（1）主传动系统

①正常运转。

基本传动：电动机 1→带轮 2→齿形带 3→带轮 4→带轮 5→齿形带 6→带轮 7（轴Ⅲ）→齿轮 8。

第一色组的动力：齿轮 8→齿轮 9→齿轮 10→齿轮 11→齿轮 12→齿轮 13→齿轮 14（压印滚筒 I_1）→橡皮滚筒 B_1→印版滚筒 P_1。

第二色组的动力：齿轮 8→齿轮 9→齿轮 10（压印滚筒 I_2）→橡皮滚筒 B_2→印版滚筒 P_2。

第三色组的动力：齿轮 8→齿轮 9→齿轮 16→齿轮 17→齿轮 18（压印滚筒 I_3）→橡皮滚筒 B_3→印版滚筒 P_3。

第四色组的动力：齿轮 8→齿轮 9→齿轮 16→齿轮 17→齿轮 18→齿轮 19→齿轮 20→齿轮 21→齿轮 22（压印滚筒 I_4）→橡皮滚筒 B_4→印版滚筒 P_4。

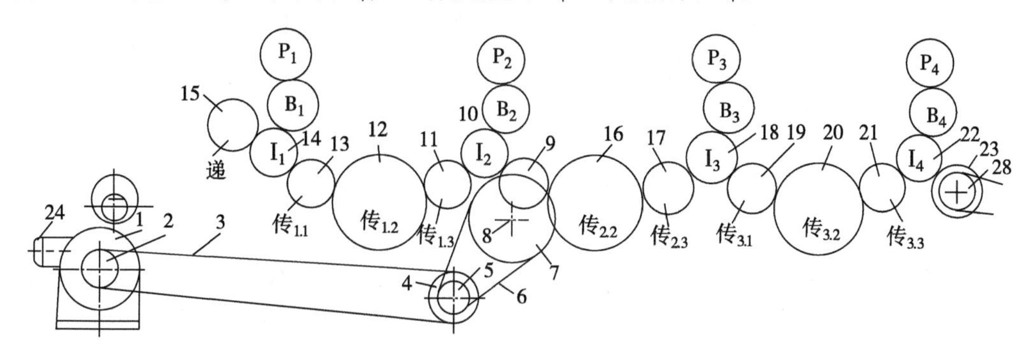

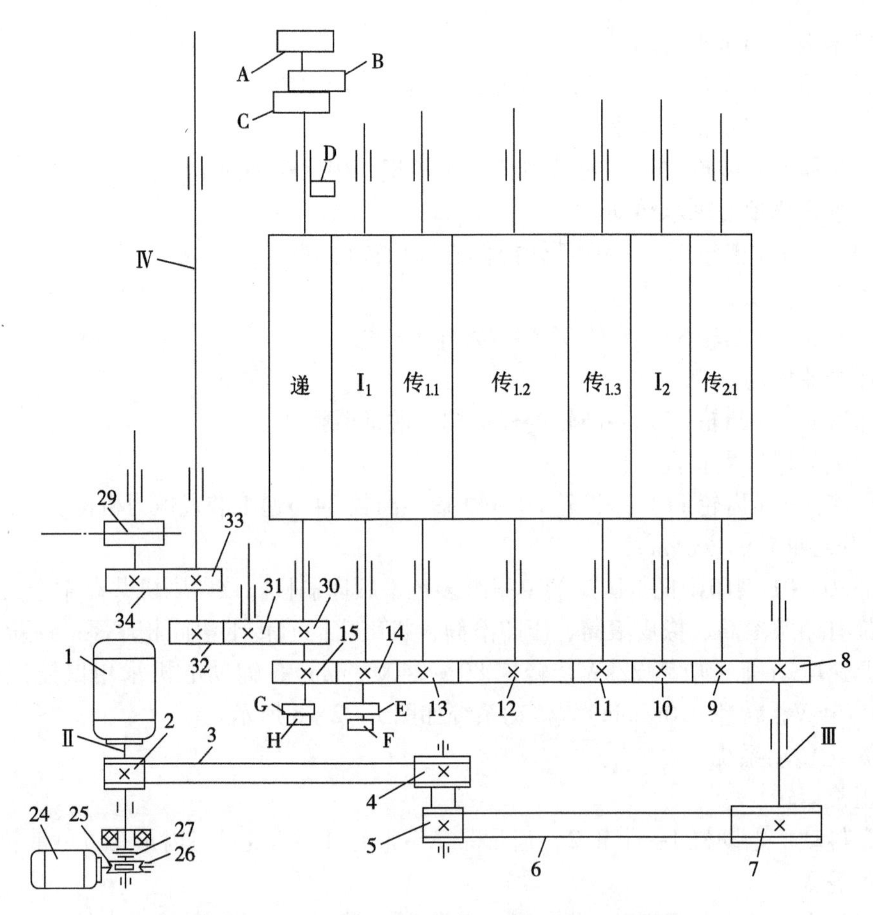

图 1-2-8　PZ4880-01 型印刷机主传动系统图

1—主电机；2、4、5、7—带轮；3、6—齿形带；8～23、30～34—齿轮；
24—辅助电机；25—蜗杆；26—蜗轮；27—电磁离合器；28—收纸链轮；29—输纸链轮；
Ⅰ、Ⅱ、Ⅲ—轴；Ⅳ—侧规轴；A～H—凸轮

②低速运转。

辅助电机 24→蜗杆 25→蜗轮 26→电磁离合器 27→轴Ⅱ→带轮 2→齿形带 3→带轮 4→带轮 5→齿形带 6→带轮 7→轴Ⅲ→齿轮 8。

(2) 输纸与收纸传动

压印滚筒Ⅰ（齿轮 22）→齿轮 23→轴→收纸链轮 28→带动收纸装置。

压印滚筒Ⅰ（齿轮 14）→齿轮 15→齿轮 30→齿轮 31→轴Ⅳ→齿轮 33→齿轮 34→轴→输纸链轮 29→输纸装置。

五、给纸机与主机同步位置关系的调节

1. J2108-01 型印刷机

给纸机与印刷机主机之间必须保持 1:1 的传动关系，并且有相对严格的位置关系。如图 1-2-9 所示，前规刚摆到定位位置时，纸张叼口边与前规定位板约有 5mm 的距离为适宜。

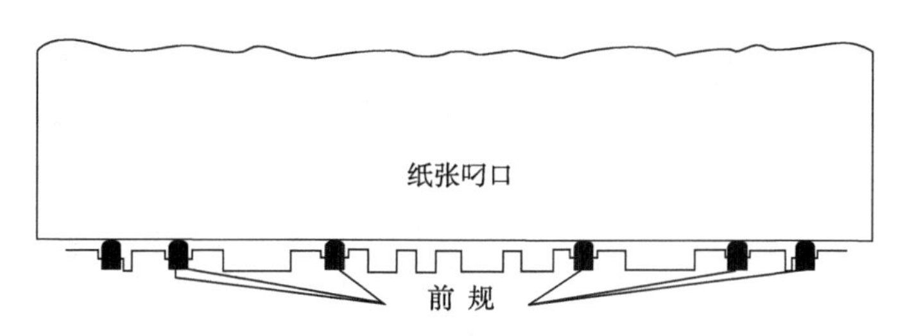

图1-2-9 给纸机与主机关系图

如图1-2-10所示，调节是通过联轴器的两个法兰盘进行的。当误差较小时，通过改变两个法兰盘的相对位置进行调节。当误差较大时或无法调节时，卸下联轴器上的螺栓，点动机器，待两者基本符合位置要求时，将螺栓装上，然后进行微调。

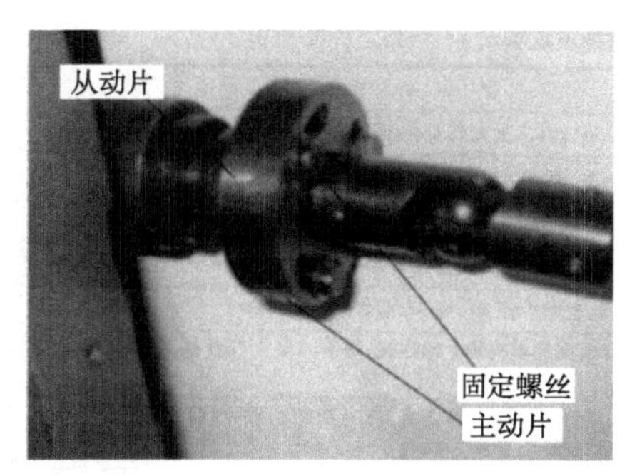

图1-2-10 J2108型印刷机主机与给纸机同步位置调节

2. PZ4880-01型印刷机

给纸机与主机同步位置是在前规刚摆到定位位置时，纸张叼口边与前规定位板约有5mm的距离为适宜。

如图1-2-11所示，主机通过链传动将动力传递给链轮6，当线圈通过后，衔铁3受有吸向磁轭2的电磁吸力，使衔铁3克服弹簧4的压力而吸向磁轭2，磁轭2和衔铁3外圆上的小齿轮紧密啮合在一起，动力传给磁轭2并通过键传动离合器而使离合器轴1旋转，法兰盘通过螺钉9带动右端的齿轮8转动，从而带动给纸机运动。齿轮8带有3个长孔，用螺钉9紧固。松开螺钉9就可以调节主机与给纸机之间的相对运动关系。

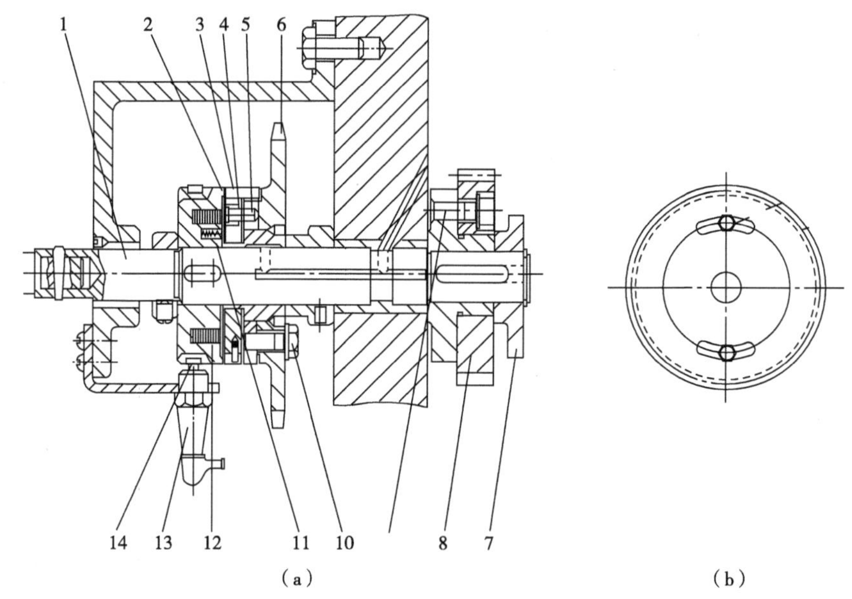

图1-2-11 PZ4880-01型印刷机主机与给纸机同步位置调节

1—离合器轴；2—磁轭；3—衔铁；4—弹簧；5—沉头螺钉；6—链轮；7—凸轮；8—齿轮；9、10—螺钉；11—弹簧及钢球；12—线圈；13—电刷；14—滑环

3. 海德堡 CD102 型印刷机

飞达与主机的关系以前规开始下落的时间为依据，在前规刚刚开始下落时，纸张应在到达前规压纸舌的舌尖部位。如图 1-2-12 所示，用100g/m^2 的纸张进行检查，将刻度的“0”位与白色标记对齐。开飞达，传输 4~5 张纸，将机器停下，取出前规处的第一张纸，点动机器，到前规刚好开始下落的位置，松开飞达连接轮上的螺钉，抽出飞达手轮，正向或反向转动手轮，调整纸张刚好在前规压纸舌下方。如果链轮上的腰型孔调节余量不够，取下螺钉，调换到另一对螺纹孔内。

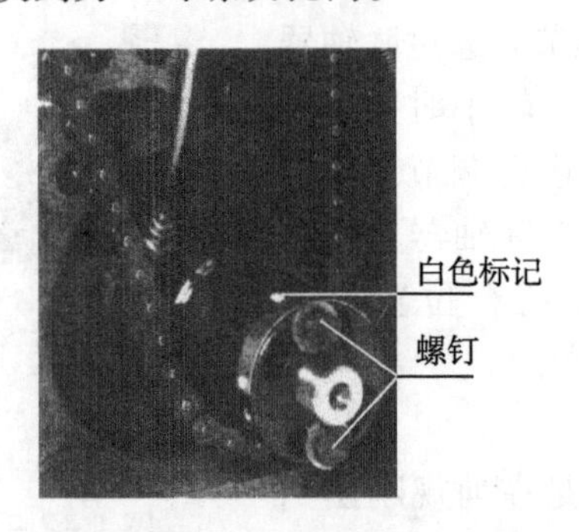

图 1-2-12 海德堡 CD102 印刷机主机与给纸机同步位置调节

思考题

1. 何谓传动链？
2. 何谓传动系统图？
3. 平版印刷机有哪几种传动类型？各自应用在什么场合？
4. 简述 J2108 型印刷机主传动系统。

情景 2 调节输纸装置

知识目标

1. 掌握纸张分离机构的工作原理。
2. 掌握纸张输送的工作原理。
3. 掌握前规、侧规的工作原理。
4. 掌握双张、空位检测原理。
5. 掌握递纸装置的工作原理。
6. 了解国内、国外相关新技术。

能力目标

1. 能够调节纸张的分离机构。
2. 能够调节纸张输送。
3. 能够调节前规、侧规。
4. 能够调节纸张检测装置。
5. 能够调节递纸牙装置。
6. 能够调节递纸牙排。

任务 2.1　调节纸张供给装置

1. 学习目标

知识：掌握输纸装置的组成和作用；掌握纸张输送过程的基本要求；掌握给纸台自动上升的工作原理；掌握给纸台自锁装置的工作原理。

能力：纸堆台的操作，不停机更换纸张。

情感：通过案例教学激发学生的好奇心和学习兴趣，树立自信心。

2. 学习方法建议

宏观——四步教学法，微观——引导、案例教学，分组讨论。

3. 教学实施

工作过程	工作任务	教学组织
资讯	(1) 输纸装置的组成和作用; (2) 纸张输送过程的基本要求; (3) 纸堆台自动上升的工作原理; (4) 纸堆台自锁装置的工作原理; (5) 纸堆台上纸操作; (6) 不停机续纸装置; (7) 纸张的准备工作	(1) 公布项目和工作任务; (2) 学生分组,明确分工
计划	(1) 准备纸张; (2) 纸堆台升降操作	(1) 学生制订完成任务的方案,包括完成任务的方法、进度、学生的具体分工; (2) 对学生提出的方案进行指导,帮助形成方案
实施	(1) 按计划项目实施; (2) 技术文件归档	(1) 各小组按照制订的工作任务逐项实施; (2) 对任务进行重点指导; (3) 技术文件归档
检查评估	(1) 分析学生完成任务的情况,并提出改进措施等; (2) 技术文件归档; (3) 完成个人报告; (4) 撰写小组自评报告	(1) 评估任务完成的质量、关注团队合作、考勤等; (2) 教师指出过程中的不足,团队分析原因,提出优化意见

4. 工作对象

平版印刷机(或独立给纸机)等。

5. 工具

教材、课件、多媒体、黑板、工具箱。

6. 教学重点

输纸装置的组成和作用、纸堆台自动上升的工作原理、纸张的准备工作。

7. 考核与评价

结合实施任务书和任务考核表进行考核与评价。其中,成果评定 60%、学习过程评价 30%、团队合作评价 10%。

实施任务书

项目	项目内容	操作方法
1	准备纸张	
2	堆纸台升降操作	

任务考核表

项目	考核内容	考核点	评价标准	分值
1	准备纸张	透纸	(1) 熟练操作; (2) 手法正确	20
		闯纸	(1) 熟练操作; (2) 手法正确	20
		堆纸	(1) 熟练操作; (2) 手法正确	20
		质量要求	(1) 纸堆平整; (2) 纸堆对齐; (3) 无折角或破损	40
2	纸堆台升降操作	安全性	提出开机安全注意事项，出现安全事故按0分处理	10
		操作方法	操作正确	60
		质量要求	(1) 熟练操作; (2) 位置正确	30

一、输纸装置的组成和作用

单张纸输纸装置又称自动给纸机，俗称飞达，其作用是将纸堆上的纸一张张地分离出来，并输送到定位装置进行定位。如图2－1－1所示，输纸装置主要包括纸张传动系统1、纸张分离装置2、纸堆台3、输纸检测装置4及纸张输送装置5五部分组成。

(1) 传动系统

大多数给纸机的运转都是由印刷机主机通过机械传动实现的，机械传动能够保证印刷机与给纸机运动周期的一致性。也有些给纸机采用单独的电机进行驱动，通过系统的同步控制实现运动周期的一致性。自动给纸机的传动系统包括主传动和给纸机的升降运动。主传动是由印刷机主电机通过联轴器传动到给纸机传动轴，带动纸张分离装置、纸张输送装置、检测装置等工作。给纸机的升降运动是由独立升降电机传动的。

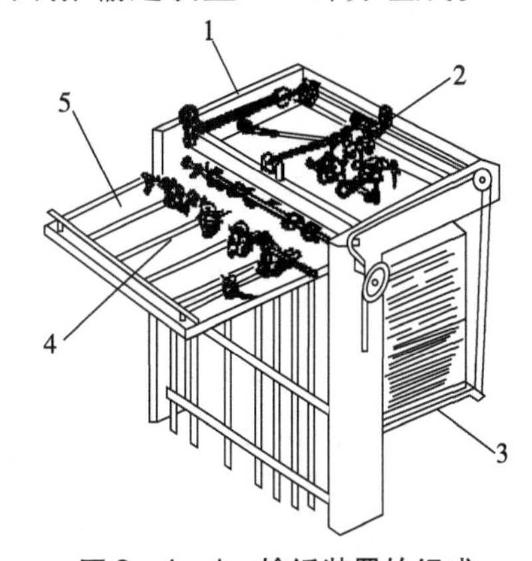

图2－1－1 输纸装置的组成

1—传动系统；2—纸张分离装置；
3—纸堆台；4—输纸检测装置；
5—纸张输送装置

(2) 纸张分离装置

纸张分离装置的主要作用是将给纸台上的纸张，一张一张地分离并传递到纸张输送装置。

（3）纸张输送装置

纸张输送装置的作用是从纸张分离装置接过纸张，通过输送带将纸张输送到前规处定位。

（4）输纸检测装置

输纸检测装置包括双张检测装置和空位检测装置。双张检测装置位于分离装置与纸张输送装置之间，用于检测双张、多张等印刷故障，以避免多张纸进入印刷装置后，损坏印刷机滚筒。空位检测装置位于输纸板前端，用于检测纸张歪斜、折角、空张、纸张晚到等印刷故障。当检测装置检测出上述印刷故障后，发出控制信号，印刷机自动停止印刷。

（5）纸堆台

纸堆台的作用是存放待印刷的纸张，并在纸张不断被分离出去后能自动上升，保证纸张连续分离与输送。

二、纸张输送过程的基本要求

1. 对自动给纸机的要求

①有较高的给纸、输纸速度，以适应主机的需要。

②能可靠、平稳而准确地把纸张传送至定位装置进行定位。

③当纸张的品种、规格发生变化时，能方便进行调整。

④纸堆台能够随着纸张的减少而自动上升，并尽可能实现不停机更换纸台。

⑤输纸过程中对纸张表面损伤小，不产生蹭脏现象。

⑥能检测输纸过程中各种故障，并有相应的安全装置。

⑦机构简单，操作方便，结构紧凑。

2. 对纸堆台的要求

①纸堆台能快速上升，以缩短辅助时间。

②纸堆台自动上升，以保证纸张分离装置正常工作。

③纸堆台手动上升，增加操作的灵活性。

④纸堆台能自锁，以便能稳定停在某一位置上。

⑤纸堆台升降能互锁，以保证升降动作不干涉。

三、纸堆台自动上升的工作原理

随着印刷的不断进行，给纸台上的纸张不断减少，纸张分离装置的压纸吹嘴机构不断下降，为了保证纸张的供给，给纸台应自动上升来保证印刷的正常进行。如图2－1－2所示，当纸堆下降到一定位置时，检测装置（如行程开关、传感器、红外线等）发出信号，控制电路、控制电动机1瞬时启动，如图2－1－2所示，经齿轮2、齿轮3、蜗杆4、蜗轮5及链轮6、链条7、纸堆台升降链条8等带动输纸台自动上升。当纸堆台上升到一定高度时，检测装置发出信号，电动机1停止转动，纸堆台停止上升。如此反复循环，实现给纸台不断间歇上升。

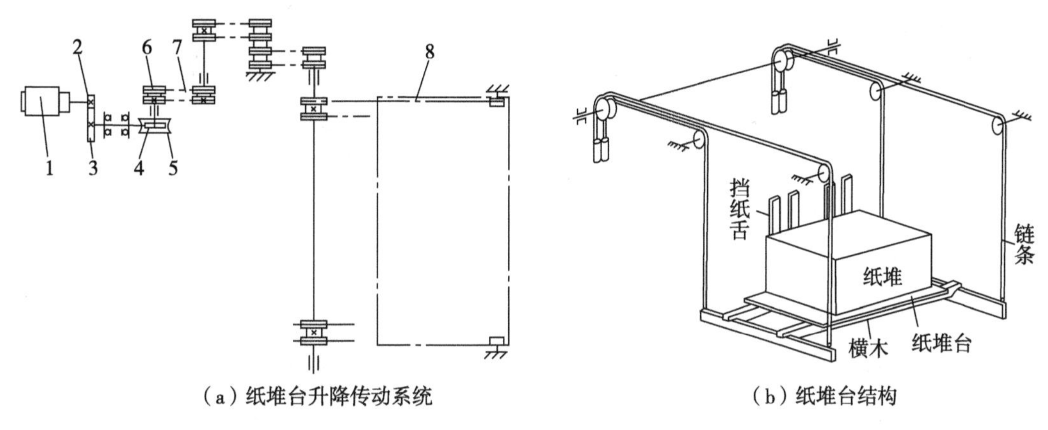

（a）纸堆台升降传动系统　　（b）纸堆台结构

图2－1－2　纸堆台升降工作原理

1—电动机；2、3—齿轮；4—蜗杆；5—蜗轮；6—链轮；7—链条；8—纸堆台升降链条

四、纸堆台自锁装置的工作原理

为了防止纸堆台下降和上升时纸堆台对地面及输纸机飞达头的冲击，在输纸机构中设置自锁机构来保证设备的安全。如图2－1－3所示，当纸堆台下降碰到限位开关时，控制电路控制电机停止转动。

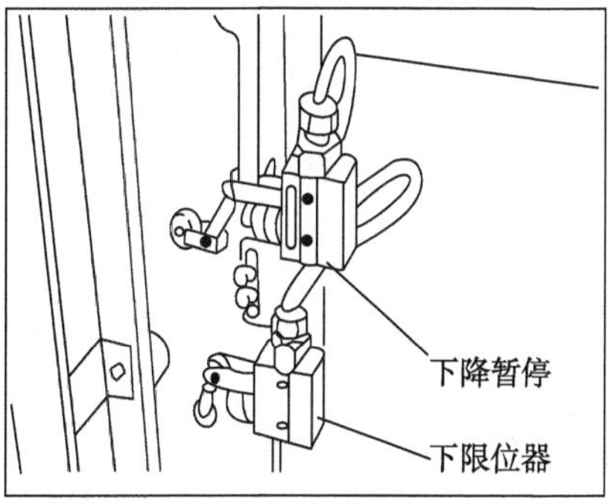

图2－1－3　纸堆台升降的自锁机构

五、纸堆台上纸操作

在为给纸机上纸时，需要将纸张经过扇形整理并整齐地装入纸堆台上，纸堆从顶部到底部的位置应尽量保证平齐（偏斜不超过25mm），以防止随后产生的输纸故障。

（1）纸堆台的定位

把纸堆台下降到最低位置，并把它的中心与给纸机的中心对正。为了确定承印物的位置，需要把一张纸精确对折，并把它放置在纸堆台上，使折痕从中心线向与定位推规或拉规相对的一侧偏离6mm，如图2－1－4所示。纸堆侧挡规必须与纸堆台垂直，并且牢牢靠在纸张的边缘上。

（2）检查承印物

把承印物装入给纸机之前，按照印件的规格对其进行检查。承印纸张应该与所指定的尺寸、颜色、重量、纹理方向一致。

（3）纸张预调

每次对搬起的纸张进行折卷、成扇形整理并闯齐，从而把纸张对齐并做好准备。

（4）纸堆台上纸

每次搬起的纸张成扇形展开，并倚靠纸堆前挡规和侧挡规放好。每放一次纸张，要把纸张弄平并排出多余的空气。侧稳纸器（侧挡纸板）要离开纸堆边缘0.5mm左右，如图2－1－5所示。在纸堆台上升到给纸高度之前，除去所有的纸令标签，并检查所有纸张的边角处，确保在装入纸张时没有边角被弯折。

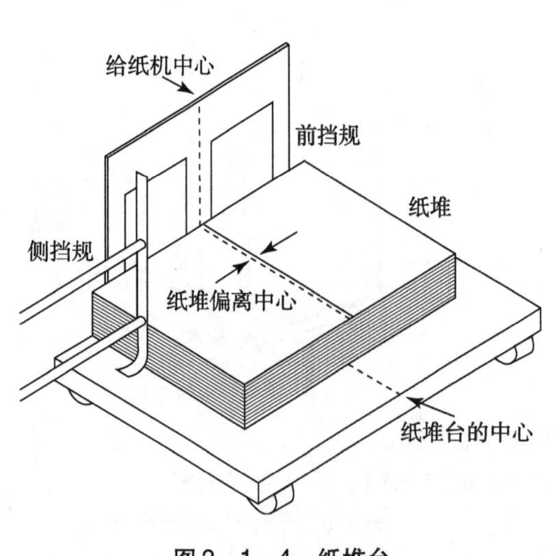

图2-1-4 纸堆台

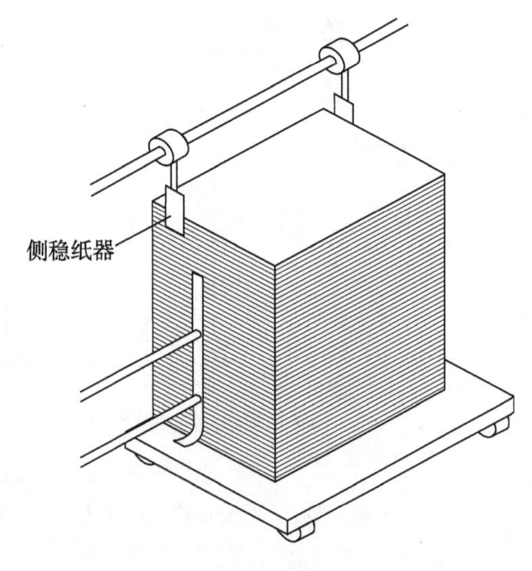

图2-1-5 侧稳纸器（侧挡纸板）

六、不停机续纸装置

随着印刷速度的不断提高，为有效缩短印刷准备时间，减少印刷过程的停机时间，现代印刷机上都设置了不停机续纸装置。不停机续纸装置有两个纸堆台，一个是主纸堆台，另一个是副纸堆台，两个纸堆台有不同的传动装置，分别由两台独立的电机带动，一般主电机功率比副电机功率大些，彼此独立运行。如图2-1-6所示为不停机续纸装置。

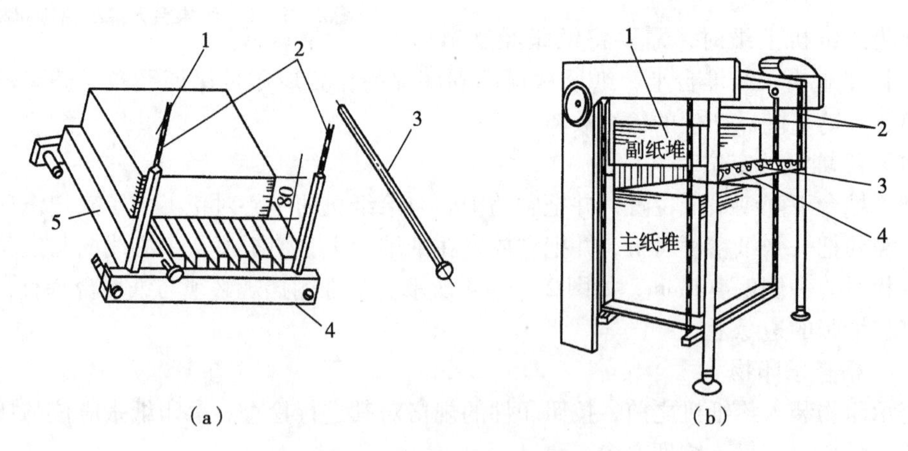

图2-1-6 不停机续纸装置

1—纸堆；2—链条；3—插辊；4—副纸堆前台架；5—主纸堆台

①当主纸堆台上的纸张高度还剩余不多（一般在290mm左右）时，即当纸堆上表面上升到侧挡纸板的下端面时，将数根插辊3插入主纸堆台5板槽内。

②按“副纸堆台上升”按钮，使副纸堆前台架4托起插辊3。在插辊3托起纸堆的同时，插辊压动转换开关，副纸堆台由快速上升转换成自动上升，从而将剩余纸张托起，副纸堆自动供纸，主纸堆停止自动上升，完成了主、副纸堆台的工作切换。

③按“主纸堆台下降”按钮，将空的主纸堆台降低到最低位置，迅速将纸张装入主纸堆台。

④按“主纸堆台上升”按钮，主纸堆台迅速上升，当主纸堆台上的纸张与插辊接触时，主纸堆台停止上升。

⑤按“副纸堆台下降”按钮，副纸堆台自动上升停止，转换成主纸堆台自动上升供纸。拔下插辊3，副纸堆台上的剩余的纸张落在主纸堆上。

七、纸张的准备工作

纸张是平版印刷机重要的承印材料之一。印刷工作开始前，必须阅读生产通知单，领取相应种类的纸张，并对纸张进行一定的处理等。

1. 晾纸

含水量是纸张的重要印刷适性之一，纸张的含水量不合理，可能导致纸张破损、套印不准、背面粘脏等印刷故障。印刷前调节待印纸张含水量，使之均匀且与印刷车间的温湿度一致的工艺过程称为晾纸。晾纸的方法有：

①已在印刷车间或与印刷车间温湿度相近的晾纸房进行。

②在比印刷车间相对湿度高6%～8%的晾纸房进行。

③先在高湿度地方加湿，再到印刷车间或与印刷车间温湿度相近的晾纸房进行水分平衡，均匀纸张的含水量。

后两种方法较好，但也比较复杂。现代印刷常用第一种方法，这就需要至少在印刷前24h将待印纸张送入印刷车间放置，以适应印刷车间的温湿度。

2. 透纸（抖纸）

透纸（也称抖纸）就是把纸叠理松，以减轻分纸吹嘴、送纸吸嘴分送纸张的工作负担，确保输纸顺畅。透纸时每叠厚度掌握在3cm左右，两手分别捏住纸的两角，大拇指压在纸叠上面，食指和中指放在纸叠下面。并使纸叠往里挤挪，与大拇指往外捻的力相反，使纸叠上紧下松，纸张之间产生一定的间隙，以透过空气。

3. 闯纸

闯纸是将不整齐的白纸或半成品手工抖松（纸张之间进入少量空气）、闯齐的工作过程。闯纸时，用双手将纸叠两边角竖直提起，使纸中间呈弯弧状以便空气进入纸与纸之间，随即将纸叠往上提，离开桌面少许，然后松开双手，让纸叠下落，闯齐纸边。经过若干次的上提、松开、下落，直至将纸叠的叼口边和侧规边闯齐。闯纸时不要损坏纸张，还时常要检查、剔除质量有缺陷（像折角、破碎、皱纸、脏纸等）的纸张，及时发现和清除纸堆中的异物（纸浆块、纸屑等杂物）。

4. 垫纸

胶印机的升降纸堆台在堆纸前需要铺垫3～5cm厚度的废页垫底。取一叠用于铺垫的废页纸闯齐压紧，用一张大纸包封住，光面向上，以免垫纸随堆积的白纸一同被输入机内印刷。

5. 堆纸（装纸）

堆纸（也称装纸）是指将待印的纸张或半成品整齐地堆放在纸堆台上的过程。堆纸的操作步骤如下：

①搬动一叠纸张，叼口朝外，拖梢靠向自己身体，置于纸堆台正上方，轻轻放下，同时用两手背抵住下面纸堆最上方的纸张，把纸叠摊开。

②双手将纸堆推向叼口挡纸板，微调、靠紧使之横向齐整。

③将纸叠依据侧挡纸板反向捻开，然后右手将纸叠推向侧挡纸板，左手挡住纸张拖梢，微调、靠紧使之纵向齐整。

④双手压住纸堆表面，从纸张中部向两边压纸滑动，排除纸叠内的空气。

思考题

1. 输纸装置的作用是什么？包括哪些组成部分？
2. 输纸装置的基本要求是什么？
3. 纸堆台升降的基本原理是什么？
4. 不停机续纸装置的基本组成是什么？

任务 2.2 调节纸张分离装置

1. 学习目标

知识：掌握纸张分离装置的组成及工作原理。

能力：分离装置各部分的调节要求与调节方法。

情感：通过案例教学激发学生的好奇心和学习兴趣，树立自信心。

2. 学习方法建议

宏观——四步教学法，微观——引导、案例教学，分组讨论。

3. 教学实施

工作过程	工作任务	教学组织
资讯	（1）纸张分离装置的组成； （2）纸张分离机构的工作原理及调节； （3）松纸吹嘴的调节； （4）纸张分离装置的其他辅助机件； （5）气量的控制与调节； （6）前齐纸机构的工作原理及调节	（1）公布项目和工作任务； （2）学生分组，明确分工
计划	调节纸张分离装置	（1）学生制订完成任务的方案，包括完成任务的方法、进度、学生的具体分工； （2）对学生提出的方案进行指导，帮助形成方案

续表

工作过程	工作任务	教学组织
实施	（1）按计划项目实施； （2）技术文件归档	（1）各小组按照制订的工作任务逐项实施； （2）对任务进行重点指导； （3）完成技术文件归档
检查评估	（1）分析学生完成任务的情况，并提出改进措施等； （2）技术文件归档； （3）完成个人报告； （4）撰写小组自评报告	（1）评估任务完成的质量、关注团队合作、考勤等； （2）教师指出过程中的不足，团队分析原因，提出优化意见

4. 工作对象

平版印刷机（或独立分离头装置）。

5. 工具

教材、课件、多媒体、黑板、工具箱等。

6. 教学重点

纸张分离机构的原理及调节、前齐纸机构的工作原理及调节。

7. 考核与评价

结合实施任务书和任务考核表进行考核与评价。其中，成果评定 60%、学习过程评价 30%、团队合作评价 10%。

实施任务书

项目	项目内容	操作方法
1	调节纸张分离装置	
2	调节前齐纸机构	

任务考核表

项目	考核内容	考核点	评价标准	分值
1	调节纸张分离装置	安全性	提出安全注意事项 （1）若压纸脚没有压住纸堆就让纸堆直接上升，扣 5 分； （2）出现安全事故按 0 分处理	10
		操作方法	（1）控制好压纸脚深入纸堆的幅度； （2）控制好纸堆的高度； （3）调节好挡纸毛刷或挡纸钢片的位置； （4）调节好后挡纸板的位置； （5）调节好分纸吸嘴的位置； （6）调节好送纸吸嘴的位置； （7）调整好吹嘴和吸嘴的风量； （8）确定侧挡纸板以及纸堆的位置	60
		质量要求	（1）按要求准确、稳定输送 200 张纸左右； （2）如果走纸不好则酌情扣分	30

续表

项目	考核内容	考核点	评价标准	分值
2	调节前齐纸机构	安全性	提出安全注意事项，出现安全事故按 0 分处理	10
		操作方法	（1）前齐纸板的垂直位置； （2）齐纸板的高低位置； （3）齐纸板的横向位置	60
		质量要求	（1）按要求准确、稳定输送 200 张纸左右； （2）如果走纸不好则酌情扣分	30

一、纸张分离装置的组成

纸张分离装置主要作用是准确及时地从纸堆中将纸张逐张分离，并向前传递到送纸辊。分离过程要求稳定、可靠，不能出现双张或空张。纸张分离装置主要由固定吹嘴（松纸吹嘴）、分纸吸嘴机构、压纸吹嘴机构和送纸吸嘴机构、斜毛刷、平毛刷、压块、后挡纸板、侧挡纸板、前齐纸机构等组成，如图 2－2－1 所示。

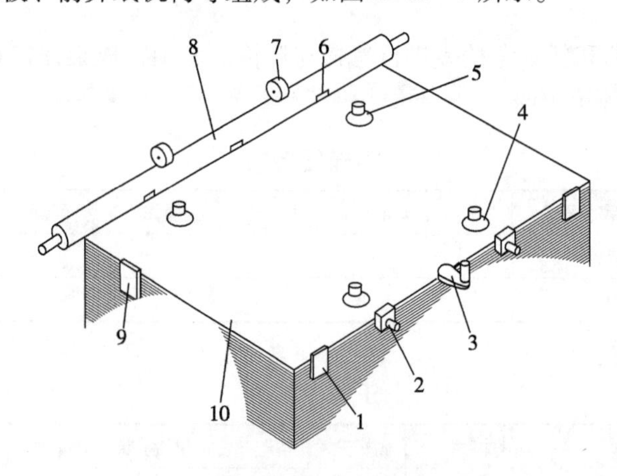

图 2－2－1 纸张分离装置示意图

1—后挡纸板；2—固定吹嘴；3—压纸吹嘴；4—分纸吸嘴；5—送纸吸嘴；6—前挡纸板；7—压纸轮；8—送纸辊；9—侧挡纸板；10—纸堆

如图 2－2－2 所示为输纸机飞达头的结构示意图。其上包括分纸吸嘴机构、压纸吹嘴机构、送纸吸嘴机构和松纸吹嘴。飞达头以支撑架 15 为中心分左右两侧基本对称，飞达头上安装的气体分配阀设置了两个旋钮，分别可调节松纸吹嘴 9 和压脚吹纸吹气量的大小，送纸吸嘴 11 和分纸吸嘴 10 的吸气量在出厂时已经设置好，一般不再调节。如需改变吸气量的大小可采取更换橡皮吸嘴垫或改变吸嘴高度来进行，如遇到特殊情况需要调整吸气量，可在传动面墙板内侧调整其节流阀。

飞达头的整体调节图如图 2－2－3 所示，松开手柄 8，将飞达头前后移动，移动到适当位置后再锁紧手柄 8，转动手轮 9 可调节飞达头的高低，在调整手轮处有标尺，根据标尺可知调节量的大小，万向节头上端部的腰形孔能调节送纸吸嘴和接纸轮的交接时间。

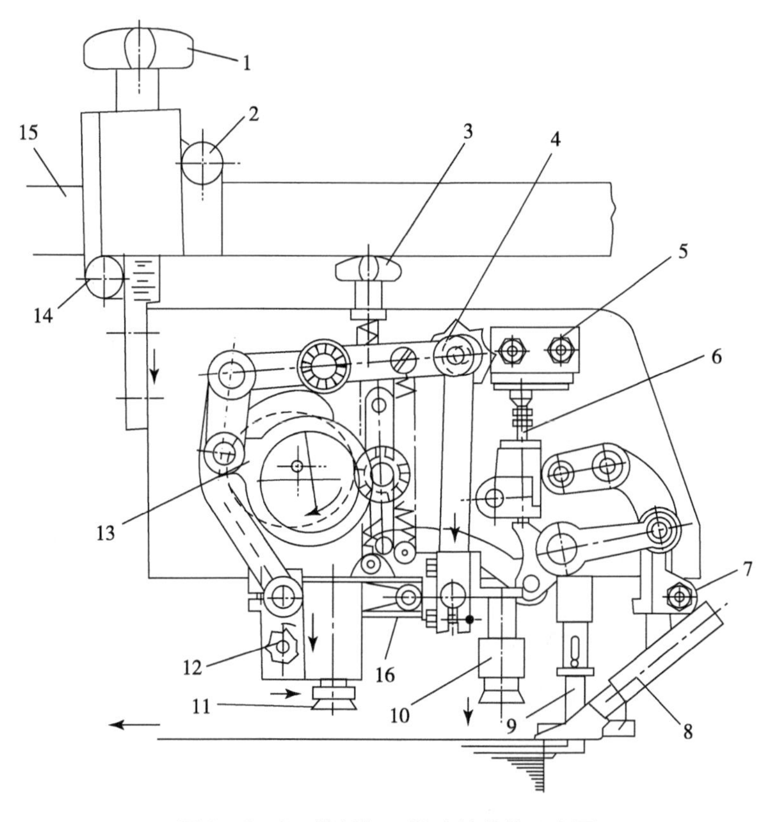

图2-2-2　输纸机飞达头的结构示意图

1、3、12—手轮；2、14—旋钮；4—偏心手轮；5—限位开关；6—调节杆；7—螺钉；8—压纸吹嘴；9—松纸吹嘴；10—分纸吸嘴；11—送纸吸嘴；13—曲柄；15—支撑架；16—导轮

图2-2-3　飞达头整体调节

1—摆杆；2—方向节头；3—气管；4、5、9—手轮；6—静电消除器；7—三通阀；8—手柄；10—导轨

二、分纸吸嘴机构的工作原理及调节

分纸吸嘴的作用是吸起纸堆上被吹松的最上面一张纸，交给送纸吸嘴。分纸吸嘴一般使用2个或4个，俗称“2提”或“4提”。吸嘴应有相同的高度，且对称于机器的中线安装。

（1）工作原理

如图2-2-4所示为分纸吸嘴机构原理及结构。凸轮1通过滚子3带动摆杆2摆动，摆杆2带动拉杆5上下运动。分纸吸嘴8采用自动伸缩吸嘴，吸嘴不翻转而是直上直下运动，纸张被分纸吸嘴吸住抬高的总高度是凸轮升程加上自动伸缩吸嘴举起的高度之和。

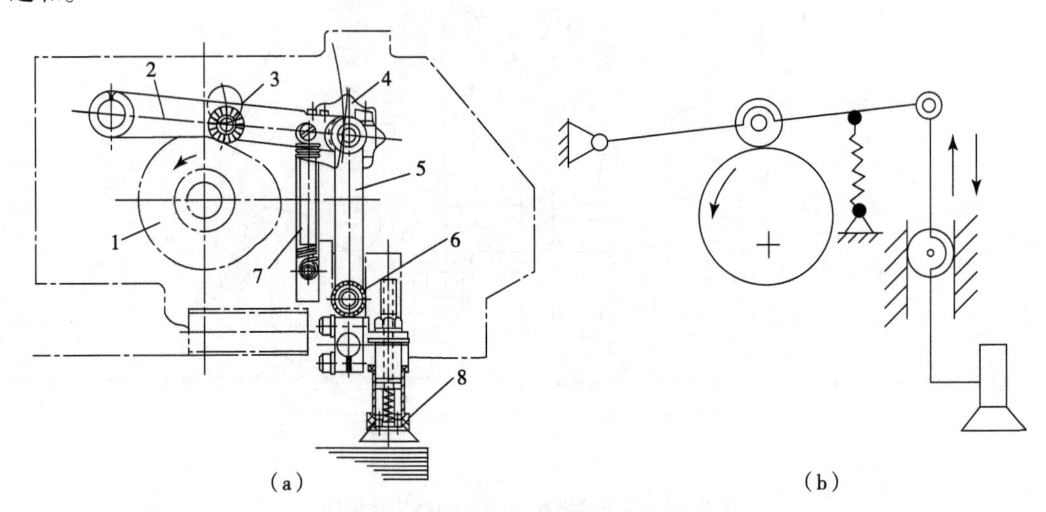

图2-2-4 分纸吸嘴机构原理及结构

1—凸轮；2—摆杆；3、6—滚子；4—手轮；5—拉杆；7—弹簧；8—分纸吸嘴

（2）调节要求

①吸嘴选择。海德堡系列胶印机可以提供不同类型的分纸吸嘴。根据纸张的不同，选择不同的吸嘴或吸盘，如图2-2-5所示。

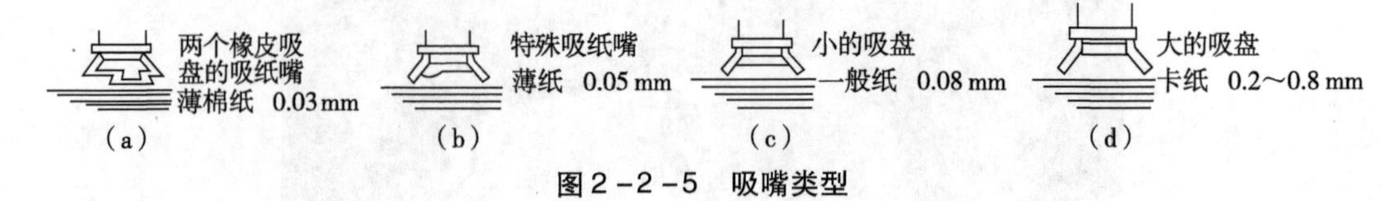

图2-2-5 吸嘴类型

②印刷薄纸时，吸嘴应向内倾斜；印刷厚纸时，吸嘴应保持垂直状态（见图2-2-6）。

图2-2-6 分纸吸嘴状态

③分纸吸嘴高度相同，对称分布。

④分纸吸嘴中心线距纸堆后缘20～23mm。

⑤吸嘴距纸堆后沿4～7mm。

(3) 调节方法

①分纸吸嘴的高低位置：转动手轮4，调节分纸吸嘴相对纸堆的高度(见图2-2-4)。

②分纸吸嘴角度调节：松开螺钉，调节分纸吸嘴与纸堆的倾斜角（见图2-2-7）。

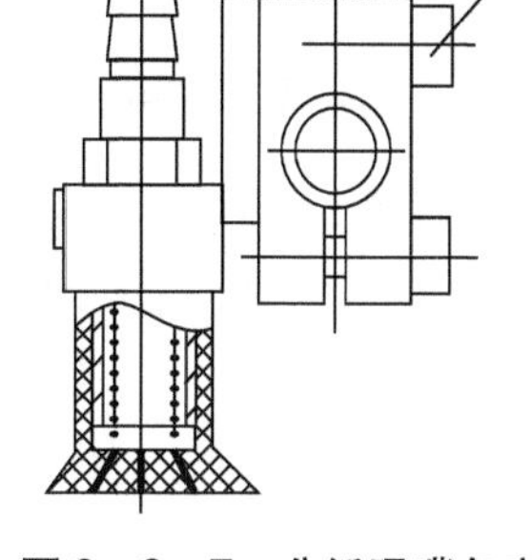

图2-2-7 分纸吸嘴角度调节

三、送纸吸嘴机构的工作原理及调节

送纸吸嘴的作用是将分纸吸嘴吸起的纸张吸住并向前送给接纸辊。送纸吸嘴一般使用2个、4个或多个，俗称“2送”或“4送”。与分纸吸嘴一起简称“2提2送”、“4提4送”、“4提6送”。送纸吸嘴成对使用，对称安装。

(1) 工作原理

如图2-2-8所示为送纸吸嘴机构原理及结构。该机构由偏心轴5、曲柄2、摆杆1、拉杆及导轨7等组成。偏心轴回转一周，带动摆杆、拉杆沿导轨做前后往复运动。

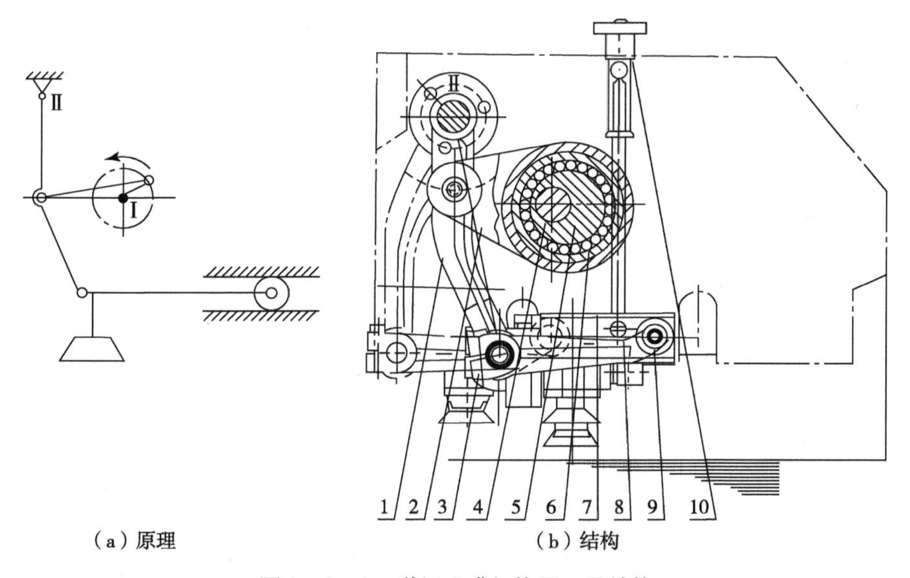

图2-2-8 送纸吸嘴机构原理及结构

1—摆杆；2—曲柄；3—摆臂；4—凸轮轴；5—偏心轴；6—滚针轴承；7—导轨；8—调节杆；9—滚珠轴承；10—调节柄

(2) 调整要求

①吸嘴应高度相同，对称分布。

②在最低位置时，与纸堆高度一般为3～5mm（见图2-2-9）。

③根据纸张厚度选择不同尺寸规格的胶圈。

(3) 调节方法

①高低调整：转动手轮，调节送纸吸嘴的高低位置。

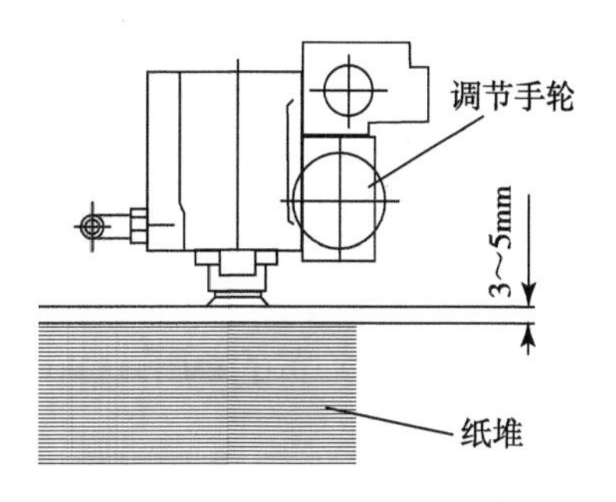

2-2-9 送纸吸嘴与纸堆距离要求

②前后调整：随飞达头整体调节。

四、压纸吹嘴机构的工作原理与调节

压纸吹嘴的作用：一是在分纸吸嘴吸起纸张后，压纸吹嘴立即向下压住其余纸张，以免送纸吸嘴将下面的纸张带走；二是压纸吹嘴压住纸张后进行吹风，使分纸吸嘴分离出的纸与纸堆分离；三是当纸堆面下降一定长度，压纸吹嘴探测机构向纸堆升降机构发出信号，使纸堆自动上升。给纸机只有一个压纸吹嘴，安装在纸张宽度方向的中心线上。

（1）工作原理

如图2－2－10所示为压纸吹嘴机构原理及结构。该机构由凸轮、摆杆、连杆组成六杆机构。压纸吹嘴的摆动是通过凸轮1、摆杆2、连杆3、摆杆4实现的。当压纸吹嘴压着纸堆，纸堆低于设定的高度，摆杆4上的凸块绕着轴顺时针摆动，凸块顶着导杆11，导杆11克服弹簧12的力，顶动微动开关10，微动开关10发出纸堆上升的信号。

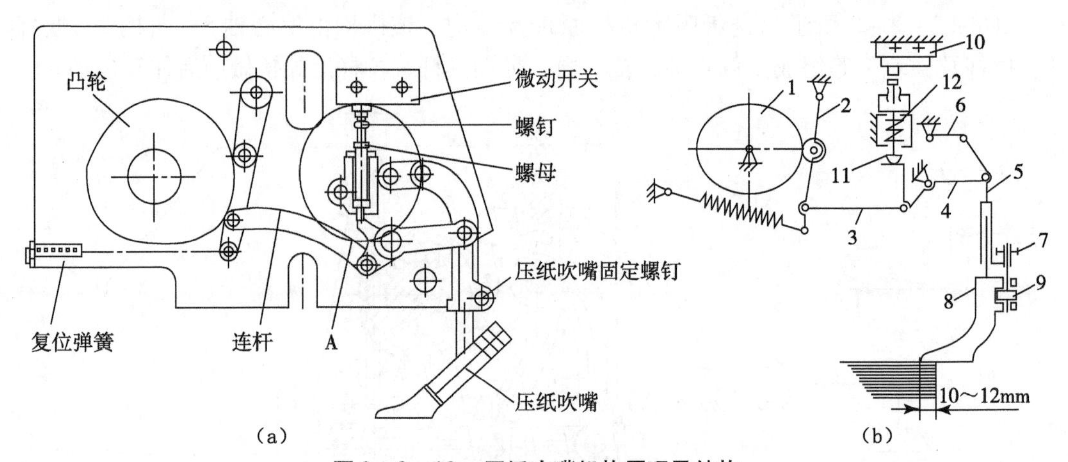

图2－2－10　压纸吹嘴机构原理及结构

1—凸轮；2、4、6—摆杆；3、5—连杆；7—螺钉；8—压纸吹嘴；9—螺母；10—微动开关；11—导杆；12—弹簧

（2）调节要求

①压纸吹嘴深入纸堆后缘10～12mm。

②压纸吹嘴高低位置应根据纸堆高低位置要求调整其高度，应使纸堆面低于前挡纸牙5～8mm。

③压纸吹嘴处于最低位置，用手托起压纸吹嘴2mm，听到微动开关声音。

（3）调节方法

①前后调节。随飞达头整体调整。

②高低调节。松开螺钉7，调节压纸吹嘴相对纸堆的高度（见图2－2－10）。

③纸堆升降调节。松开导杆上面的螺母，调节螺钉，对开关动作进行调节（见图2－2－10）。

五、松纸吹嘴的调节

（1）工作原理

松纸吹嘴是将纸堆上面的几张或十几张纸吹松，便于分纸吸嘴进行分离。松纸吹嘴设在纸堆的后缘，左右各一，成对布置。如图2－2－11所示为松纸吹嘴的结构及吹风示意图。

松纸吹嘴上有许多小孔或缝隙，每个小风口的吹风如喇叭状，中间风力大，两边风力小，风力集中的区域对着纸堆，保证纸张被吹松。

（2）调节要求

①松纸吹嘴应对称分布，且与分纸吸嘴相对应。

②松纸吹嘴距纸堆后缘6～10mm，印刷厚纸时近一些；印刷薄纸时远一些，如图2－2－12所示。

③松纸吹嘴的高低位置一般调节到吹松6～10张纸为宜。

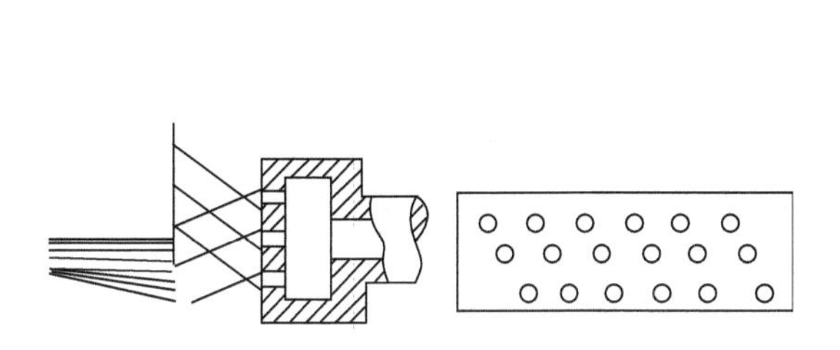

图2－2－11 松纸吹嘴结构及吹风示意图

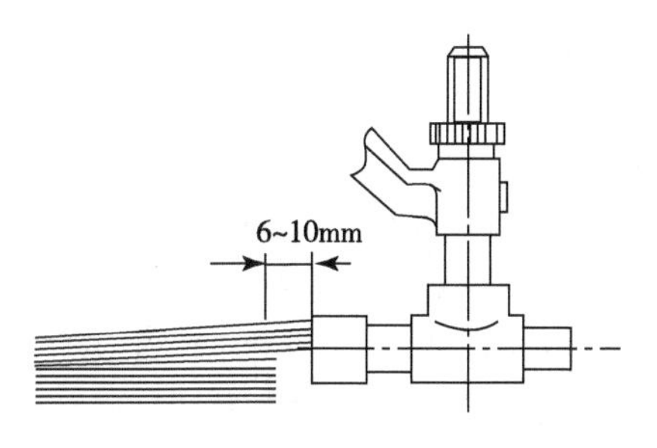

图2－2－12 松纸吹嘴的位置调节

（3）调节方法

①前后位置调节：松开松纸吹嘴后边的前后调节螺钉，调节前后位置，锁紧螺钉。

②高低位置调节：转动高低调节螺钉调节高低位置。

六、纸张分离装置的其他辅助机件

1. 挡纸毛刷的调节

挡纸毛刷有两种形式：一种是斜毛刷；另一种是平毛刷，如图2－2－13所示。

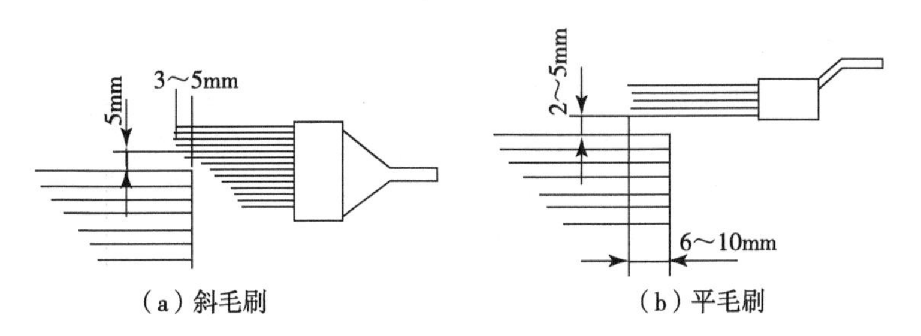

（a）斜毛刷　（b）平毛刷

图2－2－13 挡纸毛刷

① 斜毛刷。斜毛刷是在松纸吹嘴吹风时，被吹松的纸张由刷毛支撑，使之保持吹松状态。同时配合分纸吸嘴分离纸张。斜毛刷距纸堆表面2～5mm，伸入纸堆后缘：厚纸3～5mm，薄纸7～9mm。

②平毛刷。平毛刷是在松纸吹嘴吹风时，控制纸张飘起的高度；配合分纸吸嘴刷掉多余的纸张，防止出现双张或多张现象。平毛刷距纸堆表面2～5mm，伸入纸堆后缘6～10mm。

挡纸毛刷应调节到合适的位置，如果毛刷深入过多，会使分纸吸嘴的动作受到影响而出现“空张”；反之，容易引起“双张”或“多张”。挡纸毛刷的高低和前后位置是通过螺钉进行调节的。

2. 分纸钢片的调节

分纸钢片的工作位置如图 2－2－14 所示。分纸钢片底平面距纸面高度约 0～1mm，伸入纸堆边缘深度约 4～10mm，其中薄纸约 7～10mm，厚纸约 4～6mm。

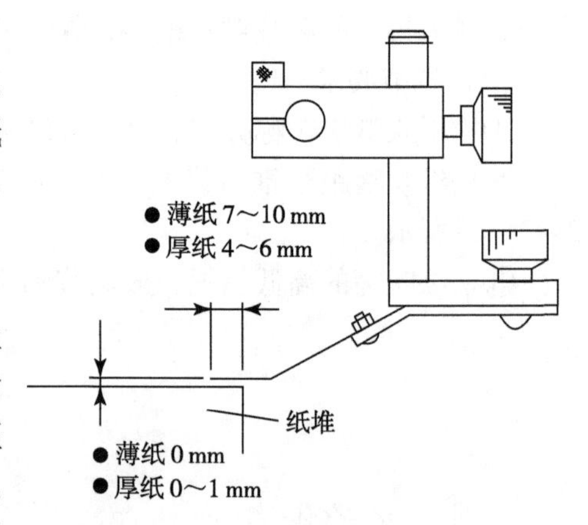

图 2－2－14　分纸钢片的工作位置

3. 后挡纸板及压纸块的调节

后挡纸板及压纸块的作用是控制纸堆台上的纸张使之保持整齐。后挡纸板和压纸块作为一个整体，安装在分离头上，相对机器中线压在纸堆两侧，以减少双张或多张等输纸故障。压纸块的位置如图 2－2－15 所示。前后位置通过移动分离头前后位置来调节；横向位置通过螺钉来调节，如图 2－2－16 所示。

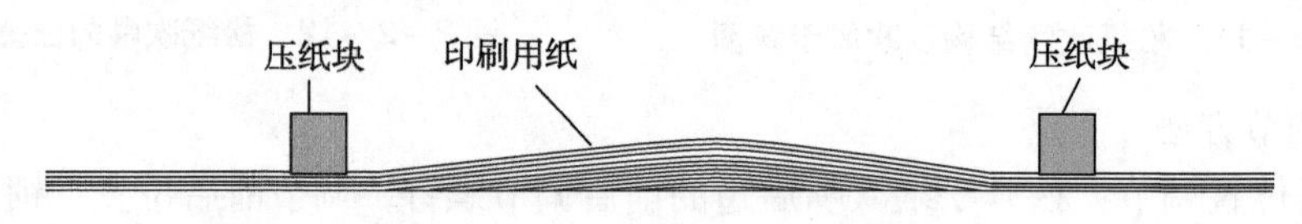

图 2－2－15　压纸块的工作位置

后挡纸板与纸堆后缘的距离一般在 1mm 左右。压纸块上有 4 个圆孔，可放置 4 个钢球，用以调节压纸块的重量。印刷厚纸时适当加大压纸块重量，印刷薄纸时适当减少压纸块的重量。

4. 侧挡纸板的调节

侧挡纸板的作用是使纸堆两侧保持整齐。它通常固定在纸堆架左右两侧，可根据纸张的大小和纸堆位置进行调整，一般距纸堆侧缘 2mm 为宜。松开侧挡纸板的紧固螺钉，沿支架横向移动两个侧挡纸板即可，然后再拧紧螺钉。

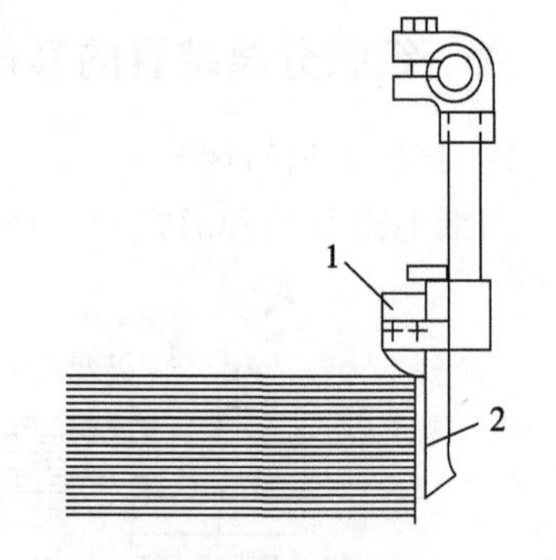

图 2－2－16　后挡纸板的工作位置

1—压纸块；2—后挡纸板

七、气量的控制与调节

分纸吸嘴机构的凸轮、送纸吸嘴机构的凸轮、压纸吹嘴机构的凸轮及旋转配气阀的凸轮都安装在凸轮轴上，各凸轮分别控制各机构的运动，它们相互协调，完成分纸与送纸动作。

如图 2－2－17 所示为气路系统原理图。气泵由电机带动旋砖。进气阀 5 通过空气过滤器 3 与吸气管 4 相通，2 为吸气气压调节阀。排气室 6 通过滤油器 7 与吹气管 8 相通，9 为吹气气压调节阀。吸气管 4 和吹气管 8 分别与吹气分配阀 10 和吸气分配阀 11 相接。

吸气分配阀又与分纸吸嘴 14 和送纸吸嘴 15 相连接。吹气分配阀与松纸吹嘴 13 和压纸吹嘴 12 相连接。在吸嘴和吹嘴分别进行吸气和吹气时，它们各自的循环周期与时间长短由吸气分配阀 11 和吹气分配阀 10 控制。补气室 24 通过空气滤清器与补气管相连接。

气量调节阀 17 ~ 20 分别为四个气嘴和收纸装置的气量调节阀，21 为补气室的气量调节阀，它们都是用来调节各吹嘴、吸嘴的气量大小。吹气气压调节阀 9 用来调节整体吹气大小。吸气气压调节阀 2 用来调节整体吸气大小。

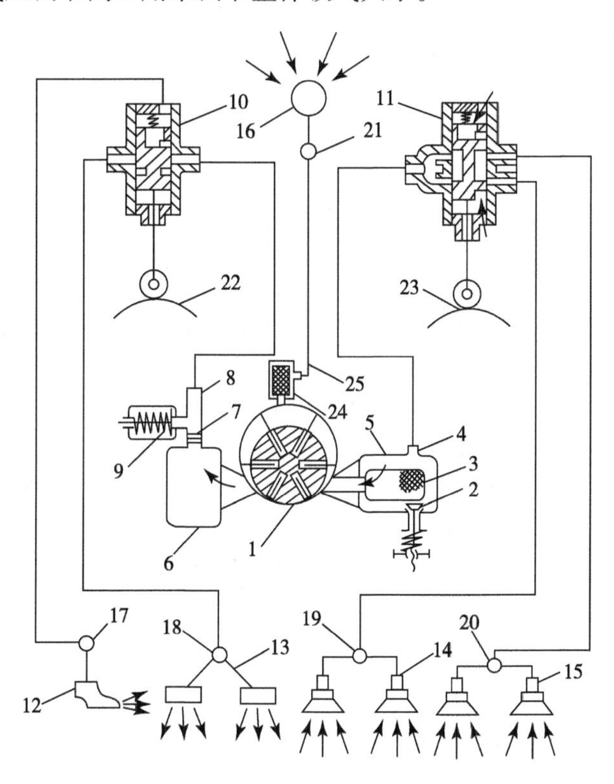

图 2-2-17 气路系统原理图

1—气泵；2—吸气气压调节阀；3—空气过滤器；4—吸气管；5—进气阀；6—排气室；7—滤油器；8—吹气管；9—吹气气压调节阀；10、11—气体分配阀；12—压纸吹嘴；13—松纸吹嘴；14—分纸吸嘴；15—送纸吸嘴；16—收纸减速装置；17 ~ 21—气量调节阀；22、23—凸轮；24—补气室；25—气管

调节风量的大小是改变气体分配阀的开度大小，气体分配阀是根据需要把气泵所产生的吹气和吸气以一定的节奏和持续的时间分别与吹气嘴和吸气嘴接通或断开。常用的气体分配阀是旋转式气体分配阀。如图 2-2-18 所示为海德堡印刷机的气量控制面板图。逆时针调节旋转气量减小，顺时针旋转气量增大。

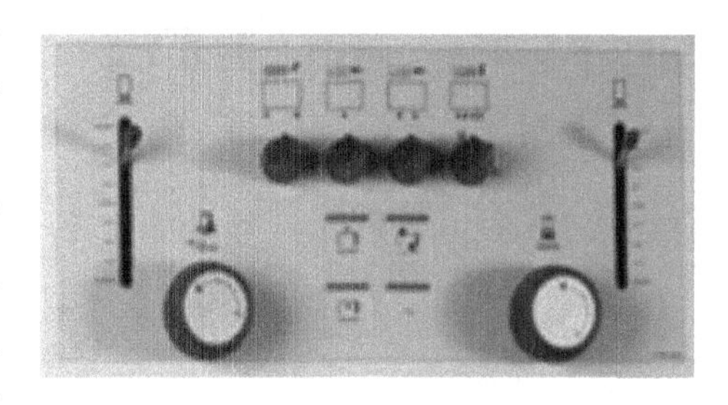

图 2-2-18 气量控制面板

调节风量的大小是由纸张尺寸决定的。表 2-2-1 提供了不同纸张的风量调节情况。

表2-2-1　风量大小调节情况表

纸张类型	$30g/m^2$	$70g/m^2$	$120g/m^2$	卡纸0.4mm厚	卡纸0.8mm厚
松纸吹嘴	吹松6~10张纸，吹风不能太大		吹松6~10张纸	根据卡纸情况，开足吹风	
压纸吹嘴	风吹起纸张的前缘，不能产生纸张颤振		根据纸张的尺寸而定，风吹起纸张的前缘	开足吹风	
分纸吸嘴型式	双吸盘的吸嘴或突出圆盘的吸嘴	突出圆盘的吸嘴	突出圆盘的吸嘴或一般的吸嘴	一般的吸嘴，大吸盘	
分纸吸嘴状态	向内倾斜		垂直或向内倾斜	垂直	
送纸吸嘴	小的吸盘			塑料吸盘	

八、前齐纸机构的工作原理及调节

（1）工作原理

前齐纸机构的作用是保持纸张前缘的整齐，使纸张限定在特定的位置，位于纸堆的前缘处。在松纸吹嘴吹风时，齐纸机构的齐纸板挡住被吹松的纸张，防止纸张向前搓动，当送纸吸嘴吸住纸张向前递送时，齐纸板翻倒，让纸张顺利通过。如图2-2-19所示，它由给纸机凸轮轴上的凸轮1、拉簧2、摆杆3、连杆4、摆杆7和齐纸板6组成。当送纸吸嘴开始送纸时，凸轮1的低面与滚子接触，在拉簧2的作用下，通过摆杆3、连杆4、摆杆7，使齐纸板6逆时针方向绕 O 轴摆动让纸张通过。当凸轮1的高面与滚子接触时，摆杆3顺时针方向摆动，通过连杆4使齐纸板6顺时针摆动，将松纸吹嘴吹松的纸张理齐，然后压纸吹嘴压在理齐的纸堆上。

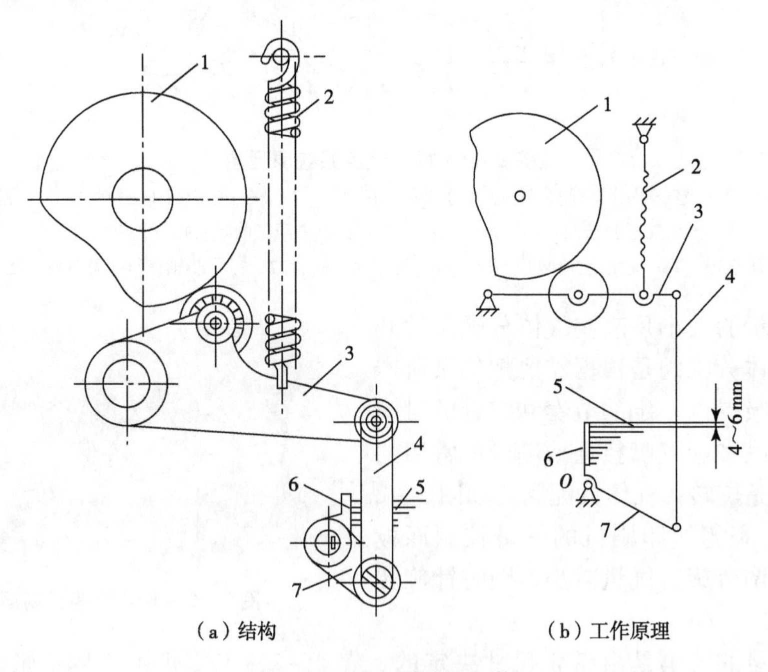

（a）结构　　（b）工作原理

图2-2-19　前齐纸机构

1—凸轮；2—拉簧；3、7—摆杆；4—连杆；5—纸堆；6—齐纸板

（2）调节要求

①齐纸板在凸轮转到高面时保持垂直，且位置与纸张相适应。

②送纸吸嘴上升，齐纸板应向前倾斜，不阻挡纸张的输送。

③纸堆前缘一般低于齐纸板4～6mm。

（3）调节方法

①凸轮摆动时间通过调节凸轮1与轴的周向位置。

②调节螺钉调节齐纸板的高低。

③调节螺钉调节齐纸板的横向位置。

思考题

1. 纸张分离时，纸堆的高度是由哪些机件控制的？
2. 送纸吸嘴的两个吸嘴一起升降和单个吸嘴的升降调节，需要调节什么机件？
3. 分纸吸嘴的高低位置是通过什么方法得到的？
4. 前齐纸机构有什么作用？

任务2.3　调节纸张输送装置

1. 学习目标

知识：掌握纸张输送装置作用；了解接纸机构的工作原理；掌握双张检测的工作原理、空位检测的工作原理。

能力：能够进行输纸装置和双张检测控制装置的调节。

情感：通过案例教学激发学生的好奇心和学习兴趣，树立自信心。

2. 学习方法建议

宏观——四步教学法，微观——引导、案例教学，分组讨论。

3. 教学实施

工作过程	工作任务	教学组织
资讯	（1）输纸机构的作用及分类； （2）传送带式输纸机构与调节； （3）真空吸气带式输纸机构； （4）接纸机构； （5）异物检测控制装置； （6）双张检测控制装置； （7）空位检测控制器	（1）公布项目和工作任务； （2）学生分组，明确分工

续表

工作过程	工作任务	教学组织
计划	（1）调节输纸装置； （2）调节接纸机构； （3）调节双张检测控制装置	（1）学生制订完成任务的方案，包括完成任务的方法、进度、学生的具体分工； （2）对学生提出的方案具体指导，帮助形成方案
实施	（1）按计划项目实施； （2）技术文件归档	（1）各小组按照制订的工作任务逐项实施； （2）对任务进行重点指导； （3）技术文件归档
检查评估	（1）分析学生完成任务的情况，并提出改进措施等； （2）技术文件归档； （3）完成个人报告； （4）撰写小组自评报告	（1）评估任务完成的质量、关注团队合作、考勤等； （2）教师指出过程中的不足，团队分析原因，提出优化意见

4. 工作对象

平版印刷机。

5. 工具

教材、课件、多媒体、黑板、工具箱。

6. 教学重点

传送带式输纸机构的调节、双张检测控制器的调节。

7. 考核与评价

结合实施任务书和任务考核表进行考核与评价。其中，成果评定60%、学习过程评价30%、团队合作评价10%。

实施任务书

项目	项目内容	操作方法
1	调节输纸机构	
2	调节接纸机构	
3	调节双张检测控制器	

任务考核表

项目	考核内容	考核点	评价标准	分值
1	调节输纸机构	安全性	提出安全注意事项，出现安全事故按0分处理	10
		操作方法	（1）输纸带位置； （2）输纸带张紧； （3）压纸滚轮位置； （4）压纸球位置； （5）压纸片位置	60
		质量要求	（1）按要求准确、稳定输送200张纸左右； （2）如果走纸不好，则酌情扣分	30

续表

项目	考核内容	考核点	评价标准	分值
2	调节接纸机构	安全性	提出安全注意事项，出现安全事故按0分处理	10
		操作方法	（1）前齐纸板的垂直位置； （2）齐纸板的高低位置； （3）齐纸板的横向位置	60
		质量要求	（1）按要求准确、稳定输送200张纸左右； （2）如果走纸不好则酌情扣分	30
3	调节双张检测控制器	安全性	提出安全注意事项，出现安全事故按0分处理	10
		操作方法	（1）采用印刷用纸进行调节； （2）调节方法正确，紧固螺钉锁紧	60
		质量要求	双张检测控制器工作正常	30

一、输纸机构的作用及分类

1．输纸机构的作用

输纸机构的作用是将飞达部分分离出来的纸张平稳、准确、无划痕地输送到前规及侧规处进行定位。印刷速度越高，纸张规格或厚薄变化越多，则对输纸机构的工作要求也越高。

2．输纸机构的分类

（1）上分式和下分式输纸装置

根据纸张分离机构在纸堆上取纸位置不同，输纸机构可分为上分式和下分式两种。上分式即指纸堆最上面的一张纸张首先被分离并输送到印刷机进行印刷，而下分式则相反，是指纸堆的最下面一张纸张首先被分离并输送。下分式输纸机构结构简单，广泛地应用于名片印刷机等小幅面印刷机上，而上分式输纸机构速度快、输纸准确、可输送大尺寸纸张，所以广泛应用在高速大幅面的印刷机上。

（2）间隙式和连续式输纸机构

根据纸张在输纸板上的重叠形式，输纸机构可分为间隙式和连续式两种。间歇式输纸机构在纸张输送过程中其相邻的两张纸之间相互间隔一定距离，如图2－3－1所示，一般适用于低速印刷机。连续式输纸机构在纸张输送过程中纸张相互重叠在一起，如图2－3－2所示，吸嘴不能在纸张的叼口部位吸纸，只能在纸张的拖梢部位吸纸，适合于高速印刷机。

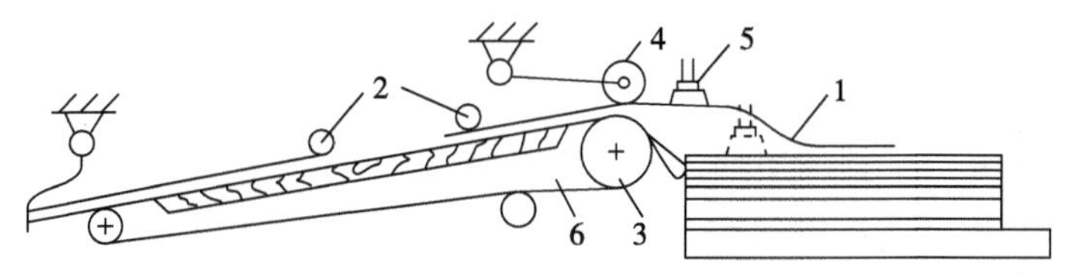

图2－3－1　间歇式输纸机构

1—纸张；2—压纸滚轮；3—送纸辊；4—压纸轮；5—吸嘴；6—输送带

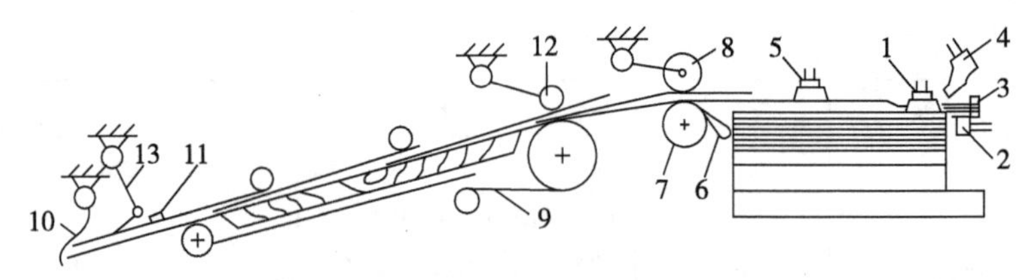

图2-3-2　连续式自动输纸机构

1—分纸吸嘴；2—松纸吹嘴；3—挡纸毛刷；4—压纸吹嘴；5—送纸吸嘴；6—前齐纸板；
7—送纸辊；8—压纸轮；9—输送带；10—前规；11—侧规；12—压纸滚轮；13—探针

(3) 传送带式和真空吸气式输纸机构

根据输纸板机构的不同，输纸机构分为传送带式和真空吸气式两种。传送带式输纸板机构在输纸板上有多条传送带。传送带运动，通过传送带和纸张间的摩擦力带动纸张向前输送，如图2-3-3所示，在海德堡、小森、国产印刷机上普遍采用传送带式输纸板机构。真空吸气式输纸板机构在输纸板上有多条吸气带，吸气带吸住纸张从而带动纸张向前输送，如图2-3-4所示，在罗兰、高宝、三菱印刷机上普遍采用真空吸气式输纸板机构。

图2-3-3 传送带式输纸板机构

图2-3-4　真空吸气式输纸板机构

二、传送带式输纸机构与调节

如图2-3-5所示为传送带式输纸机构工作原理。它主要由送纸辊1、压纸轮2、压纸框架4、输纸板5、递纸牙台9、吸气嘴11及输纸带传送机构等组成。在输纸板上装有六条钢带，与之对应的六条输纸带在钢带上运动，以保证输纸带在输纸板上运动灵活，减少传送带和输纸板之间的摩擦。在输纸板前端设置四个吸气嘴11，用于在出现输纸故障（双张或其他输纸故障）时吸住纸张。此时需要掀起压纸框架4，将纸张取出，操作时先要打开压纸框，锁住卡板16，此时阀体接通吸气回路，由吸嘴吸住第一张纸，使其保持原来位置，防止移位。取出错张后，将压纸框架放下，扳回卡板16使气路断气，吸嘴放纸，即可正常输纸印刷。

1. 输纸板

输纸板是一块光滑平整的矩形板，安装时倾斜7°~17°，在其上安装线带、压纸轮、毛刷、毛刷滚轮、送纸球、压纸片。

2. 输纸带

输纸板上一般有4~6根输纸带，要求输纸带与接纸辊同步；输纸带薄厚均匀，对称分布；张紧程度一致，正常为中央可拉起20mm。

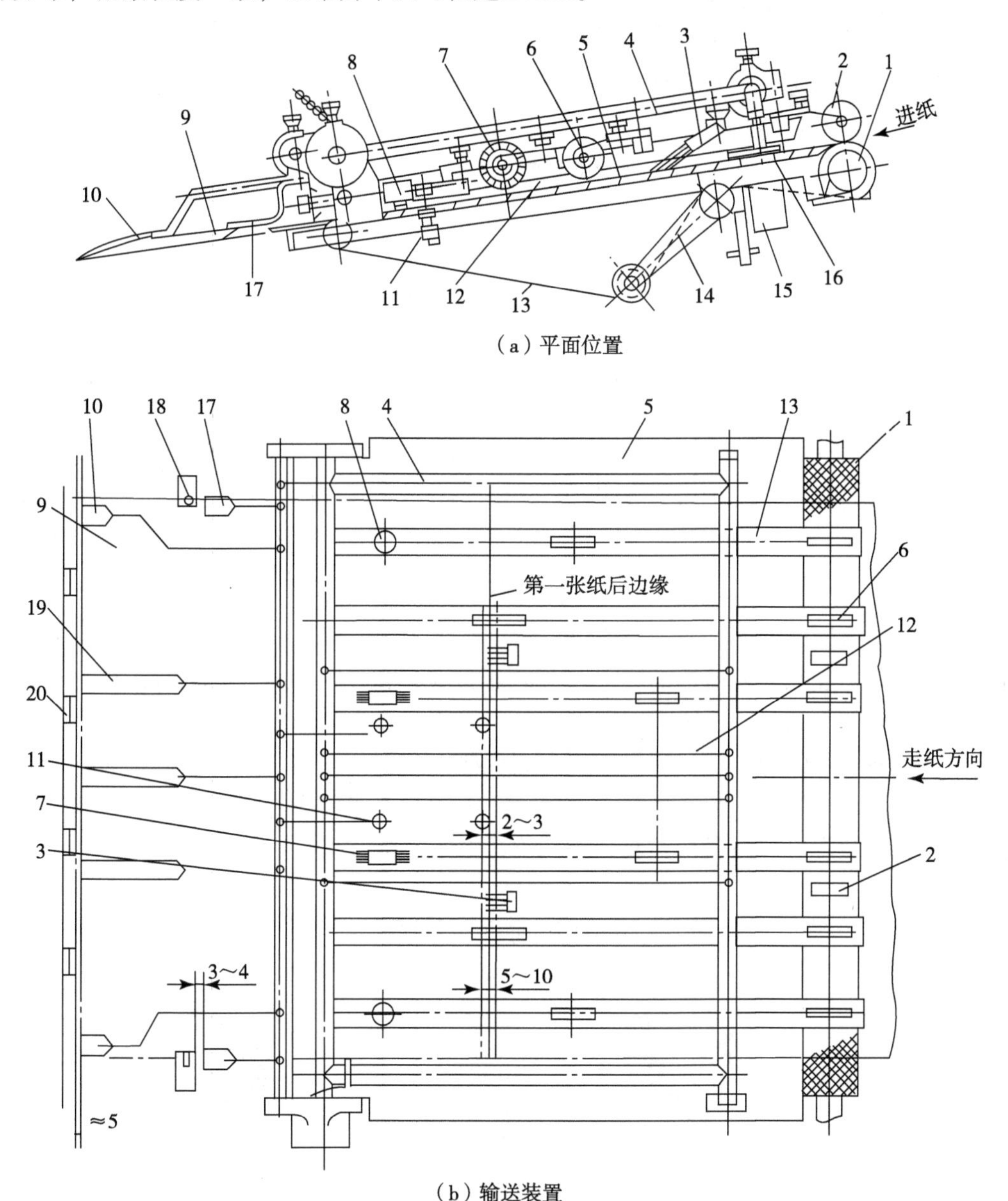

（a）平面位置

（b）输送装置

图2-3-5 传送带式输纸板机构工作原理

1—送纸辊；2—压纸轮；3—压纸毛刷；4—压纸框架；5—输纸板；6—压纸滚轮；7—压纸毛刷轮；8—压纸球；9—递纸牙台；10、17、19—压纸片；11—吸气嘴；12—杆；13—输纸带；14—张紧轮支架；15—阀体；16—卡板；18—侧规；20—前规

如图2-3-6所示，根据纸张幅面大小调整输纸带的位置，输纸带的松紧程度通过输纸板下方的张紧轮手柄调节，开飞达，直到输纸带走正为止。

3. 压纸滚轮

如图2-3-7所示，压纸滚轮与纸尾距离太近或直接压在纸上，会使纸尾产生变形，造成前规下纸过位现象，且干涉拉规定位。

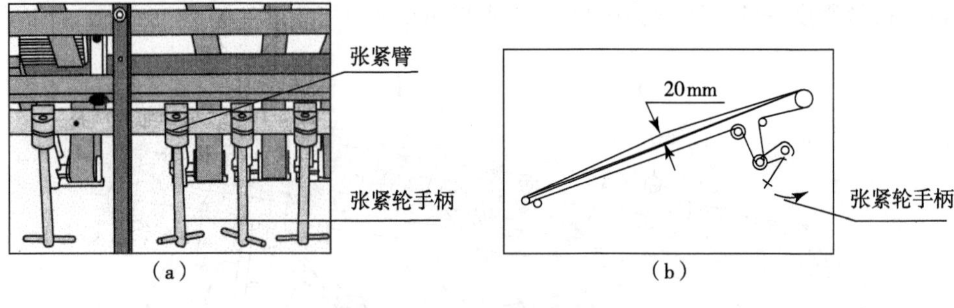

（a） （b）

图2－3－6　输纸带的调节

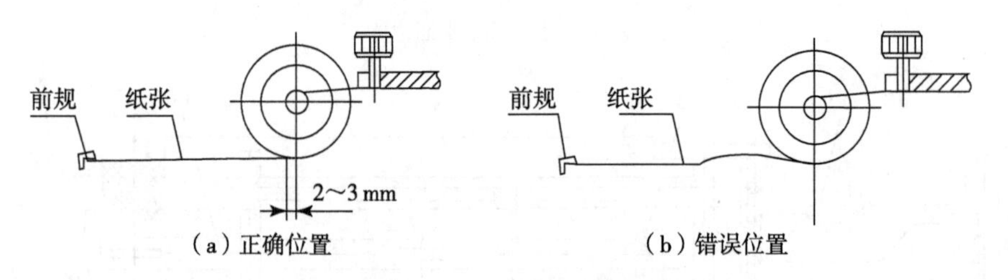

（a）正确位置 （b）错误位置

图2－3－7　压纸滚轮的位置

压纸滚轮位置的调节。压纸轮应压在输纸线带的中心线上，且与输纸线带平行，左右压纸轮应对称安装。最前边的一对压纸轮距纸张后缘2～3mm。调节时，松开压纸轮固定在输纸轮架上的前后位置紧固螺钉，然后调节前后位置，最后拧紧螺钉。

压纸滚轮压力的调节。印刷厚纸压力应大些；印刷薄纸时压力小些。顺时针转动压纸轮上的压力调节螺钉，弹簧片向下增压，压纸轮对纸张的压力增大；逆时针转动压纸轮上的压力调节螺钉，弹簧片弹起，压纸轮对纸张的压力减小。

4. 毛刷轮

压纸毛刷轮的作用是防止纸张到达前规时的回弹，使定位准确。调节要求如图2－3－8所示。

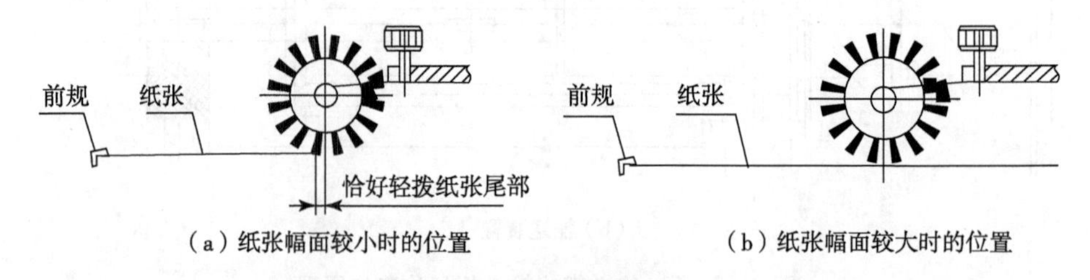

（a）纸张幅面较小时的位置 （b）纸张幅面较大时的位置

图2－3－8 毛刷轮的位置

前后位置的调节。如图2－3－9所示，松开紧固螺钉2，调节毛刷轮在轮架杆上的位置，然后锁紧紧固螺钉2。

压力的调节。如图2－3－9所示，松开锁紧螺母3，调节调节螺钉1就可以调节毛刷轮对纸张的压力，然后锁紧螺母3。

5. 压纸球

在印刷厚纸时，由于压纸轮会造成侧规拉纸困难，仅靠压纸毛刷又不能控制纸张，采用压纸球对纸张输送进行控制。印刷薄纸时将其抬起，将毛刷轮移至离纸张拖梢25～

30mm 处，如图 2－3－10 所示为压纸球的结构图。

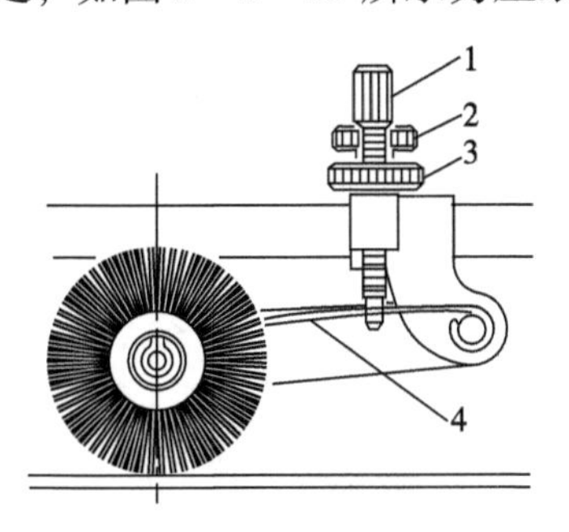

图 2－3－9　毛刷轮的调节

1—调节螺钉；2—紧固螺钉；3—锁紧螺母；4—弹簧片

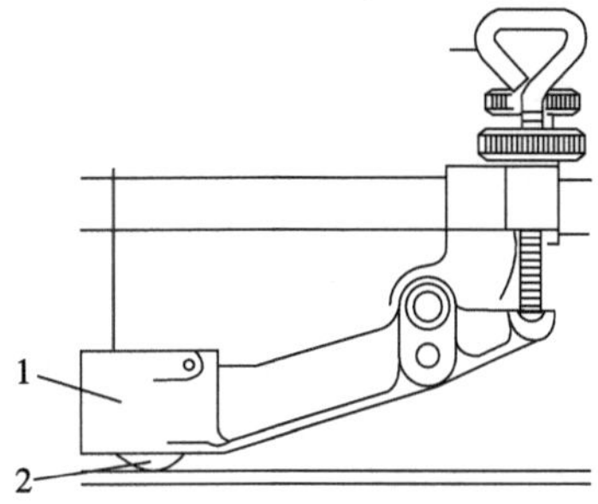

图 2－3－10　压纸球结构

1—笼壳；2—压纸球

6. 压纸片

压纸片可防止纸张的拱翘和飘动，保证纸张平稳进行定位。压纸片的前端距前规约 5mm。

三、真空吸气带式输纸机构

传送带式输纸机构结构复杂，调节费时费力，且工作的稳定性不高。近几年，在单张纸印刷机上采用真空吸气式输纸机构，如图 2－3－11 所示为德国罗兰 700 型四色单张纸印刷机吸气带输纸机构。它主要由驱动辊 3、输纸板 10、吸气带 6、从动传送带辊 9、吸气室 4 和 7、吹气口 15 及辅助吸气轮 13 等组成。在输纸板上安装有两条吸气带 6，当从纸堆上分离出来的纸张由送纸辊 2 输送到输纸板 10 上时，由吸气带 6 吸住，并传送到前规处定位，接着由侧规拉纸完成纸张的侧边定位。15 为吹气口，利用它的吹气作用使纸张前边缘（叼口）部分平稳地进入前规处进行定位。辅助吸气轮 13 则能使纸张以更平稳的方式进入前规处进行定位。吸气室 4 的吸气量为恒定值。而吸气室 7 的吸气量大小是可调的，主要是为了适应印刷不同厚薄纸张的要求。

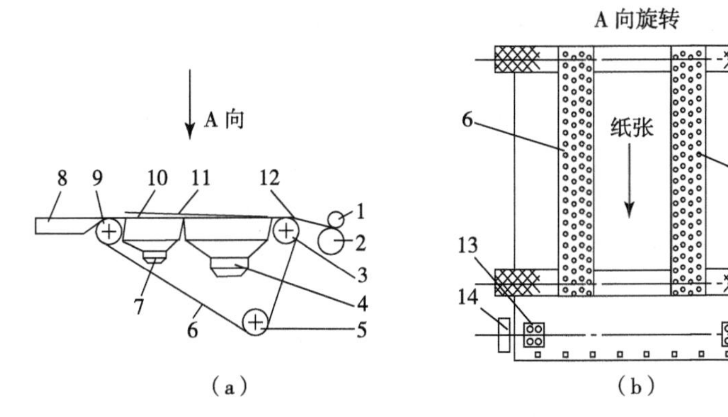

图 2－3－11　真空吸气带式输纸机构

1—压纸轮；2—送纸辊；3—驱动辊；4、7—吸气室；5—张紧轮；6—吸气带；8—递纸牙台；9—从动传送带辊；10—输纸板；11—纸张；12—过桥板；13—辅助吸气轮；14—侧规；15—吹气口

这种真空吸气带式输纸机构，去掉了传统输纸台上面的压纸框架，使操作与调节更为简单、方便，同时由于输纸台被做成鱼鳞式，故能防止纸张产生静电。

四、接纸机构

接纸机构是将分离后的纸张输送到输纸板上。要求接纸机构保证接纸时间和合适的压力。如图 2－3－12 所示为接纸机构的结构与原理图。

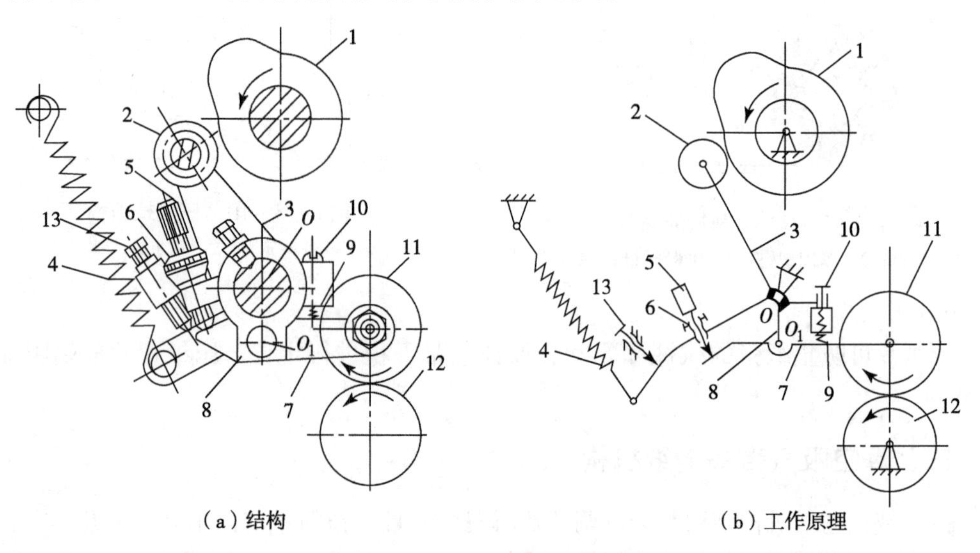

图 2－3－12　接纸机构

1—凸轮；2—滚子；3、7—摆杆；4、9—弹簧；5—螺钉；6—螺母；8—支承座；
10—调节螺钉；11—压纸轮；12—送纸辊；13—定位螺钉

1. 工作原理

凸轮 1 安装在给纸机的凸轮轴上，当凸轮由低面转到高面时，凸轮带动摆杆 3 绕 O 点逆时针摆动，摆动杆 3 上的螺钉 5 推动摆杆 7 及压纸轮 11 上摆让纸，这时送纸吸嘴把纸张向前送到送纸辊 12 上。当凸轮回程时，在弹簧 4 的作用下，摆杆 3、螺钉 5 顺时针摆动，通过弹簧 9 使压纸轮 11 落下压纸，此时送纸吸嘴放纸，纸张在转动的送纸辊 12 和压纸轮 11 之间的摩擦力作用下向前传送到输纸板上。

2. 调节要求

（1）摆杆 3 极限位置的调节。凸轮低面与滚子 2 相对时，调节螺钉 10 使凸轮 1 与滚子 2 之间有大约 1.5mm 的间隙。

（2）压纸力的调节。调节螺钉 10 通过弹簧 9 改变压纸轮 11 与送纸辊 12 之间的压力实现。压力大小采用“拉纸条”或手拨接纸轮的方法进行，保证两压纸轮压力大小一致。

（3）接纸时间的调节。将压纸轮压在送纸辊上，调节螺钉 5，使其与摆杆 7 之间有 0.3mm 的间隙。

（4）压纸力大小一致性调节。将两个接纸轮调整在稳定线的位置。

五、双张检测控制器

输纸机在纸张输送过程中，由于多种原因，可能会出现双张、多张等现象。一旦双张或多张进入滚筒，会造成印刷滚筒的过度变形，甚至会造成机器的损坏。因此，印刷机上都设置了双张（或多张）检测控制器。双张检测控制器检测出双张或多张后，控制系统发出信号，输纸机停止工作。双张检测控制器可以分为机械式、光电式、超声波式、电容式等多种形式。

1. 机械式双张检测控制器

机械式双张检测控制器工作原理是根据纸张厚度变化进行检测的，按结构形式分为摆动式双张检测控制器和固定式双张检测控制器。目前最常用的是固定式双张检测控制器。

如图 2－3－13 所示为固定式双张检测控制器。它是由控制轮 10、检测轮 7、微动开关 3 等组成。

（1）工作原理

控制轮 10 安装在送纸辊 11 的上方，检测轮 7 安装在摆杆 4 上。正常输纸时，检测轮 7 不动，控制轮压在纸张上，并且随纸张运动而转动。当出现双张时，控制轮 10 被抬起与检测轮 7 接触，检测轮 7 在控制轮 10 的带动下逆时针转动，检测轮 7 上的销轴 8 推动弹簧片 6 上的触头 2 接触，发出双张故障信号，给纸机离合器脱开，停止输纸。

（2）调节要求

若采用两张重叠输纸，取两张印刷用纸放入控制轮 10 下，调节螺母 1，使检测轮 7 与控制轮之间距离小于 1 张纸张厚度，重新锁紧螺母 1。取出控制轮 10 下的纸张，检测轮 7 与控制轮 10 之间的间隙为 2.5 张印刷纸厚。若采用三张重叠输纸，则检测轮与控制轮之间的间隙为 3.5 张印刷纸厚。

固定式双张检测控制器结构简单，工作灵敏可靠，易于调节，因此应用较为广泛。

（a）结构

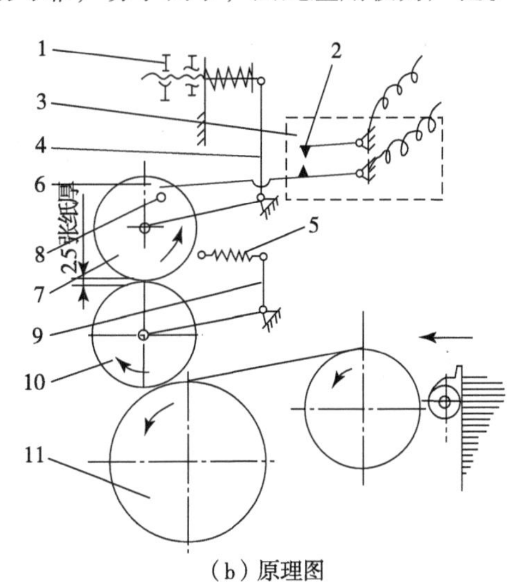

（b）原理图

图 2－3－13　固定式双张检测控制器

1—螺母；2—触头；3—微动开关；4、9—摆杆；5—拉簧；6—弹簧片；
7—检测轮；8—销轴；10—控制轮；11—送纸辊

2. 光电式双张检测控制器

光电式双张检测控制器是利用纸张厚度变化引起光电元件接受光强度变化的原理实现的。如图 2－3－14 所示，它由光源、光电元件、电子线路和电流继电器等组成。

将印刷用纸放置在光源1和光电元件3之间，调节电子线路中的有关参数，使电流继电器5不工作，当输纸过程出现双张时，光电元件3接受的光强度发生变化，电子线路的工作状态发生变化，电流继电器工作发出信号，输纸机停止工作。

光电式双张检测控制器体积小、重量轻，使用方便，不污损纸张。缺点是对颜色敏感，不易调整，积尘后，灵敏度降低。

3. 电容式双张检测控制器

电容式双张检测控制器是利用平板电容器的电容量随通过极板之间纸张数量不同而发生变化的原理工作的。如图2-3-15所示，正常输纸时，放大器4两端无信号输出；出现双张或多张时，电容量发生变化，经放大器4放大输出后发出信号，使给纸机停止工作。

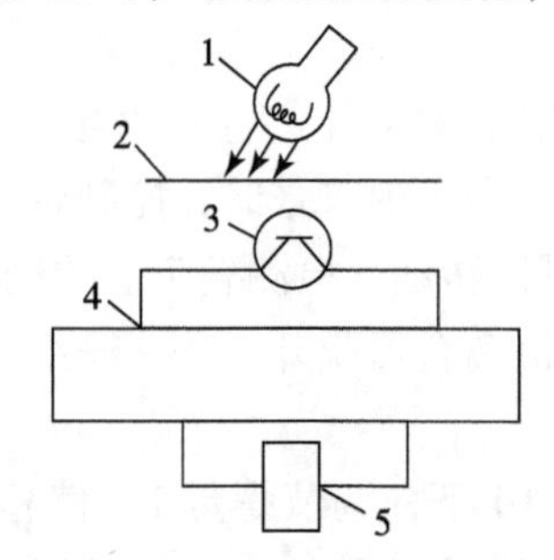

图2-3-14 光电式双张检测控制器

1—光源；2—纸张；3—光电元件；4—电子线路；5—电流继电器

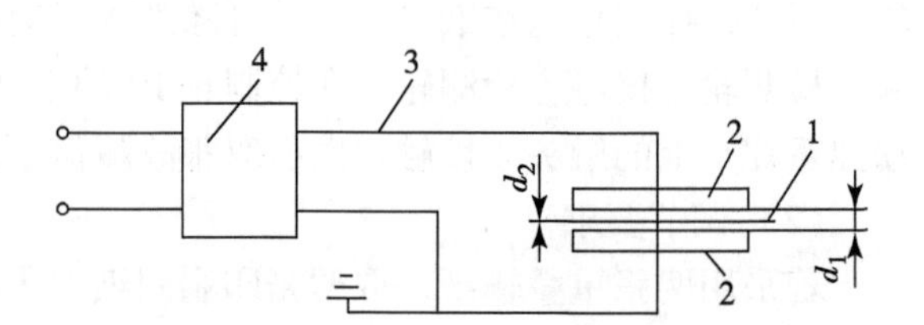

图2-3-15 电容式双张检测控制器

1—纸张；2—极板；3—电子线路；4—放大器

电容式双张检测控制器的特点是工作灵敏度高，不受纸张平整度及色彩的影响，但受到周围空气的湿度变化影响。

4. 超声波式双张检测控制器

超声波式双张检测控制器是利用纸张数量不同而引起超声波强度变化原理设计的。如图2-3-16所示，超声波传感器靠介质传播能量，能够在纸张中传播，不受纸屑、灰尘等微小物质影响。

超声波式双张检测控制器特别适合于薄纸和厚纸经常转换的场合，但价格较贵。

图2-3-16 超声波式双张检测控制器

六、异物检测控制器

异物检测控制器也称安全杠机构，是检测输纸台上是否有异物随纸张向前输送的装置，通常安装在输纸板的前端，阻挡和防止异物进入印刷装置。如图2-3-17所示为异物检测控制器。安全杠3与输纸板4的距离为1~1.5mm，当乱纸或杂物撞击安全杠时，安全杠绕支点O旋转，使调节螺钉1顶动微动开关6发出电信号，通过控制电路切断主机电路，使全机迅速制动下来。

调节螺钉1用来调节微动开关两个触点间的距离，而限位螺钉2用来改变安全杠与输纸板之间的距离。

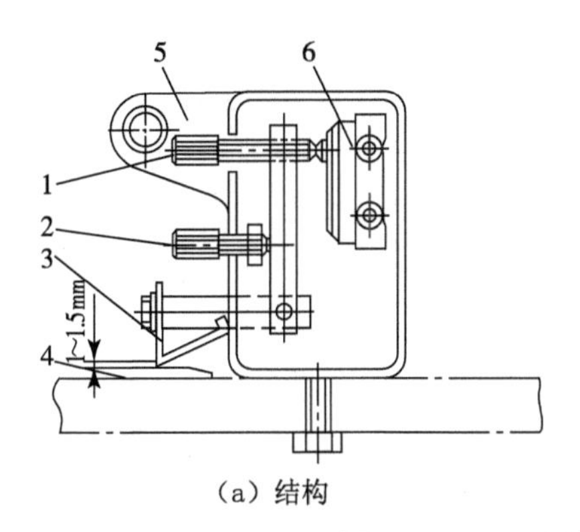

(a) 结构

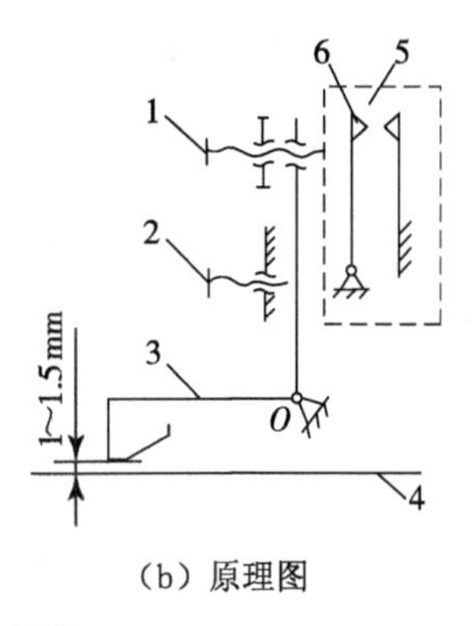

(b) 原理图

图 2-3-17　异物检测控制器

1—调节螺钉；2—限位螺钉；3—安全杠；4—输纸板；5—侧板；6—微动开关

七、空位检测控制器

空位检测控制器的作用是检测纸张到达位置的准确性是否符合印刷要求，如发现纸张早到、晚到、空张、歪张、折角和破损等立即发出信号，输纸机停止输纸、滚筒离压、输墨停止、输水停止、递纸牙停止递纸、前规停止等。空位检测控制器可分为电触片式、光电式、光栅式。

1. 电触片式空位检测控制器

电触片式空位检测控制器的工作原理如图 2-3-18 所示。在前规 1 左右两端分别安装一弹簧片 2，在输纸板 5 对应位置上装有触点 3，弹簧片 2 和触点 3 连接在控制电路中。当前规 1 下落在工作位置时，弹簧片 2 和触点 3 接通，如果纸张准确到达前规，由于纸张起到绝缘作用，纸张将弹簧片 2 和触点 3 断开，控制电路发出输纸正常信号。当出现空张、晚到、歪斜、破损、折角等故障，控制器左右两个触点至少有一个和弹簧片 2 接触，控制器发出空张故障信号。当纸张早到时，弹簧片 2 和触点 3 没有按照要求提前断开，控制器同样发出空张故障信号。

这种控制器装置结构简单，安装调节方便，工作可靠，早期国产印刷机广泛采用。

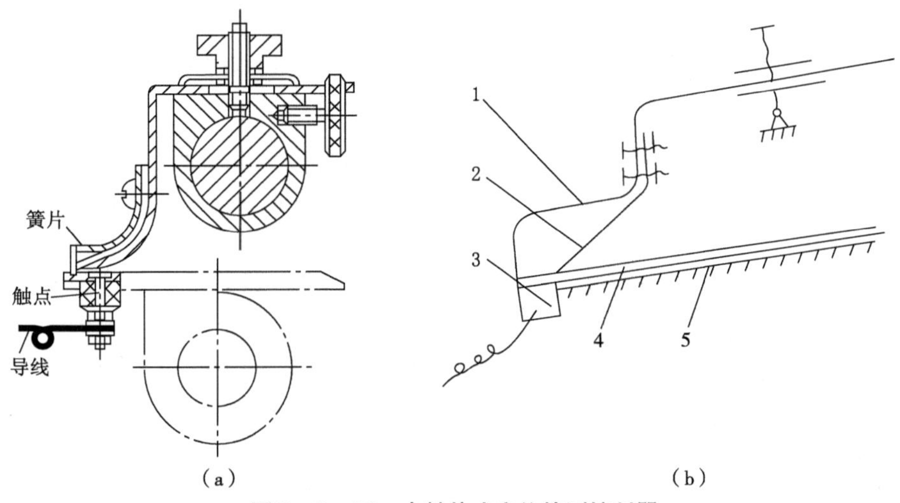

(a)　(b)

图 2-3-18　电触片式空位检测控制器

1—前规；2—弹簧片；3—触点；4—纸张；5—输纸板

2. 光电式空位检测控制器

光电式空位检测控制器的工作原理如图 2－3－19 所示。在前规 3 装有光电检测头 4，其上装有两个发射光源 a、c，两个光电接收器 b、d。正常情况下，光源 a 发出的光通过纸张 2 反射到光电接收器 b 上，光源 c 发出的光不能反射，所以接收器 d 接收不到光。如果纸张晚到、歪斜、破损或空张，光源 a 的光不能反射到光电接收器 b 上；如果纸张早到，光源 c 发出的光反射到光电接收器 d 上。当前规的前后位置变化时，检测头的位置也需要调整。

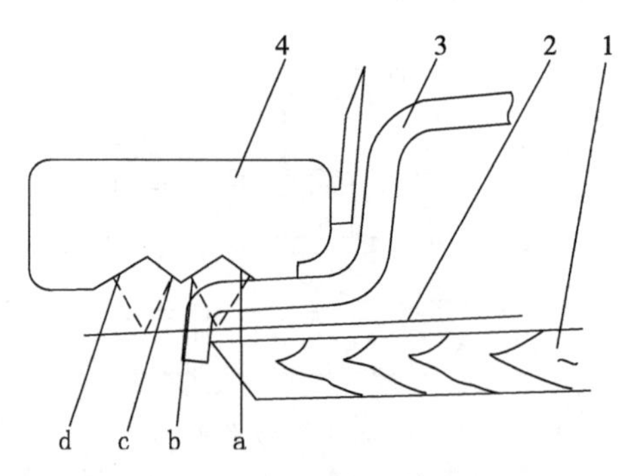

2－3－19 光电式空位检测控制器

1—输纸板；2—纸张；3—前规；4—光电检测头；a、c—光源；b、d—光电接收器

印刷机上一般在左、右和中间安装三个光电检测头。左右用于检测晚到、歪张、破损、空张，中间一个用于检测纸张早到。有些印刷机安装五个（大纸用外面两个，小纸用里面两个和中间一个）光电检测头。

3. 光栅式空位检测控制器

光栅式空位检测控制器的工作原理如图 2－3－20 所示。

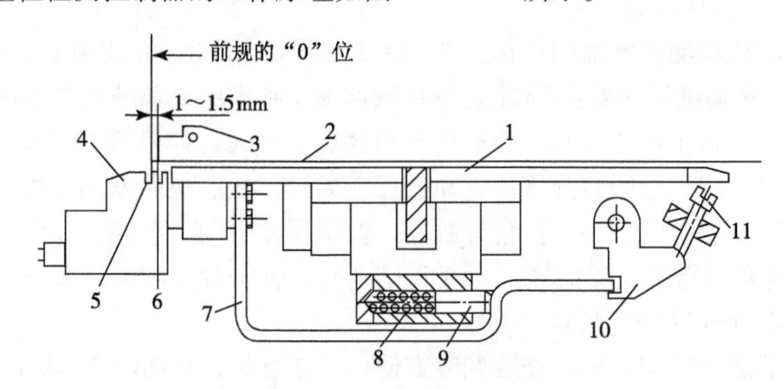

图 2－3－20 光栅式空位检测控制器

1—输纸板；2—纸张；3—前规；4—检测器；5、6—反射光栅；7—推杆；8—弹簧；9—销轴；10—摆杆；11—螺钉

在检测器 4 的上面装有反射光栅 5、6，反射光栅 5 用于检测纸张早到，反射光栅 6 用于检测纸张晚到、歪斜、破损和空张。当输纸出现晚到或空张时，反射光栅 5 在给定的瞬时信号扫描点发现纸张未到，发出纸张故障控制信号；当左右两侧的反射光栅 5 在给定的瞬时信号扫描点未同时发现纸张，给出歪斜、折角、破损故障的控制信号。当输纸出现早到时，反射光栅 6 在给定的瞬时信号扫描点发现纸，给出纸张故障控制信号。

反射光栅 6 距前规“0”位线的距离为 1～1.5mm，当前规的位置发生变化时，反射光栅的位置需要调节。反射光栅前后位置的调节是通过螺钉 11 带动摆杆 10、弹簧 8、推杆 7 实现检测器 4 的前后移动。

光栅式空歪张检测控制器不受外来光源的影响，检测精度高，但价格较贵。该控制器用于海德堡各类印刷机上及上海光华 PZ4650（A）等印刷机上。

思考题

1. 输纸方式有哪些？

2. 压纸毛刷有哪两种？各有什么作用？

3. 双张检测控制器和异物检测控制器有什么作用？

4. 纸张到达前规过早或过晚应如何调节？

5. 纸张到达输纸板前端时，压纸轮为什么不能再压住纸张了？若需要压住纸张，用什么机件压纸？

6. 接纸机构的调节包括哪些内容？

任务2.4　调节纸张定位装置

1. 学习目标

知识：掌握定位装置的作用；掌握前规的作用、分类及调节原理；掌握侧规的作用、分类及调节原理。

能力：能够调节前规机构和侧规机构。

情感：通过案例教学激发学生的好奇心和学习兴趣，树立自信心。

2. 学习方法建议

宏观——四步教学法，微观——引导、案例教学，分组讨论。

3. 教学实施

工作过程	工作任务	教学组织
资讯	（1）定位装置的作用； （2）前规机构； （3）侧规机构	（1）公布项目和工作任务； （2）学生分组，明确分工
计划	（1）调节前规机构； （2）调节侧规机构	（1）学生制订完成任务的方案，包括完成任务的方法、进度、学生的具体分工； （2）对学生提出的方案进行指导，帮助形成方案
实施	（1）按计划项目实施； （2）技术文件归档	（1）各小组按照制订的工作任务逐项实施； （2）对任务进行重点指导； （3）技术文件归档
检查评估	（1）分析学生完成任务的情况，并提出改进措施等； （2）技术文件归档； （3）完成个人报告； （4）撰写小组自评报告	（1）评估任务完成的质量、关注团队合作、考勤等； （2）教师指出过程中的不足，团队分析原因，提出优化意见

4．工作对象

平版印刷机。

5．工具

教材、课件、多媒体、黑板、工具箱等。

6．教学重点

前规机构、侧规机构。

7．考核与评价

结合实施任务书和任务考核表进行考核与评价。其中，成果评定60%、学习过程评价30%、团队合作评价10%。

实施任务书

项目	项目内容	操作方法
1	调节前规机构	
2	调节侧规机构	

任务考核表

项目	考核内容	考核点	评价标准	分值
1	调节前规机构	安全性	提出安全注意事项，出现安全事故按0分处理	10
		操作方法	(1) 整体高低位置调节； (2) 整体前后位置调节； (3) 单个前规的高低位置调节； (4) 单个前规的前后位置调节	60
		质量要求	(1) 前规叼纸量在5~6mm； (2) 上挡纸板高度距离合适	30
2	调节侧规机构	安全性	提出安全注意事项，出现安全事故按0分处理	10
		操作方法	(1) 工作位置的调节； (2) 拉纸时间长短调节； (3) 拉纸时间早晚调节； (4) 拉纸力的调节； (5) 定位板高低位置的调节	60
		质量要求	侧规拉纸正常	30

一、定位装置的作用

为了保证印刷时图文在印刷品上位置的准确性，需要对输纸机输送的纸张进行定位，才能进入印刷机组进行印刷。纸张的前后（前进方向）位置是由前规来定位的，纸张的左右（垂直于前进方向）位置是由侧规来定位的。纸张首先要进行前进方向的定位，然后进行左右方向的定位。按照六点定位原理，输纸板限制了纸张三个自由度，两个前规限制了纸张两个自由度，一个侧规限制了纸张一个自由度。

如图2-4-1所示，纸张前进方向的定位需要两个定位点，因此在前规上安装两个定位板，两个定位板的距离一般为纸张总宽度的1/5～1/4，即 $b' = (0.2 \sim 0.25)\ b$。在印刷机的前规轴上一般安装4个（或更多）前规，当纸张幅面较小时，采用中间较近的两个前规定位，当纸张幅面较大时或纸张较薄时，采用外边距离较远的两个前规定位，中间的两个（或多个）前规起到辅助支撑作用。

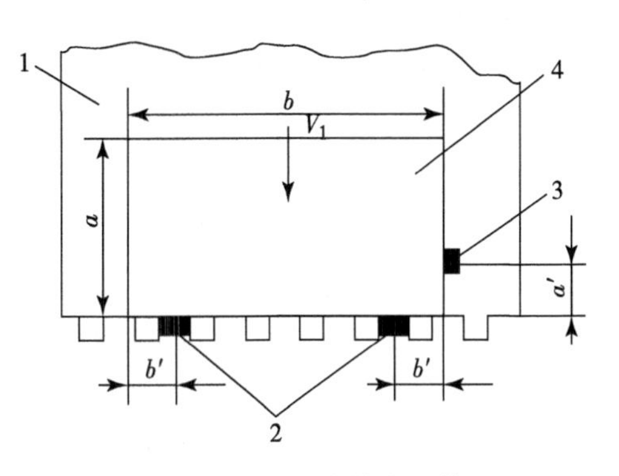

图2-4-1　纸张的定位装置

1—输纸板；2—前规定位板；3—侧规定位板；4—纸张

当前规定位完成后，侧规对纸张左右方向进行定位，纸张侧边需要一个定位点，定位板的中点距前规的距离一般控制在 $a' = (0.2 \sim 0.3)\ a$。印刷机输纸板的两侧各装一个前规，印刷时只用一个。为了保证纸张正反面印刷采用纸张的同一侧边定位，印刷正面时用其中一个，印刷反面时用另一个。

二、前规机构

1. 前规的作用

前规的作用是确定纸张叼口的位置，它的定位板与纸张前边缘定位，为了纸张在前定位板上定位时不飘起，用挡纸舌控制纸张高度方向的位置。

2. 前规的类型

前规挡纸舌与定位板是连为一体的，称为组合式前规；前规挡纸舌与定位板是分开的，称为复合式前规。前规摆动中心在输纸板的上部，称为上摆式前规，上摆式前规必须在前一张纸的拖梢完全离开输纸板后，前规才能对下一张纸进行定位，才能保证前一张纸不会被前规划破。前规摆动中心在输纸板的下部，称为下摆式前规，下摆式前规在前一张纸未完全离开输纸板时即可对下一张纸进行定位。

（1）组合上摆式前规

如图2-4-2所示，前规的定位板2和挡纸舌3安装在一起，前规摆动中心位于输纸板1的上方，这类前规结构简单，使用方便，但前规摆回时间受到前一张纸的影响，前规定位时间较短，不利于高速、高质量印刷，多用于中、低速的平版印刷机上。

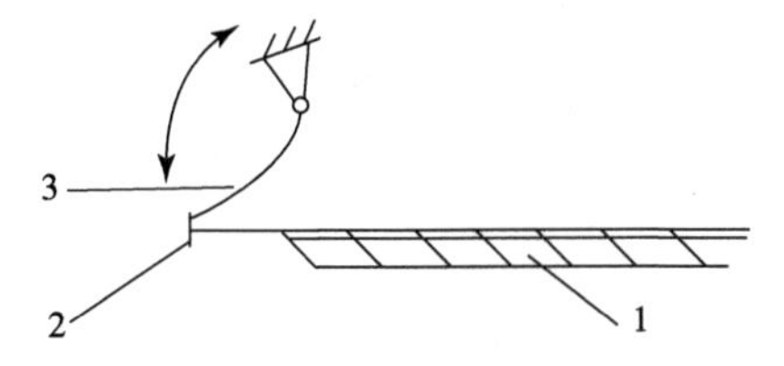

图2-4-2　组合上摆式前规

1—输纸板；2—定位板；3—挡纸舌

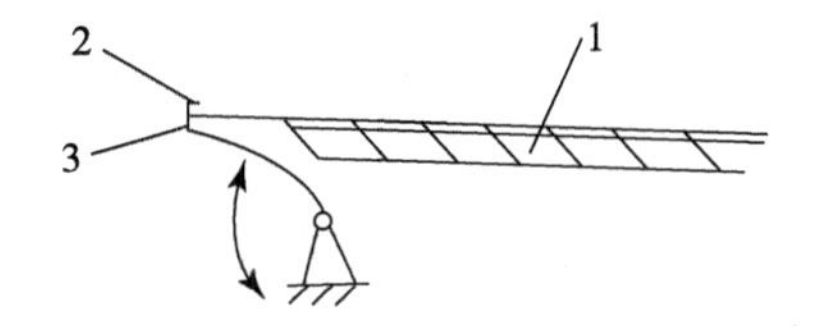

图2-4-3　组合下摆式前规

1—输纸板；2—定位板；3—挡纸舌

（2）组合下摆式前规

如图2-4-3所示，前规的定位板2和挡纸舌3安装在一起，前规摆动中心位于输纸板 1 的下方，前规摆回时间不受前一张纸的影响，增加了定位时间，提高了定位精度。这类前规结构简单，在高速平版印刷机应用较多，但挡纸舌较短，纸张易冲击挡纸舌，易造成定位故障，为此需要在输纸板前端配置吸气装置。另外由于前规在输纸板下方，装配、维修较不方便。

(3) 复合上摆式前规

如图 2 -4 -4 所示，前规的定位板 2 和挡纸舌 3 分别由各自的驱动装置驱动，挡纸舌的摆动中心位于输纸板 1 的下方，前规定位板的摆动中心位于输纸板的上方。这类前规结构简单，但要求输纸板上下均有空间。

(4) 复合下摆式前规

如图 2 -4 -5 所示，前规的定位板 2 和挡纸舌 3 分别由各自的驱动装置驱动，挡纸舌的摆动中心和定位板的摆动中心均位于输纸板的下方。这类前规结构定位稳定，但挡纸舌摆动角度大，高速动态性能不好。

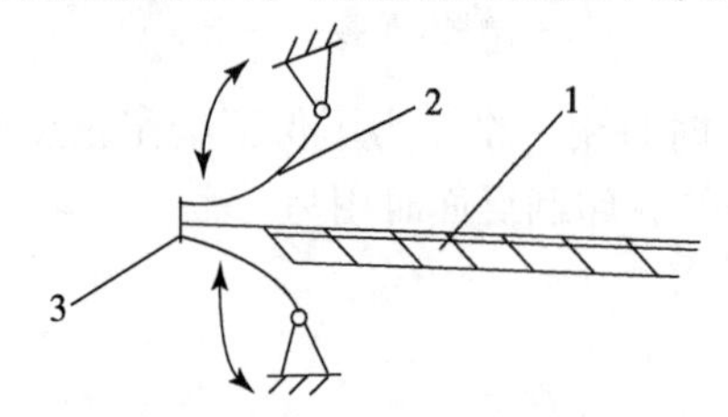

图 2 -4 -4　复合上摆式前规

1—输纸板；2—定位板；3—挡纸舌

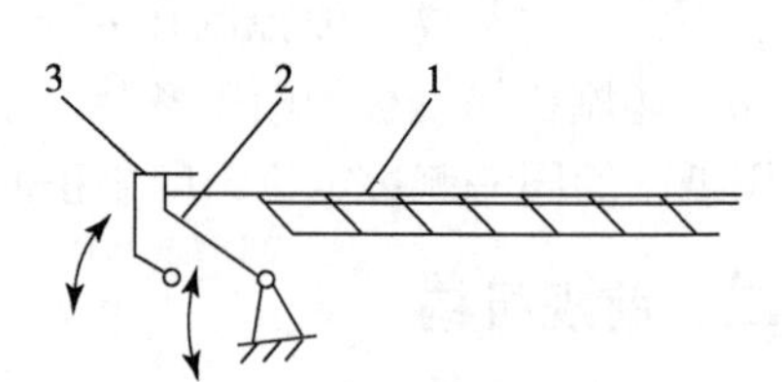

图 2 -4 -5　复合下摆式前规

1—输纸板；2—定位板；3—挡纸舌

3. 组合下摆式前规结构与调节

(1) 工作原理

如图 2 -4 -6 所示，在前规凸轮轴上安装两个凸轮 1 和 2，通过凸轮摆杆机构控制前规的摆动。凸轮 1 由高面转向低面时，通过滚子 3 带动摆杆 4 逆时针摆动（向左摆动），通过连杆 8 带动摆杆 17 绕轴 O 摆动，当摆杆 20 与靠山螺钉 19 接触时，前规摆到定位位置，不能向右摆动。在前规右摆的同时，凸轮 2 由低面转向高面，推动滚子 5，使摆杆 9 绕支撑轴 10 转动，使轴 O 向上移动。下摆过程正好相反。

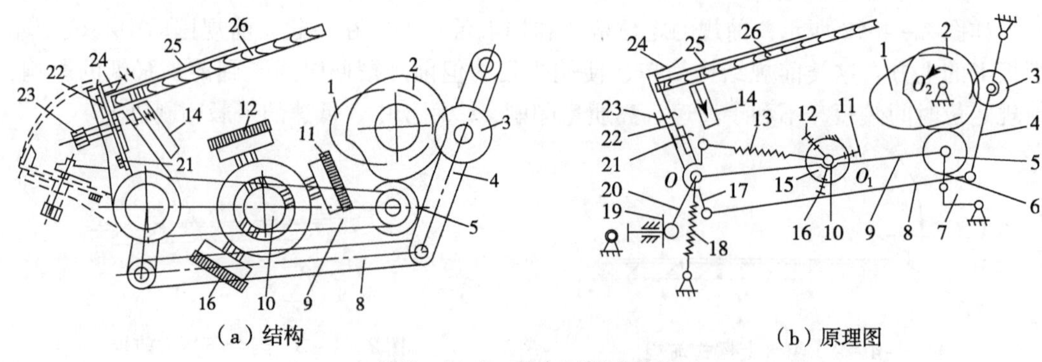

图 2 -4 -6　组合下摆式前规

1、2—凸轮；3、5—滚子；4、9、17、20—摆杆；6、7—杆；8—连杆；10—支撑轴；
11、12、16、21、23—调节螺钉；13、18—拉簧；14—吸气装置；15—套；
19—靠山螺钉；22—前规定位板；24—前规挡纸舌；25—纸张；26—输纸板

吸气装置14的作用是当出现输纸故障时，吸气管吸住定位好的纸张防止纸张进入印刷单元。

这种组合下摆式前规应用在海德堡SM102、J2109型等印刷机。

（2）机构的调节

①单个前规高低位置调节：调节螺钉23可调节前规挡纸板高低位置（薄纸3~4张纸厚，厚纸2~3张纸厚）。

②整体前后位置调节：调节螺钉11、12、16可调节支撑轴10的位置，当刻度显示为“0”时，应显示递纸牙最大叼纸量为6mm。用拨杆松开螺钉，按照刻度盘调节手柄，调节前规的前后位置，调节后拧紧螺钉，如图2-4-7所示。

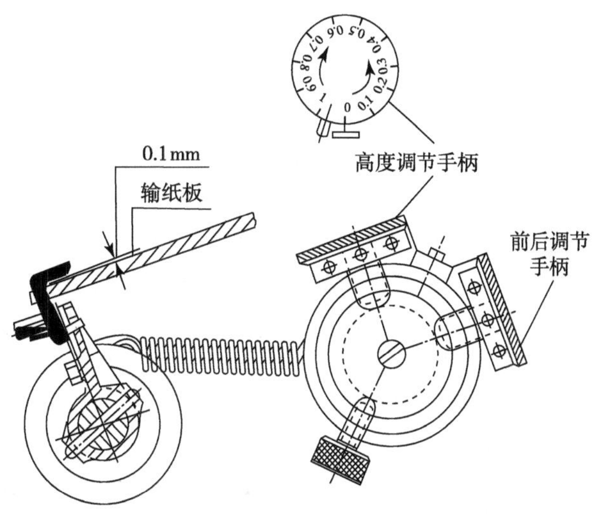

图2-4-7 前规调节

③整体高低位置调节：用拨杆松开螺钉，按照刻度盘调节手柄，可调节前规的高低位置（一般在1mm之内），调节后拧紧螺钉，如图2-4-7所示。

④吸气管位置的调节：调节管夹，使吸气管距输纸板间隙为0.2mm左右，吸气量的大小通过调节阀调节。

三、侧规机构

1. 侧规的作用

侧规的作用是对前规定位后的纸张进行侧向定位。在纸张进行侧向定位时，在不破坏纸张前缘的前提下，在侧向产生一个位移，使纸张侧边靠紧侧规定位面。通常在输纸板尾部的两侧各装一个侧规部件，只有一个侧规参与定位工作，而另一侧规被调整为离开工作位置。

2. 侧规的种类

侧规按照对纸张的定位方式可分为推规和拉规两种。

①拉规。拉规是拉动纸张进行侧向定位的侧规，如图2-4-8所示。常用拉规分为滚轮式、拉板（条）式和气动式拉规几种方式。拉规结构复杂，拉纸平稳、定位精度高，适合不同幅面和规格的纸张的高速印刷机。

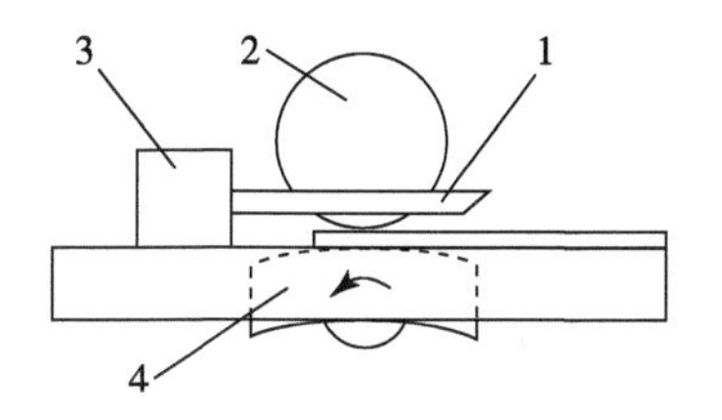

图2-4-8 拉规

1—压纸舌；2—压纸轮；3—定位板；4—拉纸机构

②推规。推规是推动纸张进行侧向定位的侧规，如图2-4-9所示。推规结构简单，调节方便，适合小幅面纸张和厚纸，在小幅面、低速印刷机或办公设备上应用。

3．滚轮式侧拉规结构与调节

（1）工作原理

①侧规的固定。如图 2－4－10 所示，在侧规传动轴 2 上用滑键连接装有一个端面凸轮 3 和一个圆柱齿轮 4，它们在侧规传动轴上的位置由侧规体 17 控制，可以随着侧规整体移动并限制在相应的位置。

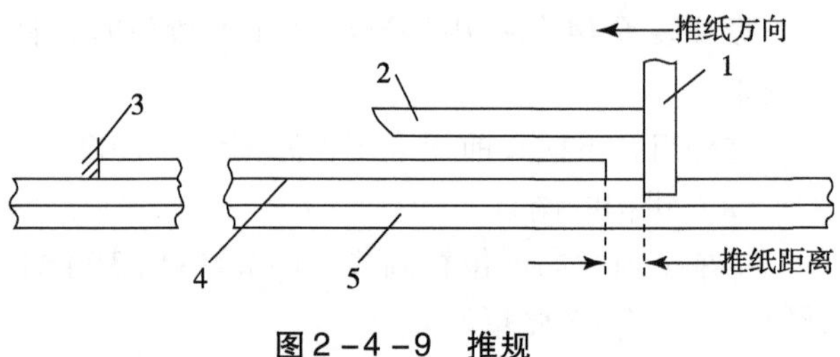

图 2－4－9　推规

1—推拉板；2—压纸舌；3—定位板；4—纸张；5—输纸板

②拉纸轮的旋转运动。传动轴 2 旋转，通过齿轮 4 和齿轮 9、圆锥齿轮 21 和 22 使拉纸滚轮 8 做连续匀速转动。

③压纸轮的上下摆动。端面圆柱凸轮 3 驱动滚子 5 及其摆杆 23 相对轴 O 做往复摆动，从而带动装在摆杆 23 上部的压纸滚轮 7、压纸舌 25 和上定位板一起上下摆动。侧规定位时，在弹簧 24 的作用下，压纸滚轮 7 下摆，将纸张紧紧压在连续旋转的拉纸滚轮 8 上，在摩擦力的作用下，纸张由外侧拉到侧规定位板处进行定位，这时端面凸轮 3 与凸轮滚子 5 之间脱开一定间隙。定位完成后，依靠凸轮 3 的推动，摆杆 23 压缩弹簧 24 顺时针摆动，将压纸滚轮 7 抬起。

由于滚轮式侧规上的拉纸滚轮匀速转动，所以，这种侧拉规冲击振动小，工作平稳，拉纸精度高，广泛应用在国产各种单张纸印刷机上。

（a）结构外形图

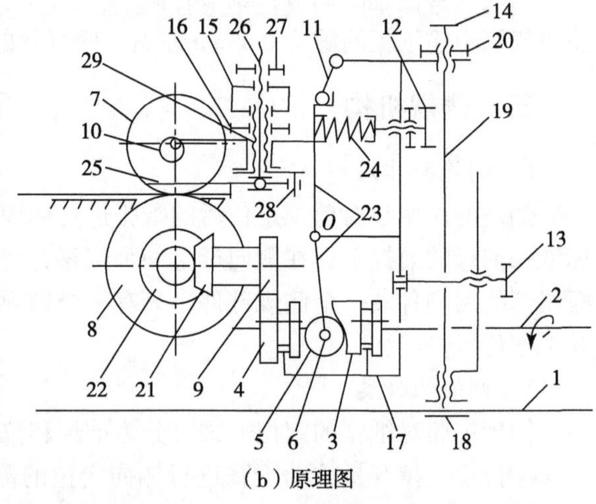

（b）原理图

图 2－4－10　滚轮式侧拉规

1—侧规安装轴；2—侧规传动轴；3—凸轮；4、9—齿轮；5—滚子；6、10、11—偏心销轴；7—压纸滚轮；8—拉纸滚轮；12—调节螺母；13—微调螺钉；14—侧规固定螺钉；15—压纸舌高低调节螺母；16、20、27—锁紧螺母；17—侧规体；18—滑套；19—顶杆；21、22—圆锥齿轮；23 —摆杆；24—弹簧；25—压纸舌；26—螺杆；28—定位销；29—螺纹套筒

（2）机构调节

①侧规工作位置的调节。当侧规需要整体调节时，松开锁紧螺母 20，旋转侧规固定螺钉 14，根据纸张的规格移动侧规到合适的位置，然后旋紧侧规固定螺钉 14 和锁紧螺母 20。当侧规需要微量调节时，调节微调螺钉 13，使侧规传动轴 2 做微量移动，实现微

调。当某一侧规停止工作时，锁紧偏心销轴 11 来推动摆杆 23，使压纸滚轮上抬，拉纸滚轮 8 与压纸滚轮 7 不能接触。

②拉纸时间长短的调节。当需要粗调拉纸时间长短时，松开圆柱凸轮 3 上的固定螺钉，调节凸轮 3 与侧规传动轴 2 的相对位置。当需要微调拉纸时间长短时，可通过调节偏心销轴 6 和 10 来调节拉纸时间长短，其实质是在压纸滚轮下落与拉纸滚轮接触后，改变滚子 5 与凸轮 3 曲线低点的间隙。间隙大，压纸滚轮落得早，抬得晚；间隙小，压纸滚轮落得晚，抬得早。

③拉纸时刻的调节。在侧规传动轴 2 的传动面外侧，轴的端头有一个传动齿轮，该件的端面有三个螺孔，通过三个螺孔与一个传动齿轮连接，齿轮上有长孔，改变齿轮与轴的圆周相对位置，就可以改变侧规拉纸的时刻。

④拉纸力的调节。松开调节螺母 12 前面的锁紧螺母，旋转螺母 12 改变弹簧 24 的压缩变形量，可改变侧规滚轮的拉纸力大小。

⑤压纸舌高低位置的调节。压纸舌 25 的下平面与输纸板之间有印刷用纸厚度三倍的间隙为宜。松开锁紧螺母 27，转动压纸舌高低调节螺母 15，使螺杆 26 带动压纸舌 25 在螺纹套筒 29 内移动，从而改变压纸舌与输纸板之间的间隙。

⑥侧规定位板垂直度的调节。松开锁紧螺母 16，把侧规定位板调节到合适的位置，然后拧紧锁紧螺母 16。

4. 拉板（条）式侧拉规结构与调节

（1）工作原理

①拉板（条）的往复移动。如图 2－4－11 所示，前规凸轮轴上安装有左右两个圆柱槽凸轮 1（图中只画出右边一个），随着凸轮轴的旋转，圆柱槽凸轮 1 推动滚子使摆杆 2 绕轴 O_5 摆动，摆杆 2 上的拨块 3 装在托板 4 的槽中，拨动托板 4 左右移动，由于拉板 6 与托板 4 用螺钉 5 固定，因此带动拉板 6 完成往复移动。

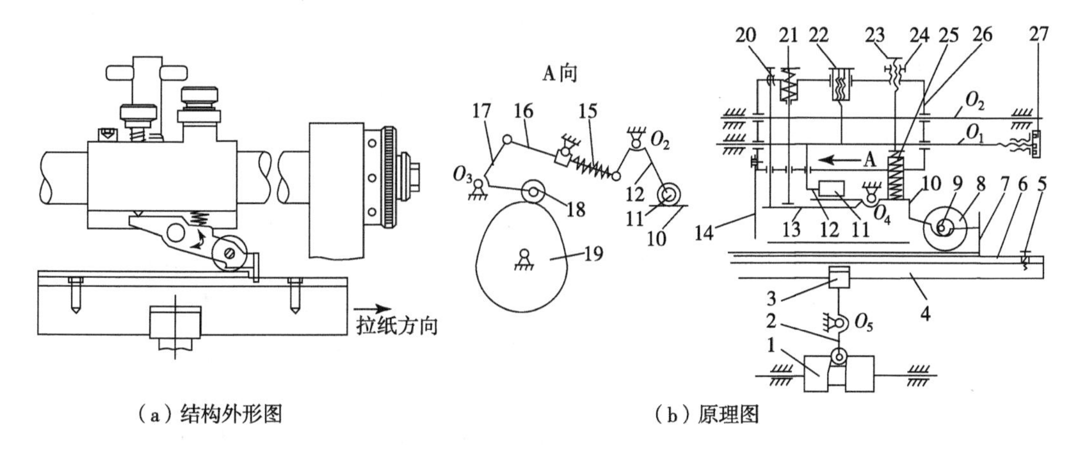

（a）结构外形图　　（b）原理图

图 2－4－11　拉板（条）式侧拉规

1—圆柱槽凸轮；2、10、12、13、17—摆杆；3—拨块；4—托板；5、20、21、23—螺钉；6—拉板；7—挡纸板；8—压纸轮；9—偏心轴；11—鼓形滚子；14—压纸板；15、25—弹簧；16—连杆；18—滚子；19—凸轮；22、24—螺母；26—侧规体；27—圆轮

②压纸轮的上下摆动。当凸轮 19 由低面向高面运动时，凸轮 19 推动滚子 18 使摆杆

17 绕轴 O_3 逆时针旋转，带动连杆 16 使摆杆 12 绕轴 O_2 顺时针方向摆动，鼓形滚子 11 下摆压在摆杆 10 的尾端，迫使摆杆 10 带动压纸轮 8 绕 O_4 逆时针摆动，压纸轮上抬让纸，此时拉板 6 向左移动。当凸轮 19 的低面与滚子 18 接触时，在弹簧 15 的作用下，通过摆杆 17、连杆 16、摆杆 12 使鼓形滚子 11 上摆，摆杆 10 在弹簧 25 的作用下绕轴 O 顺时针摆动，带动压纸轮 8 下摆压纸，此时拉板右移，在压纸轮 8 和拉板 6 的共同作用下，拉纸至挡纸板 7，完成纸张的侧向定位。

拉板（条）式侧规在印刷过程中可方便调节，主要应用在海德堡印刷机及部分国产印刷机上。

（2）机构调节

①拉纸时间早晚的调节。松开固定偏心轴 9 上的顶丝，转动偏心轴 9，使压纸轮满足拉纸时间要求。压纸轮上调，拉纸时间晚；压纸轮下调，拉纸时间早。

②拉纸时间长短的调节。旋转螺钉 20，可以微调压纸轮 8 下落压纸时摆杆 13 的角度，从而控制压纸轮 8 的下落位置。

③拉纸力大小的调节。松开锁紧螺母 24，转动调节螺钉 23，改变弹簧 25 的压缩量，从而改变压纸轮对纸张的压力。也可以更换不同的弹簧或更换不同的拉板来改变压纸轮与纸张的摩擦力。

④压纸板高低的调节。拧动两根侧规轴的支撑轴下方的调节螺钉，用专用的改锥，拧动调节螺钉即可调节压纸板与输纸板之间的间隙，间隙一般为 0.1mm。

⑤侧规轴向位置和套印精度调节。松开侧规锁紧手轮，根据印张幅面的尺寸，将侧规推至所需位置，一般在 5～8mm 为宜，然后拧紧锁紧手轮。若发现套印不准，可微调侧规轴（操作面）调节螺母，用拨杆转动调节螺母，直到套印准确为止。

⑥侧规定位稳定性的调节。调节螺钉 20，使其顶住摆杆 10 的尾端，保证压纸轮下压时的最低位置。

⑦侧规工作状态的调节。拧动螺钉 21，弹簧转 90°，使其卡在侧规体 26 上不再抬起，此时螺钉 21 顶住摆杆 13，当压纸轮下摆时不再压纸，侧规停止工作。当需要侧规工作时，只要把螺钉 21 转回 90°，在弹簧作用下上升并与摆杆 13 脱开，压纸轮即可下压拉纸，侧规恢复工作状态。

5. 气动式侧拉规结构与调节

（1）工作原理

如图 2－4－12 所示，侧规体 8 安装在侧规轴 Ⅰ 上，吸气板 3 装在吸气托板 2 上，吸气托板是封闭的，并与气源相通。吸气板上有若干气孔用于吸纸。凸轮轴 Ⅱ 带动圆柱凸轮 1 旋转，经滚子、摆杆推动吸气托板 2 左右移动。当纸张在前规处定位完成后，吸气板 3 吸住纸张，在凸轮 1 的作用下向左移动，使纸张靠近侧定位板 4 进行定位。定位完成后，停止吸气，吸气板放纸，并随吸气托板 2 向右返回，等待下一张纸的到来。每次完成定位后吸气板吹气，将纸粉、纸毛吹出，防止堵塞气孔。

气动式侧拉规机械结构简单，操作调节方便，工作效率高。由于靠吸气拉动纸张，能够有效防止纸张的翘曲。此外取消了压纸轮，能够避免纸张的脏污。但气动式侧拉规对纸张要求高，纸粉、纸毛等进入吸气孔容易堵塞气孔，影响定位精度，同时要求纸张的定位时间长。

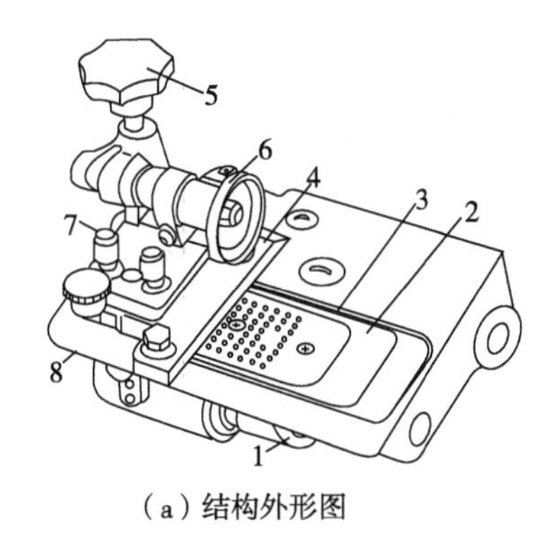

（a）结构外形图

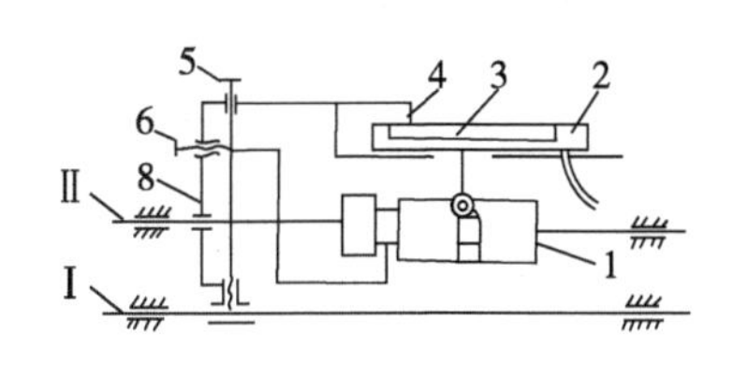

（b）原理图

图2-4-12　气动式侧拉规

1—凸轮；2—吸气托板；3—吸气板；4—侧定位板；5、6—调节手轮；7—调节旋钮；8—侧规体

（2）机构调节

①侧规定位位置的调节。转动调节手轮6，使吸气板吸住纸张后由吸气托板带至定位板处时，纸张边缘刚好与定位板接触。纸张早到定位板，纸张撞击定位板，造成定位不准；纸张晚到定位板，侧规拉纸不到位，出现套印不准。

②吸气量大小的调节。调节侧规体上的调节旋钮7可以调节吸气量大小。

③工作状态的调节。印刷时不使用的另一个侧规，松开紧固手轮，用手推动侧规到印刷幅面之外即可。

思考题

1. 前规的调节内容有哪些？应注意什么问题？
2. 前规的作用是什么？
3. 侧规的作用是什么？
4. 如何判断前规对纸张的定位是否准确？

任务2.5　调节递纸装置

情境教学

1．学习目标

知识：掌握纸张传递方式；掌握偏心上摆式递纸装置结构与工作原理；掌握定心下摆式递纸装置结构与工作原理，了解连续旋转式递纸装置结构与工作原理。

能力：能够调节递纸装置与递纸牙排。

情感：通过案例教学激发学生的好奇心和学习兴趣，树立自信心。

2. 学习方法建议

宏观——四步教学法，微观——引导、案例教学，分组讨论。

3. 教学实施

工作过程	工作任务	教学组织
资讯	（1）纸张传递方式； （2）定心下摆式递纸装置结构与工作原理； （3）连续旋转式递纸装置结构与工作原理	（1）公布项目和工作任务； （2）学生分组，明确分工
计划	（1）调节递纸装置； （2）调节递纸牙排	（1）学生制订完成任务的方案，包括完成任务的方法、进度、学生的具体分工； （2）对学生提出的方案进行指导，帮助形成方案
实施	（1）按计划项目实施； （2）技术文件归档	（1）各小组按照制订的工作任务逐项实施； （2）对任务进行重点指导； （3）技术文件归档
检查评估	（1）分析学生完成任务的情况，并提出改进措施等； （2）技术文件归档； （3）完成个人报告； （4）撰写小组自评报告	（1）评估任务完成的质量、关注团队合作、考勤等； （2）教师指出过程中的不足，团队分析原因，提出优化意见

4. 工作对象

平版印刷机。

5. 工具

教材、课件、多媒体、黑板、工具箱。

6. 教学重点

定心下摆式递纸装置结构与工作原理、连续旋转式递纸装置结构与工作原理。

7. 考核与评价

结合实施任务书和任务考核表进行考核与评价。其中，成果评定60%、学习过程评价30%、团队合作评价10%。

实施任务书

项目	项目内容	操作方法
1	调节递纸装置	
2	调节递纸牙排	

任务考核表

项目	考核内容	考核点	评价标准	分值
1	调节递纸装置	安全性	提出安全注意事项，出现安全事故按0分处理	10
		操作方法	（1）调节递纸牙与压印滚筒的交接位置； （2）调节递纸牙与前规交接位置； （3）调节输纸台高度； （4）调节递纸牙与压印滚筒的交接时间； （5）调节递纸牙与前规的交接时间	60

续表

项目	考核内容	考核点	评价标准	分值
1	调节递纸装置	质量要求	（1）递纸牙与压印滚筒的交接位置符合要求； （2）递纸牙与前规交接位置符合要求； （3）输纸台高度符合要求； （4）递纸牙与压印滚筒的交接时间符合要求； （5）递纸牙与前规的交接时间符合要求	30
2	调节递纸牙排	安全性	提出安全注意事项，出现安全事故按0分处理	10
		操作方法	（1）递纸牙垫高低调节； （2）递纸牙叼力调节； （3）递纸牙张牙角度调节	60
		质量要求	（1）递纸牙垫高低符合要求； （2）递纸牙叼力符合要求； （3）递纸牙张牙角度符合要求	30

一、纸张传递方式

纸张到达输纸板前端经前规、侧规定位后，需要将静止的纸张加速至与压印滚筒（或前传纸滚筒）表面线速度一致，才能交给压印滚筒（或前传纸滚筒），这种传递方式称为递纸方式。递纸方式可分为直接传纸、间接递纸和超越递纸三种基本形式。

1. 直接传纸

如图2－5－1所示，纸张在输纸台板上完成定位后，压印滚筒叼牙直接从输纸台上将已定位好的纸张叼走，进入印刷单元进行印刷。由于前规不能碰到压印滚筒表面，因此在压印滚筒的空挡处前规对纸张进行定位，且当压印滚筒叼住纸张后，前规必须充分抬起，因此前规定位时间短，压印滚筒的叼牙对纸张的冲击大。这种递纸方式只适合低速和小型印刷机。

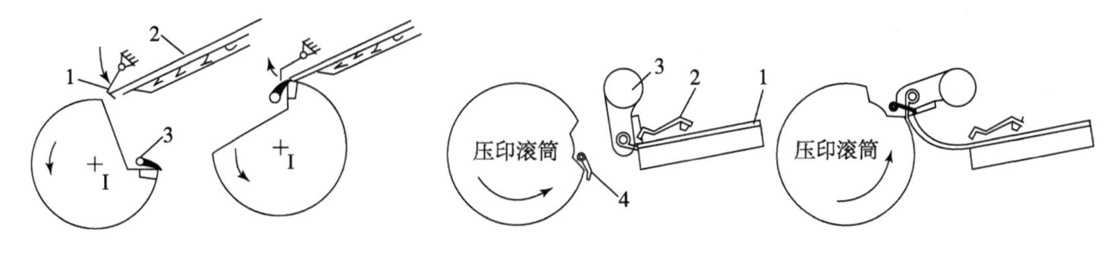

图2－5－1 直接传纸

1—前规；2—纸张；3—叼纸牙

图2－5－2 间接递纸

1—纸张；2—前规；3—递纸牙；4—压印滚筒叼纸牙

2. 间接递纸

如图2－5－2所示，间接递纸是用专门的递纸装置将输纸台上已定位的纸张交给压印滚筒进行印刷。纸张在输纸台板上定位后是静止的，压印滚筒是高速旋转的，因此间接递纸装置是一个加速装置，纸张的交接是在静止或相对静止的状态进行的，因此交接过程平稳、冲击振动小，广泛应用在各种印刷机上。根据递纸装置的运动形式可分为摆动式和旋转式。

（1）摆动式递纸装置

摆动式递纸装置按照摆动形式可分为：定心上摆式、定心下摆式和偏心上摆式递纸装置三种类型，如图 2－5－3 所示。

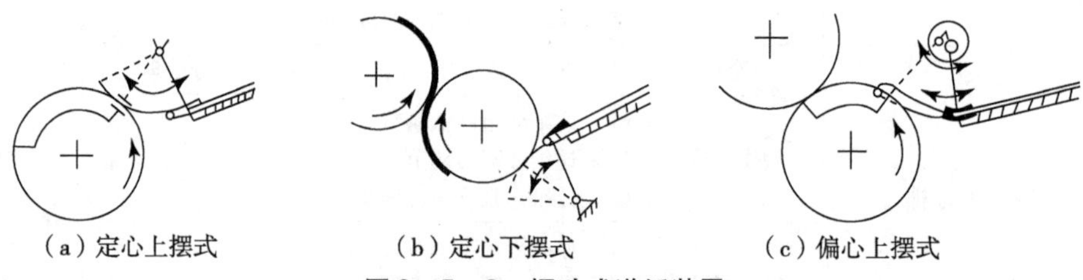

（a）定心上摆式　（b）定心下摆式　（c）偏心上摆式

图 2－5－3　摆动式递纸装置

①定心上摆式。递纸牙摆动轴安装在输纸板台的上面。上摆式递纸装置从输纸台上将静止的纸张取走，在摆动过程中加速，在与压印滚筒表面线速度相等时，将纸张递给压印滚筒的叼牙上。此装置结构简单，调整方便，但递纸牙摆回时不能与压印滚筒碰撞，只能在与压印滚筒空挡相对时摆回，摆动时间受到限制，不适合高速印刷机。

②定心下摆式。递纸牙摆动轴安装在输纸板台的下面。为了改变传纸方向，需要增加传纸滚筒。与上摆式递纸装置一样，递纸牙从输纸台接过静止的纸张，加速后传递给高速匀速转动的传纸滚筒，传纸滚筒的表面做成适合递纸牙返回的形状，因此递纸牙有足够的返回时间。此装置结构简单，调整方便，运动平稳，适合高速印刷机。

③偏心上摆式。递纸牙摆动轴轴心不固定，而是绕偏心轴承外圆中心做圆周运动。递纸牙摆动轴的运动为间歇式摆动，偏心轴每分钟间歇摆动次数与压印滚筒的转数相等，偏心轴在工作行程不摆动，在空行程摆动，使递纸牙排摆回的运动轨迹位置抬高，摆回时间不受滚筒空挡的影响。偏心式摆动递纸装置结构复杂，高速时冲击较大，一般在国产印刷机上使用该装置。

（2）旋转式递纸装置

旋转式递纸是指递纸叼纸牙在工作时做圆周运动。旋转式递纸装置可分为连续旋转式和间歇旋转式两种类型。

①连续旋转式。装有递纸叼纸牙的递纸滚筒连续旋转，转动方向与压印滚筒相反，转动速度与压印滚筒相等。递纸牙排与牙垫在转动的同时，在凸轮驱动下绕定轴摆动，使递纸牙在前规处在静止的状态下接纸，在转到与压印滚筒牙排相对时，在相对静止状态下将纸张交给压印滚筒。运动过程如图 2－5－4 所示。

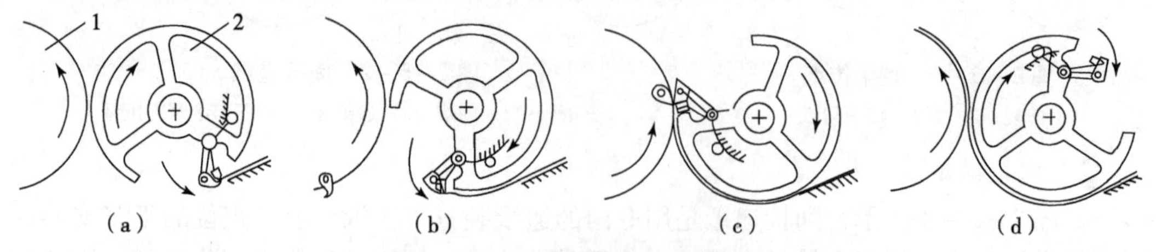

（a）　（b）　（c）　（d）

图 2－5－4　连续旋转式递纸装置

1—压印滚筒；2—递纸滚筒

如图2－5－4（a）所示，叼纸牙在前规处接纸时，递纸滚筒旋转，叼纸牙向与滚筒转速相反的方向摆动，使叼纸牙相对于输纸板台静止接纸。如图2－5－4（b）所示，叼纸牙在前规处接纸后，递纸叼牙停止摆动，与递纸滚筒一起转向压印滚筒。如图2－5－4（c）所示，递纸滚筒与压印滚筒在转速相同，方向相反的转动过程中，相对静止地进行纸张的交接。如图2－5－4（d）所示，递纸滚筒在转向输纸板台的过程中，叼纸牙开始向前摆动，准备在输纸板台处接纸。

连续旋转式递纸装置运动平稳，但结构较复杂，主要应用在海德堡和上海光华等中高速印刷机上。

②间歇旋转式。如图2－5－5所示，在压印滚筒轴端设有销轴，压印滚筒连续旋转，当销轴进入槽轮的槽内时，压印滚筒通过销轴带动槽轮旋转，槽轮通过齿轮（Z_1与Z_2、Z_2与Z_3啮合）使递纸滚筒转动并加速将纸张交给压印滚筒。

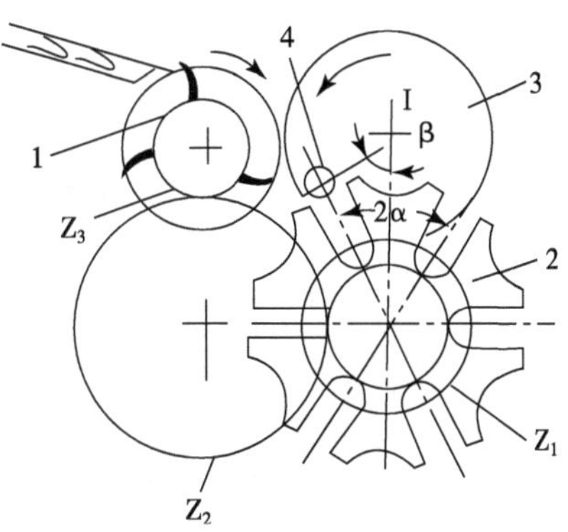

图2－5－5　间歇旋转式递纸装置

1—递纸滚筒；2—槽轮；3—压印滚筒；4—销轴

间歇旋转式递纸装置冲击小，提高了运动平稳性，但设计制造精度高，主要应用在高宝等中高速印刷机上。

3．超越式递纸装置

如图2－5－6所示，纸张在输纸台上完成初定位后，由滚轮或真空输纸带做加速运动，使纸张在到达压印滚筒挡纸定位板时的速度略大于滚筒表面线速度，利用速度差实现二次定位，然后由压印滚筒叼纸牙把纸张叼住进行印刷。该装置采用在压印滚筒上进行二次定位，压印滚筒连续旋转，运行平稳，定位精度高。主要应用在罗兰、小森等部分印刷机上，尤其是各种印钞厂使用的印刷机。

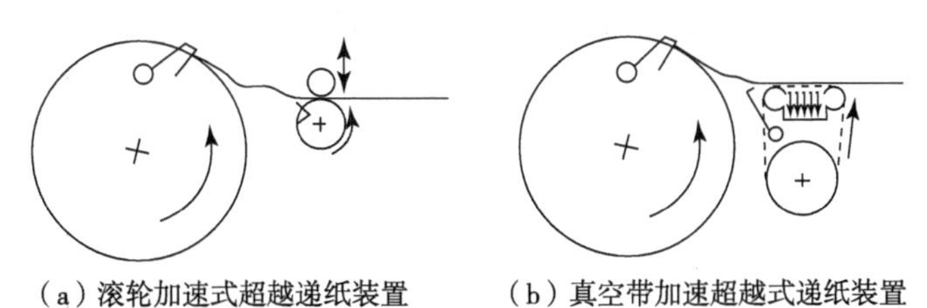

（a）滚轮加速式超越递纸装置　　（b）真空带加速超越式递纸装置

图2－5－6　超越式递纸装置

二、定心下摆式递纸机构结构与调节

下摆式递纸机构是目前单张纸印刷机上采用非常普遍的一种方式，如北人PZ4880－01型、海德堡CD102系列、罗兰700型、高宝150型、三菱钻石D3000型等印刷机都采用下摆式递纸机构。

1．工作原理

（1）递纸牙的运动轨迹

如图2－5－7所示为PZ4880－01型印刷机的下摆式递纸机构。递纸凸轮1和复位凸轮 2 都安装在前传纸滚筒操作面外侧，递纸凸轮 1 转动时推动滚子 9 带动递纸摆臂 5 绕固定轴 O_1 摆动，通过连杆 8 带动摆杆 7 绕 O_2 轴转动，而摆杆 7 又和递纸牙轴 6 固联在一起，因而递纸牙轴 6 也随摆杆 7 一起转动，完成从输纸板上叼纸，加速后与前传纸滚筒相切时，递纸牙的速度正好与前传纸滚筒的表面速度相等，于是将纸张交给前传纸滚筒（中心为 O_3）的叼牙。

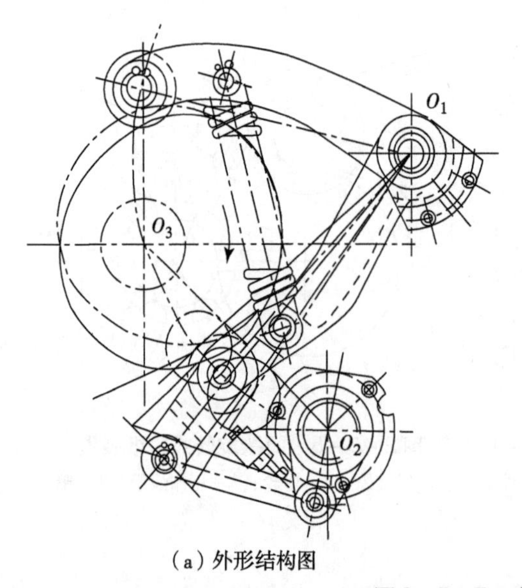

（a）外形结构图

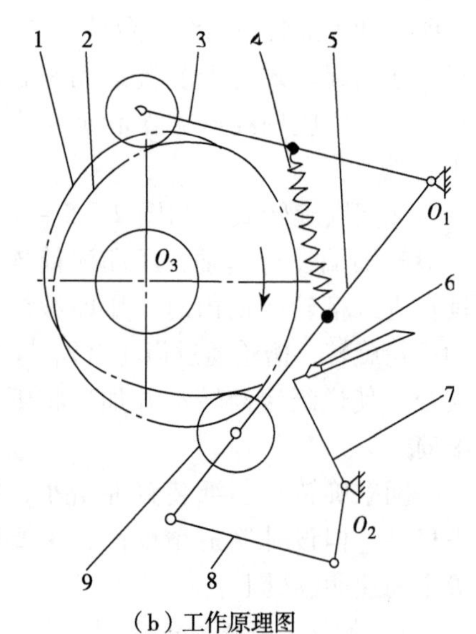

（b）工作原理图

图 2-5-7　定心下摆递纸机构

1—递纸凸轮；2—复位凸轮；3—复位摆臂；4—恒力弹簧；5—递纸摆臂；6—递纸牙轴；7—摆杆；8—连杆；9—滚子

递纸牙的返回则依靠复位凸轮 2，为了保证递纸牙机构的运动稳定，安装有恒力机构。恒力弹簧 4 将递纸摆臂 5 与复位摆臂 3 连成一体，由于 1、2 为共扼凸轮，在工作时恒力弹簧 4 长度基本不变。为了保证递纸牙在回程中不与滚筒表面相碰，前传纸滚筒必须做成偏心的，此滚筒在与递纸牙交接纸张时，滚筒表面距递纸牙最近，回程时则由于距离加大而不会与滚筒相碰。

定心下摆递纸机构简单，工作平稳，递纸精度高，是目前使用最广泛的递纸机构，应用在国内外各种高速多色印刷机上。

（2）递纸牙轴开闭控制

定心下摆递纸机构中递纸牙在从输纸板台上取纸到加速后与前传纸滚筒交接纸张的过程中，递纸牙叼牙要经过两开两闭。递纸牙在牙台上取纸时是开着牙摆向输纸板，在递纸摆臂静止瞬间叼纸牙在输纸板上叼纸闭合，张牙和闭牙靠凸轮 1 通过开闭牙凸块 6 控制（见图 2-5-8），它安装在前传纸滚筒上操作面的内侧。当递纸牙叼着纸与前传纸滚筒交接时，递纸牙需开牙，开牙由开闭牙凸块 6 控制。

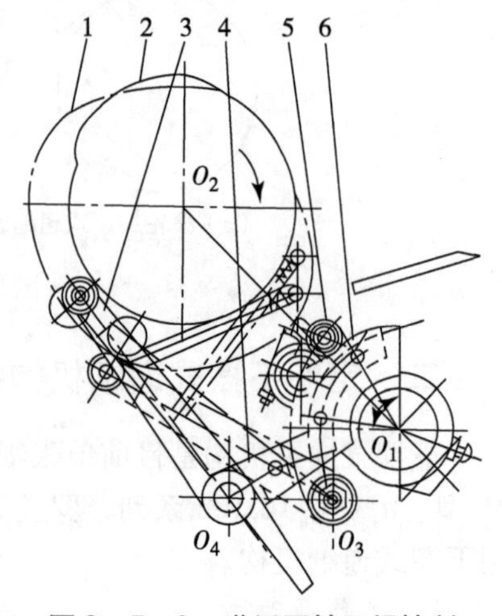

图 2-5-8　递纸牙轴开闭控制

1、2—凸轮；3、4—拉杆；5—滚子；6—开闭牙凸块

凸轮 2 是互锁机构控制凸轮，它安装在前传纸滚

筒操作面外侧。互锁机构是指当出现印刷故障时，前规停在输纸板台前挡纸，而递纸牙叼牙在输纸板台上不闭牙，不叼取纸张。当互锁机构起作用时（互锁电磁铁吸合），凸轮2的作用是使拉杆4逆时针旋转，互锁连杆的曲线板也抬起，当摆臂摆向牙台时，递纸牙开闭牙滚子5抬起，此时递纸牙在牙台上不叼纸。

2. 递纸装置的调节

（1）交接时间的调节

如图2－5－9所示，根据印刷机机动关系表，压印滚筒叼纸牙闭牙时间为0°，递纸牙开牙时间为359°，交接过程时间为1°～2°。递纸牙在输纸台处闭牙叼纸时间为295°，前规前定位板下摆时间为299°30′，递纸牙开始离开输纸台的时间为307°9′。

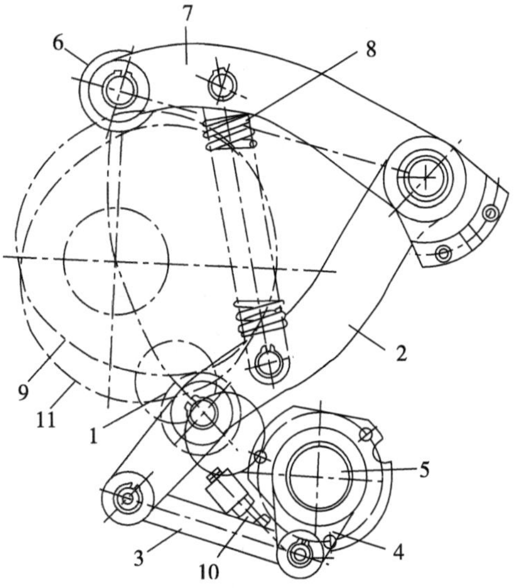

调节时，先调节基准滚筒叼纸牙开闭牙时间，然后调节递纸牙与滚筒交接处的张牙时间；再调节递纸牙在前规处接纸的递纸时间与闭牙时间。递纸牙交接时间是通过递纸牙轴开闭控制凸轮块的位置实现的（见图2－5－8）。

图2－5－9 下摆式递纸装置传动结构图

1、6—滚子；2—递纸摆臂；3—连杆；4—摆杆；5—递纸牙摆动轴；7—复位摆臂；8—弹簧；9—递纸主凸轮；10—定位螺钉；11—递纸复位凸轮

（2）递纸牙交接位置的调节

递纸牙与递纸滚筒叼牙交接时，机器在0°位置，递纸牙片的牙尖与递纸滚筒叼纸牙尖对齐，注意不能碰到滚筒边口。递纸牙在前规处接纸的交接位置可通过调节定位螺钉10来确定（见图2－5－9），应满足递纸牙在输纸板上闭牙叼纸时，滚子1与递纸主凸轮9之间有0.04mm的间隙，即滚子能拨动无阻力。

（3）输纸板高度的调节

递纸牙牙垫与递纸滚筒牙垫、输纸台板之间的间隙为一张印刷用纸的厚度加上0.2mm。递纸牙牙垫的高度是不能调节的。应调节递纸滚筒牙垫与输纸台板的高度来满足交接的要求。

（4）递纸牙叼纸力的调节

如图2－5－10所示为定心下摆式递纸牙结构图。当调节单个叼纸牙叼纸力时，先松开牙箍2的紧固螺钉1，在定位螺钉3和牙箍2的平面之间垫入0.2mm厚的纸片，然后将递纸牙片4靠上牙垫5，并在两者之间垫入0.15mm厚的纸条，锁紧紧固螺钉1。撤去0.2mm厚的纸片后，如不能拉动叼牙中的纸条，递纸牙的叼纸力为宜。

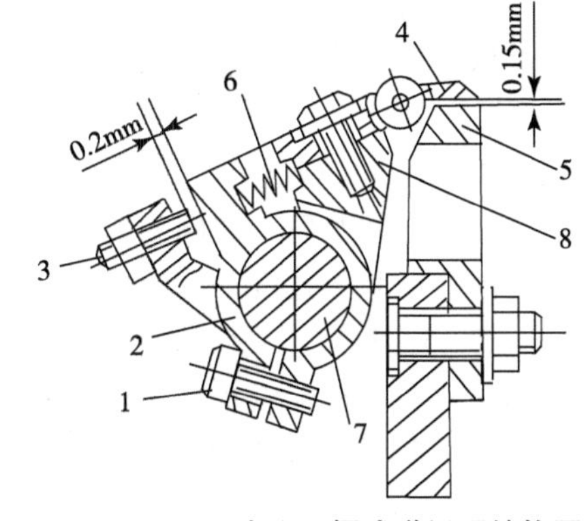

图2－5－10 定心下摆式递纸牙结构图

1—紧固螺钉；2—牙箍；3—定位螺钉；4—递纸牙片；5—牙垫；6—弹簧；7—递纸牙轴；8—递纸牙座

三、连续旋转式递纸装置结构与调节

海德堡 SM102 型、国产 J2109 型印刷机上采用连续旋转式递纸装置。

1. 工作原理

(1) 递纸牙的运动

连续旋转式递纸装置是递纸牙安装于递纸滚筒上并随递纸滚筒做连续的匀速转动，而递纸牙又在滚筒上做自身的摆动运动。如图 2－5－11 所示为连续旋转式递纸装置的工作原理。

如图 2－5－11 所示，递纸滚筒 4 与压印滚筒 6 的外圆直径相等，故转速大小相等而转动方向相反。递纸牙排臂 1 在固定于墙板上的凸轮 3 的驱动下，可绕递纸滚筒上的轴 O_S 摆动。因此递纸牙的运动即为随递纸滚筒的转动与自身摆动的复合运动。

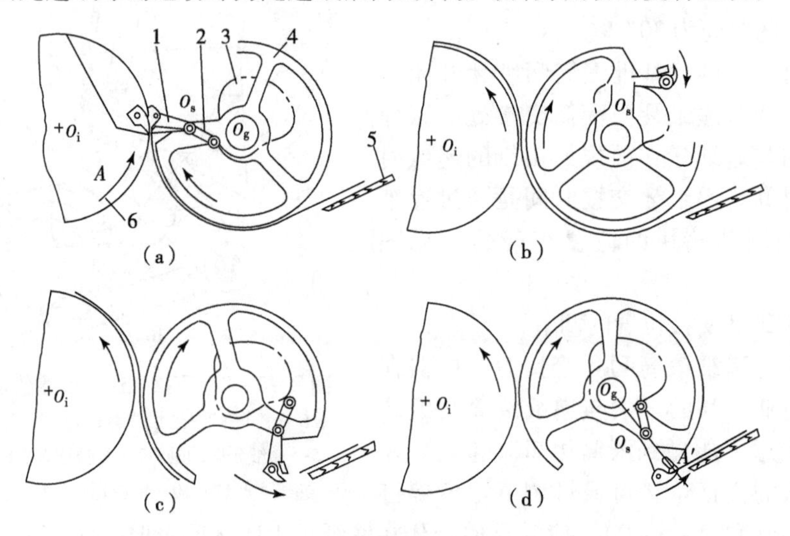

图 2－5－11　连续旋转式递纸装置工作原理

1—递纸牙排臂；2—摆臂；3—凸轮；4—递纸滚筒；5—输纸板；6—压印滚筒

如图 2－5－11（a）所示为递纸牙与压印滚筒处于交接纸张的时刻。此时，递纸牙摆臂 2 的滚子与凸轮 3 的等半径圆弧接触，停止摆动，递纸牙的线速度等于递纸滚筒的表面线速度，并与压印滚筒的表面线速度相等。因此，递纸牙与压印滚筒在相对静止中交接纸张。

如图 2－5－11（b）所示为纸张交接后，在递纸滚筒 4 旋转的同时，带动递纸牙排摆臂 2 上的滚子向凸轮 3 曲面高点运动，是递纸牙排臂 1 绕 O_S 轴顺着递纸滚筒旋转方向摆动。此时递纸牙的速度是递纸滚筒的转速加上摆臂的摆动速度。

如图 2－5－11（c）所示为递纸牙排在凸轮 3 曲面高点的作用下，已超过在输纸板前取纸的位置，摆至输纸板的极限位置后，递纸牙排逆滚筒旋转方向摆动，摆向输纸板前准备取纸。此时递纸牙的速度为递纸滚筒的转动速度减去递纸牙排的摆动速度。

如图 2－5－11（d）所示为递纸牙摆臂 2 上的滚子从凸轮 3 曲面高点向低点运动，而摆臂 2 摆动的速度达到最大值时，在输纸板前规处取纸，此时递纸牙的速度恰好为零。而 O_g、O_S、A'处于三点共线的位置，递纸牙在静止状态下叼住纸张。随后递纸牙摆动速度逐渐减小到停止摆动，并跟随递纸滚筒旋转到与压印滚筒的交接位置。

（2）递纸牙开闭控制

如图2－5－12所示，在递纸滚筒上安装有递纸牙排及其摆动机构。该机构在随着递纸滚筒做公转的同时，它的摆动滚轮沿着固定在操作面墙板上的凸轮表面运动，使摆动架8绕摆动轴9摆动。弹簧4经摆杆6、7和摆动轴9使滚轮与凸轮接触。叼牙轴1上的叼牙的开闭则由滚轮10控制。当滚轮10与固定在墙板上的开闭凸轮的表面接触时，递纸牙便张开。在摆动架和叼牙轴摆杆之间，有若干根弹簧11，这些弹簧是叼牙开闭所需力和总叼力的来源。螺钉12与5是递纸叼牙和压印滚筒叼牙交接纸张时的限位螺钉，此时，摆臂滚轮牙和凸轮低面脱开，使叼牙稳定地按公转速度（即和压印滚筒表面速度相等）进行纸张交接。牙垫2装在摆动架8上，也有调节机构来改变牙垫位置。

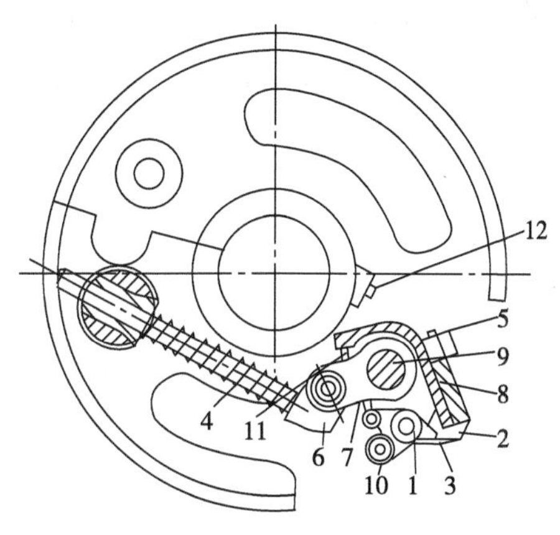

图2－5－12 叼牙开闭装置

1—叼牙轴；2—牙垫；3—牙片；4、11—弹簧；5、12—螺钉；6、7—摆杆；8—摆动架；9—摆动轴；10—滚轮

2. 连续旋转式递纸装置的调节

（1）叼牙在前规处取纸时的位置调节

由图2－5－13（a）可知，当摆臂2上的滚子从凸轮3的曲面高点向低点运动时，摆臂2在图2－5－12中弹簧4的作用下摆回输纸板前。在摆动架上有一挡块，而在墙板上有一圆柱形的定位螺钉，当摆臂摆回时，挡块紧靠在定位螺钉上，使图2－5－13（a）中摆臂2上的滚子与凸轮3脱离接触，其间隙大约为0.1mm，在这一时刻，递纸叼牙与输纸板处于相对静止的状态。这一时刻也是前规处工作机件的调节基准，这时递纸叼牙刚进入接纸位置进行叼纸。当滚筒转过4°左右时，规矩部件开始让纸；当滚筒转过6°～8°的时间内，递纸叼牙即带动纸张开始运动。以上这些可以通过各自的凸轮进行调节。

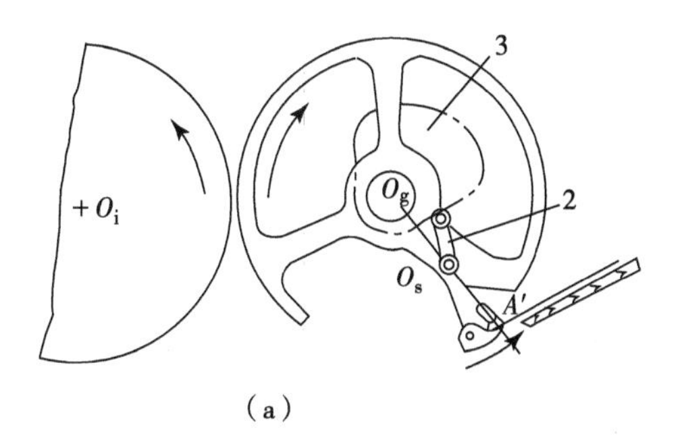

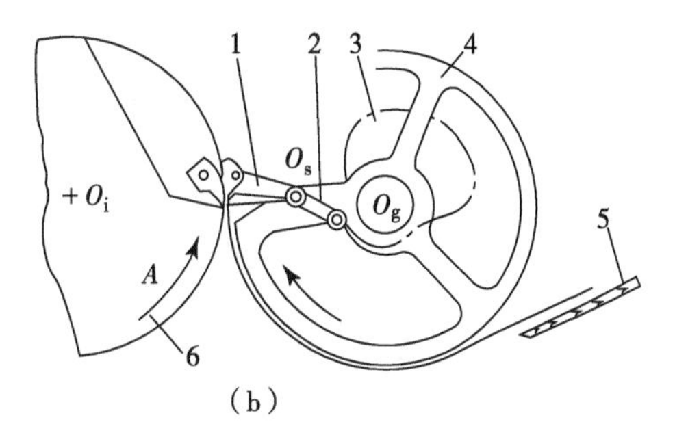

图2－5－13 连续旋转式递纸装置交接原理图

1—递纸牙排；2—摆臂；3—凸轮；4—递纸滚筒；5—输纸板；6—压印滚筒

（2）递纸牙和压印滚筒的交接关系调节

如图2－5－13（b）所示为递纸滚筒与压印滚筒交接纸张时的情况。这时递纸滚筒上的两个限位螺钉（即图2－5－12中的5和12）紧密接触，使得滚子与凸轮3之间有

一个小的间隙。这时摆臂2与递纸滚筒处于相对静止的状态，而叼牙带动纸张运动的速度是否与压印滚筒速度相等，就取决于叼牙位置是否与压印滚筒相切，若不相切，就需要调节递纸牙牙垫的高度。调节时要以压印滚筒为基准，改变牙垫2在摆动架8上（见图2-5-12）的高度进行总体调节。

叼牙在切向的位置也需要进行调节，方法是借助递纸滚筒与其传动齿轮之间的相对位置，使递纸牙与压印滚筒边口保持0.5~1mm距离。以上调节都需要用专用的量规测量，具体方法按说明书进行。

递纸滚筒叼牙与压印滚筒叼牙的交接时刻（即递纸滚筒叼牙开牙和压印滚筒叼牙闭牙时刻）的调节则需要通过各自的开闭凸轮来实现。

（3）递纸牙开闭凸轮的调节

对递纸牙交接时间的调节，其开闭凸轮在两边的墙板上各安装了一个凸轮，工作时两个凸轮都要与相应的滚子接触，这样才能保证叼牙轴受力均匀、工作稳定性好。因此在调节时，两边的凸轮必须同时调节。

思考题

1. 递纸装置的作用是什么？
2. 递纸装置有哪些种类？
3. 递纸牙与前规及压印滚筒交接的位置调节次序是怎样的？
4. 递纸牙与压印滚筒及输纸台的交接时间具体指什么时间？
5. 递纸牙在前规处接纸时间有哪些要求？其接纸时间的早、晚如何调节？

情景3

调节印刷装置

知识目标

1. 熟悉滚筒的排列形式、特点和结构。
2. 掌握印版校正的原理和方法。
3. 掌握橡皮布的选择及衬垫的选择。
4. 掌握离合压的工作原理。
5. 掌握调压的工作原理。
6. 了解国内、国外相关新技术。

能力目标

1. 能够安装印版并校正印版。
2. 能够正确选择和使用橡皮布及衬垫。
3. 能够调节离合压机构。
4. 能够正确测量滚筒中心距，并能够按照要求调节印刷压力。

任务3.1　安装和调节印版

1. 学习目标

知识：熟悉滚筒的排列形式和特点；了解滚筒的结构；熟悉印版校正的原理和方法；熟悉滚筒中心距调节原理及测量方法；了解离合压的工作原理及方法。

能力：能够根据实际情况正确选择校版的方法；能够测量滚筒滚枕的间隙；能够计算滚筒的中心距；能够根据印刷要求正确调节印刷压力。

情感：通过案例教学激发学生的好奇心和学习兴趣。

2. 教学方法

宏观——四步教学法，微观——引导、案例教学，分组讨论。

3．教学实施

工作过程	工作任务	教学组织
资讯	（1）印刷装置的作用及组成； （2）滚筒的排列及特点； （3）滚筒结构及特点； （4）滚筒齿轮； （5）印版滚筒结构； （6）版夹的结构； （7）印版位置的调节机构	（1）公布项目和工作任务； （2）学生分组，明确分工
计划	（1）安装印版； （2）校正印的位置	（1）学生制订完成任务的方案，包括完成任务的方法、进度和学生的具体分工； （2）对学生提出的方案进行指导，帮助形成方案
实施	（1）按计划项目实施； （2）技术文件归档	（1）各小组按照制订的工作任务逐项实施； （2）对任务进行重点指导； （3）技术文件归档
检查评估	（1）分析学生完成任务的情况，并提出改进措施等； （2）技术文件归档； （3）完成个人报告； （4）撰写小组自评报告	（1）评估任务完成的质量、关注团队合作、考勤等； （2）教师指出过程中的不足，团队分析原因，提出优化意见

4．工作对象

平版印刷机（或印刷单元）。

5．工具

教材、课件、多媒体、黑板、工具箱。

6．教学重点

印版位置的调节机构。

7．考核与评价

结合实施任务书和任务考核表进行考核与评价。其中，成果评定 60%、学习过程评价 30%、团队合作评价 10%。

实施任务书

项目	调节内容	调节方法
1	安装印版	
2	校正印版的位置	

任务考核表

项目	考核内容	考核点	评价标准	分值
1	安装印版	安全性	提出安全注意事项，出现安全事故按0分处理	10
		操作方法	（1）检查印版； （2）测量衬垫； （3）安装印版； （4）印版位置调节	60
		质量要求	（1）印版插入到位； （2）加入衬垫、居中； （3）紧版螺钉没有遗漏； （4）印版拉裂（断），扣30分	30
2	校正印版的位置	安全性	提出安全注意事项，出现安全事故按0分处理	10
		操作方法	方法正确	60
		质量要求	（1）图文位置正确； （2）套印准确，误差不超过0.15mm； （3）印版变形量小	30

知识链接

一、印刷装置的作用及组成

1. 印刷装置的作用

印刷装置是平版印刷机上完成图像转移的主体部件，是平版印刷机的核心部分，是直接完成图像转移的职能部件。滚筒的结构、性能、制造精度、调整准确度等，直接关系到印刷的质量、产量和机器的寿命。

2. 印刷装置的组成

印刷装置是由印版滚筒、橡皮滚筒和压印滚筒及相关辅助装置组成的。其中印版在滚筒部件上有印版的装卡机构，橡皮滚筒上有橡皮布夹紧机构，压印滚筒上有叼纸牙机构，还有滚筒间压力调整机构、离合压机构、纸张的传输及翻转机构等。

二、印刷滚筒的排列方式和特点

1. 印刷滚筒的排列

印刷机滚筒的排列方式不同，也决定了机器的长度和高度以及机器的结构、印刷速度、操作者的位置等。

（1）三滚筒型

三滚筒型是指每个印刷色组都有独立的三个基本滚筒组成的排列方式。三滚筒型如图3－1－1所示。P为印版滚筒，其上安装有印版；B为橡皮滚筒，其上装有橡皮布；I为压印滚筒。基本滚筒经过不同的排列组成各种各样的印刷机，如图3－1－2所示。

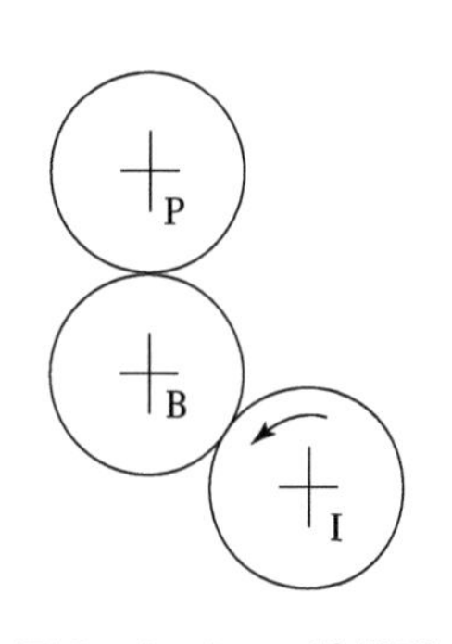

图3－1－1　三滚筒型

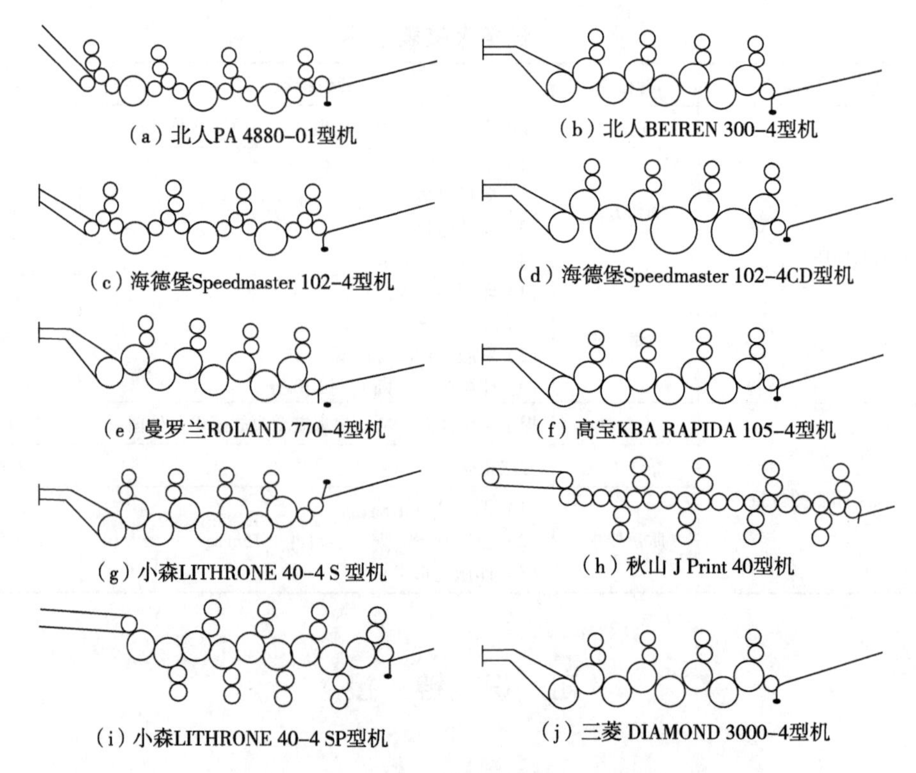

图3-1-2 常见三滚筒型的多色平版印刷机

基本滚筒一般为等径，也有压印滚筒2倍或者3倍于其他滚筒，滚筒排列有5点钟方向和7点钟方向。现在印刷机广泛采用7点钟方向，因为其占地面积小，易于更换印版、橡皮布及衬垫，便于清洗和调节压力。色组之间采用传纸滚筒进行纸张的传递。

其特点：易于标准化、多色化，便于生产制造；转一周完成一次印刷；倍径压印滚筒有利于印刷较厚的纸张；对产品适应性强；不易造成混色；结构简单，印刷速度高。

(2) 五滚筒型

五滚筒型一般采用五个滚筒组成两个色组的基本型及其组合形式。如图3-1-3所示为五滚筒基本型排列。特点是两色组共用同一个压印滚筒。

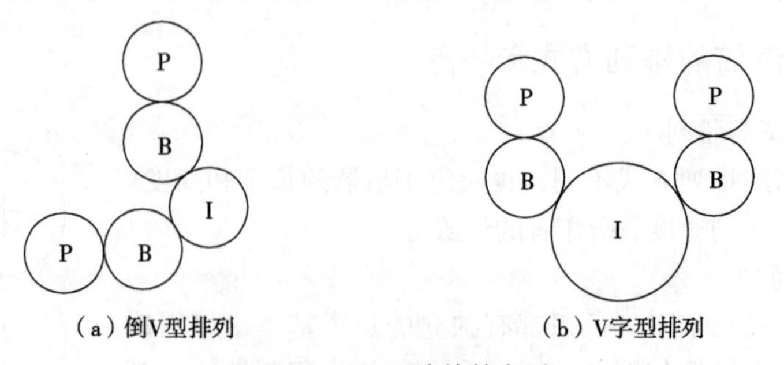

图3-1-3 五滚筒基本型

五滚筒型也称为半卫星型。如图3-1-4所示为五滚筒组合型排列，其中，图3-1-4 (a) 采用链条传纸组成四色机，图3-1-4 (b) 为采用3倍径压印滚筒和4倍径传纸滚筒组成的四色机。

其特点：纸张一次交接可同时印多色，套印准确各色印刷后间隔短，墨色易混且粘脏，机器结构紧凑，操作空间小。

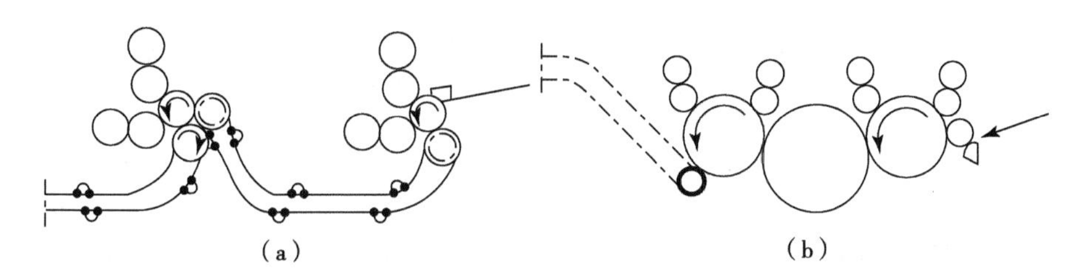

图3－1－4　五滚筒组合型排列

(3) 卫星型

多个印刷色组（一般指三个以上）共用压印滚筒的排列形式称为卫星型，如图3－1－5所示。

其特点：纸张交接次数少，套印准确。压印滚筒体积大，整体结构庞大，机身高大，加工困难。油墨干燥时间短，容易造成混色故障。

(4) B－B 型

B－B 型没有专门的压印滚筒，两个橡皮滚筒互为另一色组的压印滚筒的排列形式，如图3－1－6 所示。

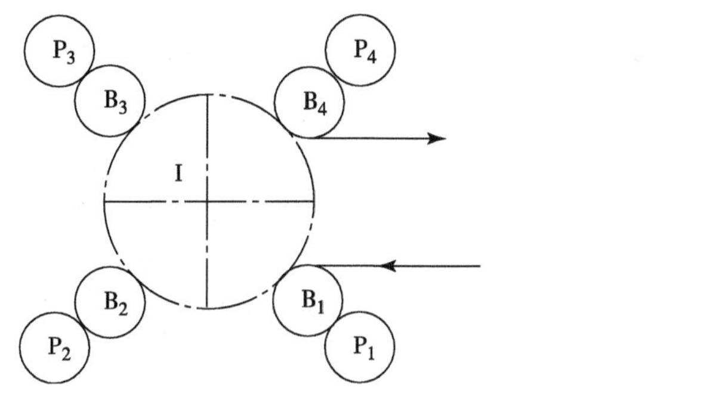

图3－1－5　卫星型排列平版印刷机

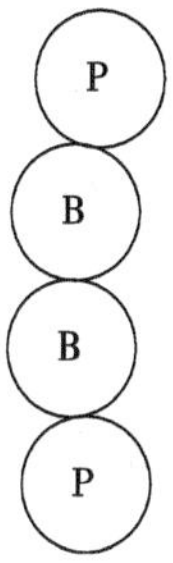

P
B
B
P

图3－1－6　B－B 型排列

单张纸 B－B 型一般是单面双色印刷机，只有一个色组，同时印刷两面，适合单色书刊、杂志等。现代 B－B 型多用于卷筒纸印刷，可印刷正反面及多色，速度快、效率高。

2. 传纸滚筒

(1) 传纸滚筒的作用

传纸滚筒在印刷过程中起传送、交接纸张作用。传纸滚筒和压印滚筒的结构基本相似，叼纸牙的结构及调节方法和压印滚筒的叼纸牙也基本相同。目前，多色机上传纸滚筒通常采用与压印滚筒相同的直径，但却多倍径于印版滚筒和橡皮滚筒的直径，有利于降低传纸滚筒的转速，便于纸张平稳传递，适合高速运转和厚纸印刷。

(2) 传纸滚筒种类

①机组间传纸滚筒。位于多色机的各个机组之间，把前一机组印好的纸张传送给后一机组进行印刷。一般采用一个［见图3－1－7（a）］或三个滚筒［见图3－1－7

(b)] 进行传纸。

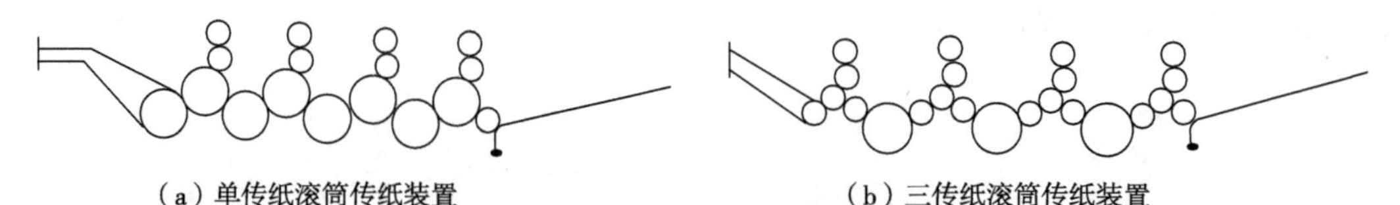

图 3-1-7　机组间传纸滚筒

②前传纸滚筒。前传纸滚筒位于输纸板和第一印刷机组之间（见图 3-1-8），作用是将递纸装置传来的纸张接过来并交给印刷机组，前传纸滚筒是递纸装置的一部分。

③后传纸滚筒。后传纸滚筒位于最后一个印刷机组与收纸滚筒之间（见图 3-1-9），其作用一是保证收纸牙排叼纸时纸张已经完成印刷，二是调整纸张运动方向。

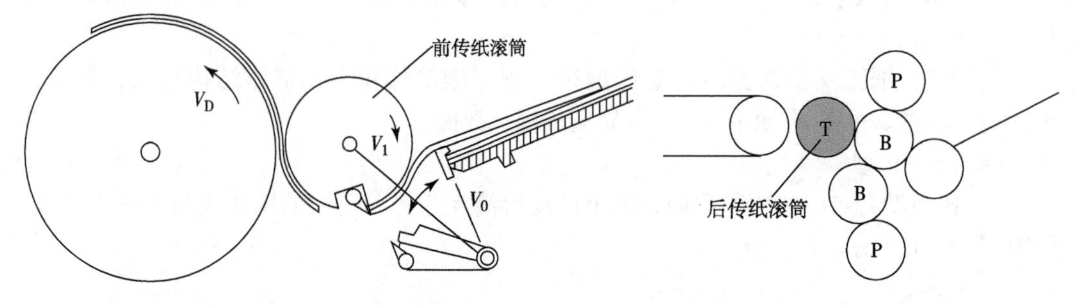

图 3-1-8　前传纸滚筒　　图 3-1-9　后传纸滚筒

(3) 纸张翻转机构

①三滚筒翻转机构。

海德堡 SM102-4 型印刷机采用的翻转机构是钳式叼牙翻转机构。在第一色组和第二色组之间有一个传纸滚筒、一个储纸滚筒和一个翻纸滚筒，两个小滚筒直径相等，中间的大储纸滚筒是印刷滚筒直径的 2 倍。如图 3-1-10 所示为钳式叼牙三滚筒翻转机构工作原理图。

单面印刷时，如图 3-1-10（a）所示，传纸滚筒 1 的叼牙从前一组的压印滚筒上接过纸张，传给储纸滚筒 2，然后交给翻纸滚筒 3 的钳式叼牙，传给下一机组的压印滚筒，进行下一色的印刷。

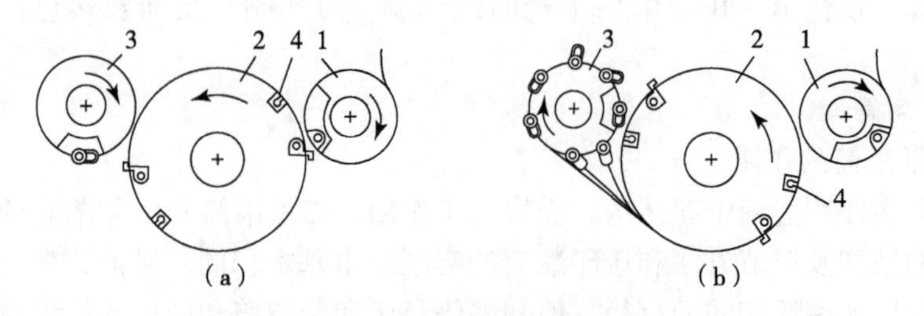

图 3-1-10　海德堡三滚筒翻转机构

1—传纸滚筒；2—储纸滚筒；3—翻纸滚筒；4—吸气嘴

双面印刷时，如图 3-1-10（b）所示，传纸滚筒 1 的叼牙从前一组的压印滚筒上接过纸张，传给储纸滚筒 2，当储纸滚筒 2 的叼牙叼着纸张转到纸张的拖梢与翻纸滚筒相切时，一排吸气嘴吸住纸张，翻纸滚筒3的钳式叼牙叼住纸张的拖梢，这时储纸滚筒2的叼牙及吸嘴4放开纸张，把纸张交给翻纸滚筒3，翻纸滚筒3传给下一机组的压印滚筒，进行下一面的印刷。

高宝 RAPIDA 104 型印刷机翻转机构也属于三滚筒翻转机构。如图3－1－11所示，储纸滚筒的叼牙从传纸滚筒接过印张，其上的吸嘴吸住印张的拖梢，当拖梢转到与翻纸滚筒第一组叼纸牙相切时，如图3－1－11（b）所示，第一组叼纸牙叼住印张，带着印张前进同时两组叼纸牙相向转动，在两组叼纸牙相遇时，第一组叼纸牙把印张交给第二组叼纸牙，第二组叼纸牙转到与后一个印刷机组的压印滚筒相切时，将印张拖梢交给压印滚筒，便完成了印张的翻转和传递。

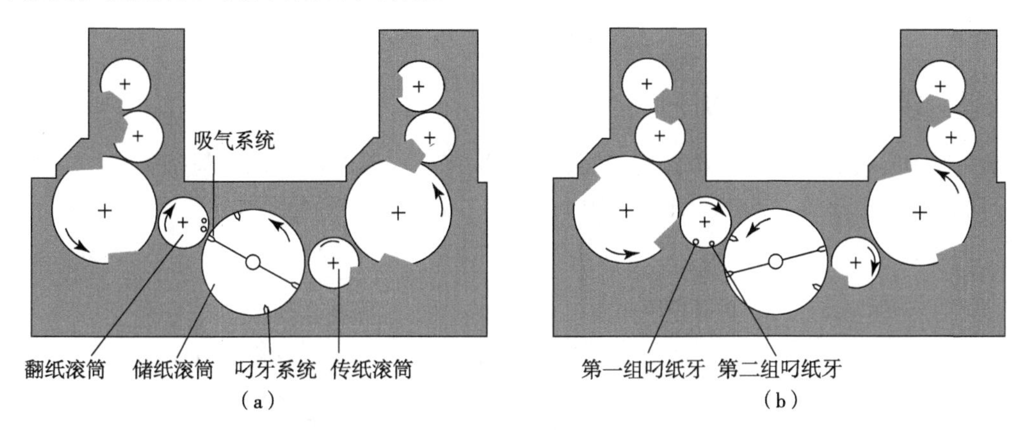

图3－1－11　高宝 RAPIDA 104 型印刷机的翻转机构

② 倍径单滚筒翻转机构。

如图3－1－12所示为罗兰700机的翻转机构。翻纸滚筒吸嘴吸住印张拖梢，将其传给反面印刷叼纸牙。同时，前一印刷机组的压印滚筒叼牙松开印张前叼口，如图3－1－12（a）所示。正、反面印刷叼纸牙相向转动相遇时，反面印刷叼纸牙把印张拖梢交给正面印刷叼纸牙。正面印刷叼纸牙再将印张交给后一个印刷机组的压印滚筒，如图3－1－12（b）所示，完成印张的翻转与传递。

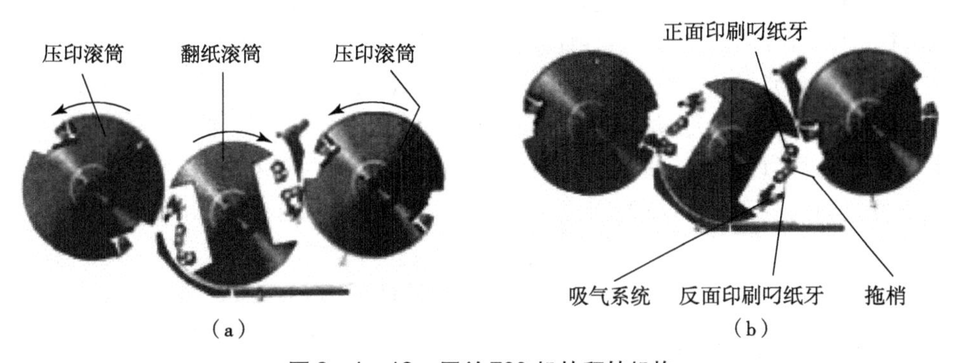

图3－1－12　罗兰700机的翻转机构

如图3－1－13所示为高宝 RAPIDA72 机的翻转机构。翻纸滚筒的吸嘴吸住印张的拖梢。同时，前一印刷机组的压印滚筒叼牙松开印张前叼口，如图3－1－13（a）所示。翻纸滚筒上的吸嘴和叼牙相向转动，两者相遇时吸嘴把印张拖梢交给叼牙。翻纸滚筒叼牙带着印张前进，如图3－1－13（b）所示，当与后一个印刷机组的压印滚筒相切时，将印张拖梢交给后一个印刷机组的压印滚筒，如图3－1－13（c）所示，完成印张的翻转和传递。

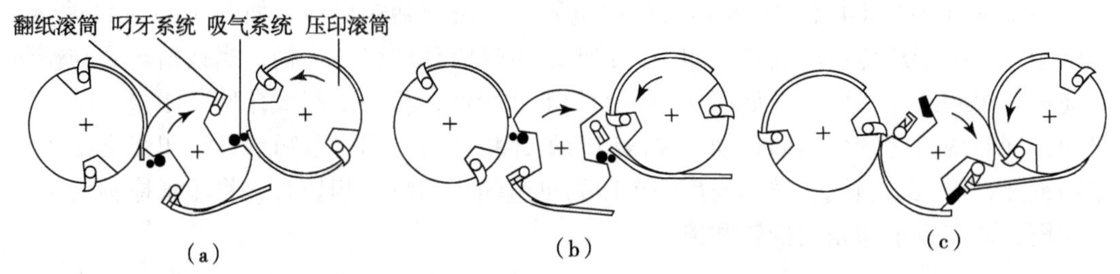

图3－1－13　高宝 RAPIDA 72 机的翻转机构

三、滚筒的基本结构

平版印刷机的印版滚筒、橡皮滚筒、压印滚筒，虽然结构不同，但基本结构是相同的，即由轴颈、筒体、滚枕等组成。滚筒的结构如图3－1－14所示。

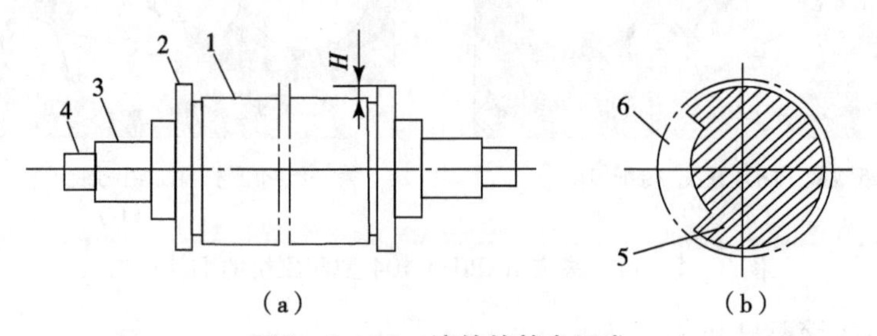

图3－1－14　滚筒的基本组成

1—滚筒体；2—滚枕（肩铁）；3—轴颈；4—轴头；5—工作面；6—空挡

（1）轴头。轴头用于安装传动齿轮（或凸轮），使滚筒得到动力。

（2）轴颈。轴颈是滚筒的支撑部分，用来装轴承。其精度对滚筒运转平稳和印刷品的质量起重要作用。

（3）滚枕。滚枕又称肩铁，设置在滚筒的两端。其作用是安装调节滚筒的基准、测量滚筒包衬厚度的基准。一般分为接触滚枕（走肩铁）和不接触滚枕（不走肩铁）两种类型。

①接触滚枕（走肩铁）。在合压印刷中，印版滚筒和橡皮滚筒的滚枕在接触状态下进行印刷。因此可以减少振动，保证滚筒运转的平稳性。

②不接触滚枕（不走肩铁）。在合压印刷中，印版滚筒和橡皮滚筒的滚枕不接触。两滚筒滚枕之间的间隙成为滚枕间隙，通过测量滚枕间隙可推算滚筒的中心距和齿侧间隙。

（4）滚筒体。它是直接承担印刷的部位。滚筒体分为空挡部分和工作面。压印滚筒空挡部分安装叼牙排机构，橡皮滚筒空挡部分安装橡皮布机构、印版滚筒空挡部分安装装夹印版机构。工作面通常用滚筒表面利用系数 K 来表示，即：

$$K=(360^\circ-\alpha)/360^\circ$$

式中　K——滚筒利用系数；

α—滚筒空挡角。

四、滚筒齿轮

印刷滚筒的运动是靠齿轮带动旋转的，因此传动齿轮的精度对印刷品的质量影响甚大。国产平版印刷机齿轮精度等级采用6－5－5EH（JB 179—1983），齿轮的压力角为15°，而进口印刷机齿轮的压力角大都采用14.5°。采用非标准压力角是为了增加齿轮传动的重叠系数，提高印刷机传动的平稳性，减少齿侧间隙，提高印刷品质量。但加工制造成本相应增加。

五、印版滚筒结构

如图3－1－15所示，印版滚筒两轴颈处安装轴承，并与墙板装配在一起。水墨辊传动齿轮安装在滚筒齿轮的端面上，随着滚筒一起转动，并带动印版滚筒周围的水墨辊齿轮转动。印版滚筒的空挡部分设有印版装夹机构和版位调节机构。

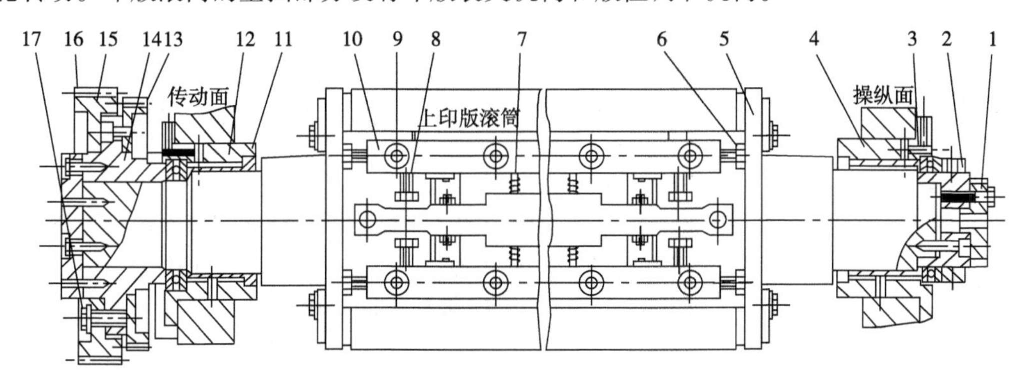

图3－1－15　印版滚筒结构

1、13—传动齿轮；2—锁紧螺母；3—推力轴承；4、12—偏心轴承；5—滚筒体；6、8—调版螺钉；7—弹簧；9—螺钉；10—版；11—油封；14—轮毂；15—滚筒齿轮；16—压盖；17—固定螺钉

六、版夹的结构

1. 固定式装夹机构

如图3－1－16所示。装版时，当印版插入上版夹2和下版夹3之间后，将紧固螺钉1旋紧。卸版时，旋松紧固螺钉1，弹簧4将版夹自动撑起，便可取出印版。

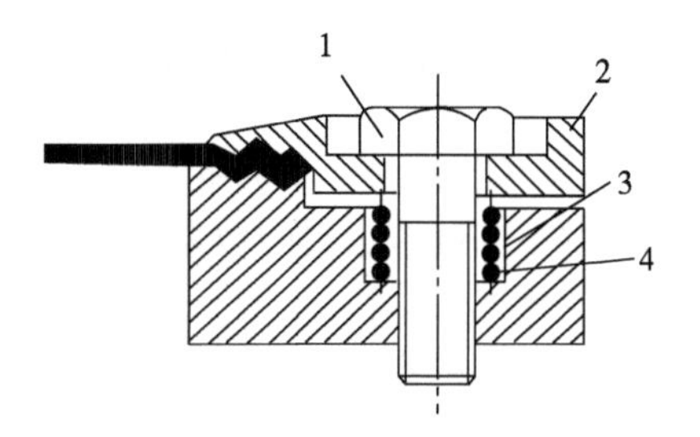

图3－1－16　固定式装夹机构

1—紧固螺钉；2—上版夹；3—下版夹；4—弹簧

2. 快速装夹机构

如图3－1－17所示为快速装夹机构。装版时，用拨杆拨动卡紧轴1，使缺口轴平面相对压板，版夹3在弹簧的作用下抬起，将印版插入版夹2和3之间，然后再拨动卡紧轴，使缺口轴圆柱面将右边压板顶起，压板下压将印版夹紧。卸版时，用拨杆拨动卡紧轴1，使其以缺口轴平面相对压板，弹簧6将版夹自动撑起，便可取出印版。

当印版厚度发生变化时，需要调节压板的压力。先松开紧固螺钉4，然后装版，调节螺钉5使印版夹紧力大小合适，最后锁紧紧固螺钉4。

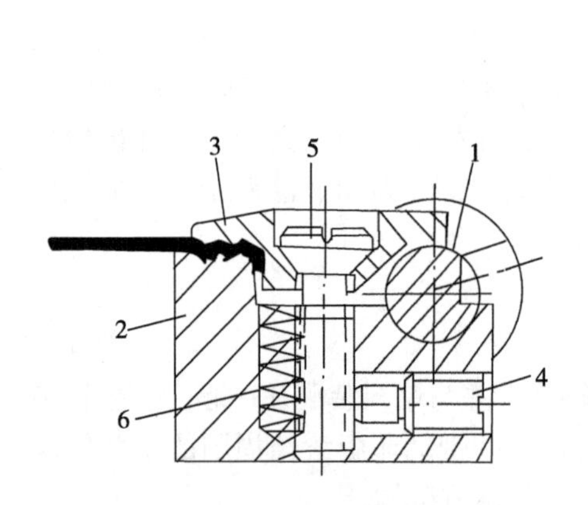

图3-1-17 快速装夹机构

1—卡紧轴；2、3—版夹；
4—紧固螺钉；5—螺钉；6—弹簧

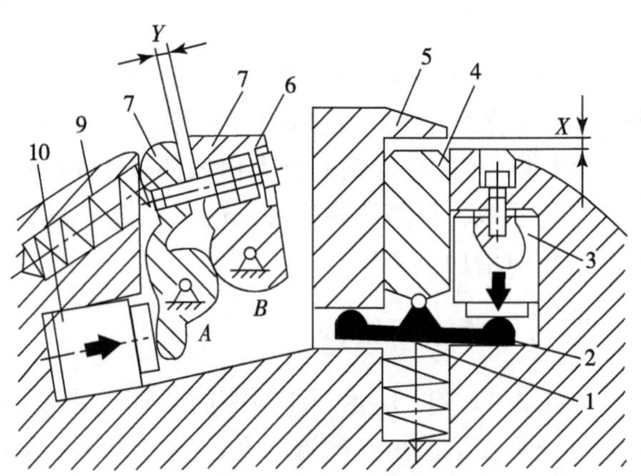

图3-1-18 全自动装夹机构

1、6、9—弹簧；2—支杆；3、10—气缸；4—叼口下版夹；
5—叼口上版夹；7—拖梢上版夹；8—拖梢下版夹；
X—叼口张开间隙；Y—拖梢张开间隙

3. 全自动装夹机构

如图3-1-18所示。首先，夹紧印版叼口边。上版夹5固定在印版滚筒上，下版夹4是由气缸3控制支杆2而上下移动的。气缸3加压时，支杆2下移而压缩弹簧1，下版夹4也下移，上、下版夹之间出现了间隙，将印版插入间隙中。气缸3卸压，上、下版夹在弹簧1的作用下将印版夹紧。

其次，夹紧印版拖梢边。气缸10加压，下版夹8绕支点A逆时针转动，压缩弹簧9。由于上、下版夹依靠扇形齿轮相啮合，下版夹8转动的同时，上版夹7绕B支点顺时针转动，压缩弹簧6，在上下版夹之间出现一个间隙，将印版的拖梢插入间隙中。随后，张紧印版，由于气缸10卸压，上、下版夹在弹簧6、9的作用下将印版夹紧。

注意：装版时先装叼口边，卸版时先拆拖梢边。

七、印版位置的调节机构

1. 印版位置的手动调节

通过手工调节版夹的位置来改变印版在滚筒上的位置。如图3-1-19所示为印刷机印版位置调节机构。

(1) 拉版机构实现周向、轴向及斜向拉版

周向拉版时，先确定拉版的方向及拉动量，然后将一个版夹上的拉版螺钉2松开一些，再将另一个版夹上的拉版螺钉2拧紧一些，使印版周向移动来实现印版周向位置的校正。印张的叼口减少，俗称“拉低”，印张的叼口增加，俗称“拉高”。

轴向拉版时，松开拉版螺钉2，根据拉版的方向及拉动量调节印版的轴向调节螺钉1来实现印版的轴向位置校正。

斜向拉版时，先松开打算校正方向对面的拉版螺钉2，接着松开在版夹两端的轴向调节螺钉1，再根据规线套印情况调节拉版螺钉2的拧动量，周向位置调准后，接着调

节轴向调节螺钉1，调节轴向位置。

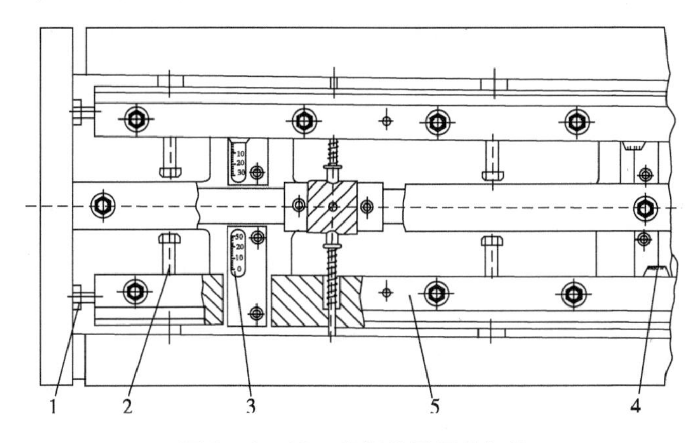

图3－1－19　印版位置调节机构

1—轴向调节螺钉；2—拉版螺钉；3—周向位置刻度；4—轴向位置刻度；5—印版版夹

（2）印版滚筒周向粗调机构（借滚筒）

印版的周向位置的粗调机构俗称“借滚筒”，它是通过调整印版滚筒和橡皮滚筒在圆周方向的相对位置，使印版随着滚筒一起移动来改变图文在上下方向的等量调节。其应用场合是：

①由于制版过程处理不当或其他原因，造成图文在印版上的位置有误，使叼口尺寸过大或过小，利用拉版方法无法调节。

②虽然印张两边规矩线的上下位置已经一致，但需要改变图文与纸张的相对位置，即需要平行调节图文在印张上的位置且值过大时。

如图3－1－20所示，印版滚筒传动齿轮3通过固定螺钉1和印版滚筒相连。传动齿轮3的螺钉孔为圆弧长槽孔，若松开4个固定螺钉1，可以改变齿轮与印版滚筒在圆周的相对位置，改变的数值可以从固定在齿轮上的刻度盘2上读出。借滚筒时，首先确定滚筒的方向和移动量，然后将4个固定螺钉1松开，用专用工具转动齿轮（或滚筒），从刻度盘上检查移动量的大小，最后紧固所有螺钉。

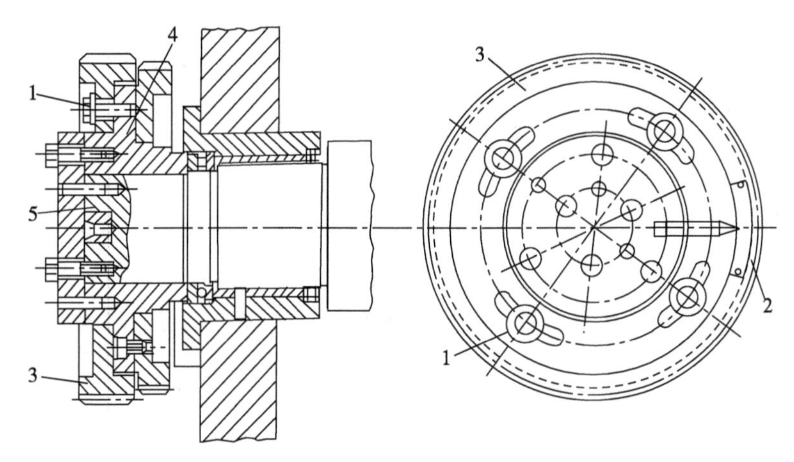

图3－1－20　印版滚筒轴向粗调机构

1—固定螺钉；2—刻度盘；3—传动齿轮；4—齿轮座；5—滚筒轴

2. 印版位置的自动调节机构

如图 3－1－21 所示为海德堡 SM102 型印刷机印版滚筒版位调节机构。传动面为周向调节机构，操作面为轴向调节机构。

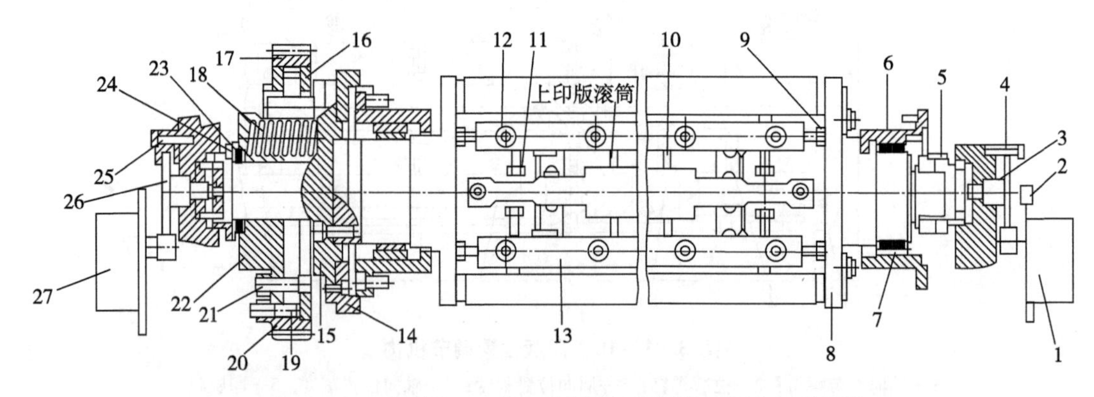

图 3－1－21　海德堡 SM102 型印刷机印版滚筒版位调节机构

1、27—拉版电动机；2—拉版电位器；3—调节丝杆齿轮；4、25—限位块；5—推力座；6—滚筒轴套；7—滚针轴承；8—印版滚筒；9—顶版螺丝；10、18—弹簧；11—拉版螺丝；12—夹版螺丝；13—版夹；14—供墨传动齿轮；15—导向轮；16—齿圈；17—滚筒齿轮；19—螺杆；20—紧固螺母；21—“借滚筒”转轮；22—齿轮轮壳；23—推力轴承；24—推力轴承座；26—丝杆齿轮

（1）周向印版版位微调机构

印版的周向拉版可从 CPC 控制系统中遥控，同时还可在控制台上显示印版调整位置的数据，通过控制拉版电动机 27 转动，使丝杆齿轮 26 转动，丝杠驱动推力轴承座移动。使印版滚筒齿轮在导向轮壳上的两个导向轴上做滑动。由于滚筒齿轮传动齿轮为斜齿轮，其在轴向滑动的同时，使印版滚筒产生轴向位移，并由此对印版进行了周向调整，印版的周向调节一般应在机器开动的情况下进行。限位块 4、25 保证了印版滚筒只能在规定的范围内在周向调整，若需要对印版进行大范围的调整，可以通过“借滚筒”转轮 21 进行调节。

（2）轴向印版版位微调机构

印版的轴向调节可从 CPC 控制系统中遥控，同时还可在控制台上显示印版调整位置的数据，通过控制拉版电动机 1 的正转或反转，使与电动机同轴齿轮啮合的齿轮 3 正转或反转，带动调节丝杆转动并驱动推力座 5 向传动面方向移动，其向操作面移动是借助了弹簧 18 的作用力驱动的。

（3）印版版位调节面板

如图 3－1－22 所示为海德堡印刷机印版版位调节面板。可以从对角、周向、轴向各个角度来调节套准。按下套准功能键①，打开套准功能菜单。通过印刷单元选择按键②选择印刷单元。使用数字键输入新的数值，这个数值被加到当前的设置中。按下选中的套准按键（③传动面对角套准，④操作面对角套准，⑤周向套准，⑥轴向套准），印刷机按相应的数值进行控制拉版电机进行调节。

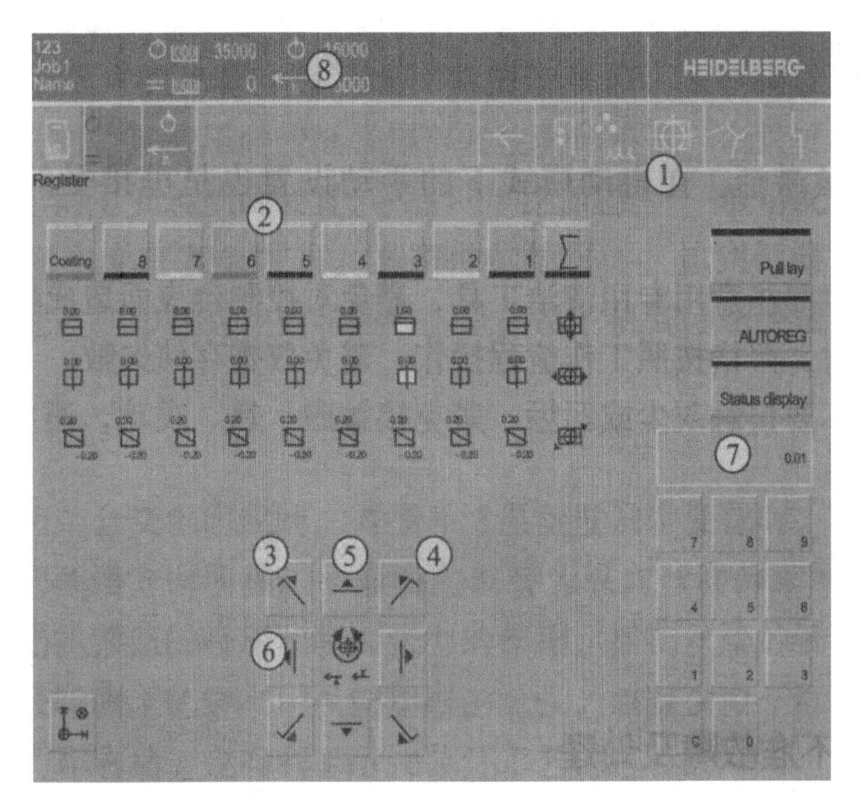

图 3－1－22　海德堡印刷机印版版位调节面板

1—套准功能键；2—印刷单元选择键；3—传动面对角套准键；4—操作面对角套准键；
5—同向套准键；6—轴向套准键；7—数据显示屏；8—印刷速度显示

思考题

1. 套准调整的方法有哪些？
2. 印版滚筒调节的作用是什么？应如何调节？
3. 传纸滚筒的作用是什么？
4. 纸张翻转机构的作用是什么？有几种类型？

任务 3.2　调节和张紧橡皮布

1. 学习目标

知识：掌握橡皮滚筒的主要结构和特点；掌握橡皮布的装夹方法；掌握橡皮布的张紧方法。

能力：能够根据实际情况正确选择橡皮布；能够装夹橡皮布和张紧橡皮布。

情感：通过案例教学激发学生的好奇心和学习兴趣。

2. 教学方法

宏观——四步教学法，微观——引导、案例教学，分组讨论。

3. 教学实施

工作过程	工作任务	教学组织
资讯	（1）橡皮滚筒的结构； （2）橡皮布类型； （3）滚筒包衬； （4）橡皮布卡板的安装； （5）橡皮布的安装； （6）橡皮布的张紧； （7）橡皮滚筒的调节	（1）公布项目和工作任务； （2）学生分组，明确分工
计划	装夹、拆卸橡皮布	（1）学生制订完成任务的方案，包括完成任务的方法、进度、学生的具体分工； （2）对学生提出的方案进行指导，帮助形成方案
实施	（1）按计划项目实施； （2）技术文件归档	（1）各小组按照制订的工作任务逐项实施； （2）对任务进行重点指导； （3）技术文件归档
检查评估	（1）分析学生完成任务的情况，并提出改进措施等； （2）技术文件归档； （3）完成个人报告； （4）撰写小组自评报告	（1）评估任务完成的质量、关注团队合作、考勤等； （2）教师指出过程中的不足，团队分析原因，提出优化意见

4. 工作对象

平版印刷机（或印刷单元）。

5. 工具

教材、课件、多媒体、黑板、工具箱。

6. 教学重点

橡皮布的安装，橡皮滚筒的调节。

7. 考核与评价

结合实施任务书和任务考核表进行考核与评价。其中，成果评定60%、学习过程评价30%、团队合作评价10%。

实施任务书

项目	调节内容	调节方法
1	装夹、拆卸橡皮布	

任务考核表

项目	考核内容	考核点	评价标准	分值
1	装夹、拆卸橡皮布	安全性	提出安全注意事项，出现安全事故按0分处理	10
		操作方法	（1）裁剪橡皮布； （2）选择衬垫； （3）安装橡皮布； （4）张紧橡皮布； （5）检查橡皮布	60
		质量要求	（1）橡皮布拆装动作正确； （2）橡皮布装夹居中； （3）加入衬垫、居中； （4）橡皮布安装位置正确； （5）松紧合适、平整、稳固	30

知识链接

一、橡皮滚筒的结构

橡皮滚筒的滚筒体上，也分为包橡皮布的工作面和安装橡皮布张紧机构的空挡两部分。如图3－2－1所示。橡皮滚筒是使印版上的图文转移到纸张上，完成印刷工作不可缺少的部件，橡皮滚筒上还装有橡皮布的装夹装置和张紧机构，在B－B型平版印刷机中，一个橡皮滚筒的空挡还装有叼纸牙排。

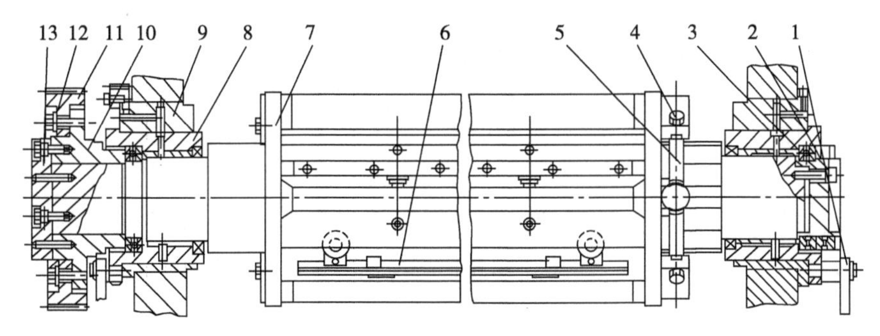

图3－2－1 橡皮滚筒结构

1—离合连板；2—紧固螺母；3—止推轴承；4—蜗杆；5—蜗轮；6—卡夹卷轴；7—滚枕；8—内偏心套；9—外偏心套；10—轮毂；11—斜齿轮；12—紧固螺钉；13—压盖

二、橡皮布类型

橡皮布是平版印刷机上橡皮滚筒的包覆物。橡皮布由橡胶涂层和基材（如织物）构成的复合材料制品，用其将油墨从印版转移至承印物上，橡皮布的好坏直接影响印刷品的质量。橡皮布的类型较多，但在平版印刷机上经常使用的橡皮布主要有普通橡皮布和气垫橡皮布。

(1) 普通橡皮布

普通橡皮布由多层专用纤织品和合成橡胶化合物制成的，在印刷过程中，由于它的体积不易收缩，受力后只能向受力方向挤压，造成橡皮布表面胶层在压印线的前端出现隆起的凸包，在印刷机高速工作的情况下，这些凸包不能在瞬间平复下来使橡皮布表面恢复原状，因此，经常造成网点变形，印刷图像模糊、重影等印刷质量问题。

(2) 气垫橡皮布

气垫橡皮布由互不相同的织物层和橡胶层组成，中间夹有一个充气层。充气层通常为微气泡状和气槽状。因此，充气层使气垫橡皮布具有一定的可压缩性，印刷时被压后不产生凸起，保持表面不易变形和损坏。气垫橡皮布还具有：

①印版及橡皮滚筒线性速度配合较佳。

②网点还原度高。

③减少造成对承印物的变形。

④减少对版面的摩擦（掉版）。

三、滚筒包衬

滚筒包衬是指滚筒壳体外包裹在滚筒表面的各种包覆物。平版印刷机的印版滚筒和橡皮滚筒表面都需要包衬。常用的衬垫材料主要有绝缘纸、牛皮纸、橡皮垫、毡呢以及其他纸张。

滚筒包衬一般是指橡皮滚筒的包衬，滚筒包衬分为硬性包衬、中性包衬和软性包衬三类。

①硬性包衬。一般在橡皮布下垫入衬垫纸（或尼龙布），包衬的弹性模量较大，少量变形就可以产生很大的印刷压力。使用硬性包衬，网点传递较好，能使细小网点清晰再现，有利于色彩与层次的再现，但印版磨损明显，印版耐印力低，容易出现墨杠。

②中性包衬。一般在橡皮布下垫入厚纸。包衬的弹性模量适中，网点再现性能较好，对印版磨损不是很大，印刷适应性较强。多数国产印刷机和进口的中档印刷机采用中性包衬。

③软性包衬。一般在橡皮布下垫入呢子布和几张薄纸。包衬的弹性模量较小，网点再现性能较差，印刷墨色厚实、饱满，适合文字、图块、实地类印刷。

四、橡皮布夹板的安装

橡皮布应按照机器要求的尺寸裁切，特别注意裁切成矩形。然后在橡皮布的两端安装夹板。夹板是由两块卡板 1、2 通过夹紧螺钉 3 连接的，如图 3－2－2 所示。

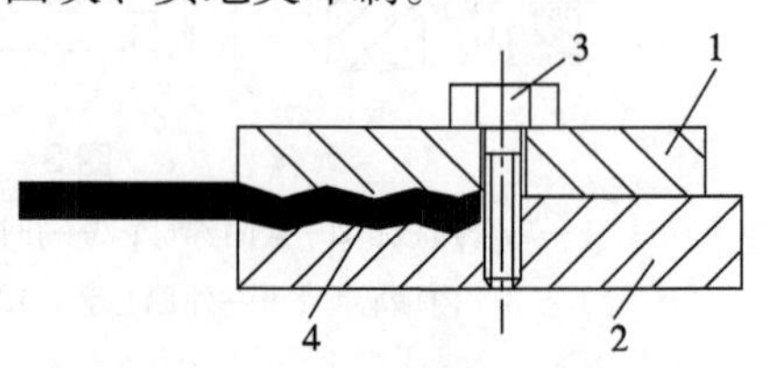

图 3－2－2 橡皮布卡板的结构

1、2—卡板；3—夹紧螺钉；4—橡皮布

五、橡皮布的安装

1. 橡皮布的装夹及张紧机构

如图 3－2－3（a）所示，橡皮布夹板 1、2 上有齿沟，在拧紧固定螺钉 3 时，可以增加夹板对橡皮布的叼紧力。橡皮布安装时，先松开卡板 4，使夹板 1 上的凸出面嵌入张紧轴5的凹槽内，并把橡皮布夹板用力压向张紧轴5的配合平面，卡板4在弹簧6的作用下自动钩住夹板1。卸下橡皮布时，则只要推开卡板，即可取出夹板。滚筒叼口部分的弹簧7和夹板8是衬垫材料的夹紧装置。

如图3－2－3（b）所示，橡皮滚筒体右侧端（靠近操作面一边）上设有张紧机构，张紧轴5上装有蜗轮蜗杆机构，蜗杆头一端为方头，通过专用套筒扳手可以转动蜗杆，使张紧轴5转动，张紧或松开橡皮布。为防止橡皮布在印刷过程中回松，设有紧定螺钉11，在橡皮布装好后，将螺钉拧紧。

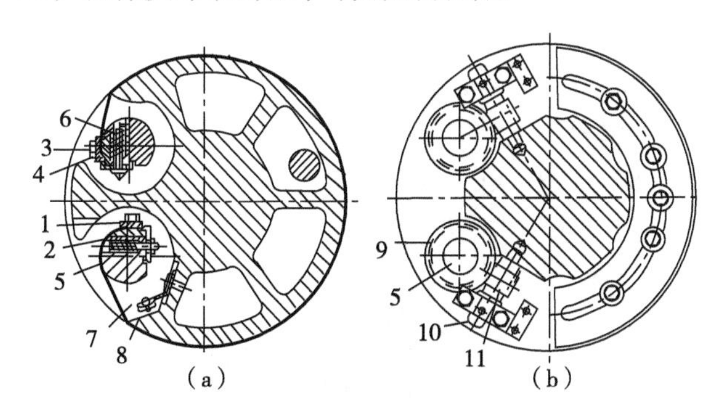

图3－2－3　橡皮布装夹及张紧机构

1、2、8—夹板；3—固定螺钉；4—卡板；5—张紧轴；6—弹簧；7—弹簧片；9—蜗轮；10—蜗杆；11—紧定螺钉

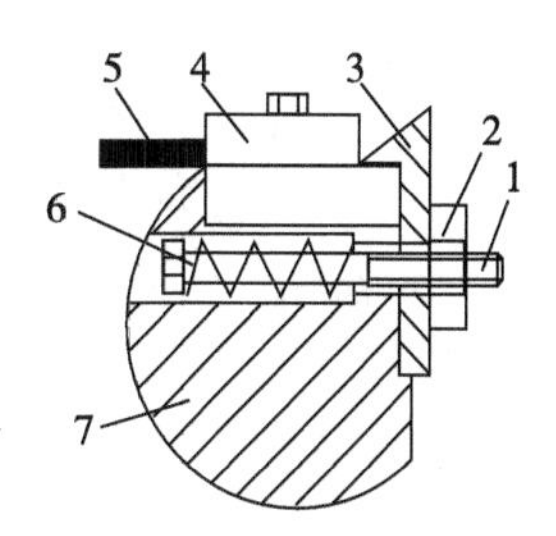

图3－2－4　张紧轴结构

1—螺栓；2—螺母；3—卡板；4—橡皮夹；5—橡皮布；6—弹簧；7—张紧轴

2. 安装橡皮布

橡皮布安装时先装叼口边，后装拖梢边。点动机器，将橡皮滚筒的叼口边转到操作位置，把橡皮布夹板装入张紧轴的凹槽内，如图3－2－4所示。顺时针转动蜗杆头，使橡皮布卷曲在轴杠上。然后将事先准备好的衬垫装在橡皮布下的挂钉上，抚平衬垫。放下橡皮布，正点动机器，让包衬连同橡皮布一起包裹在橡皮滚筒上，当快接近拖梢位置时停止点动，将橡皮布拖梢夹板装入张紧轴的夹槽内，顺时针转动蜗杆头，并紧固紧定螺钉。再将机器转动到橡皮布叼口处，用同样的方法绷紧叼口处，并紧固紧定螺钉。在机器低速转动的情况下，检查橡皮布表面的平整状况。

橡皮布拆卸时先拆装拖梢，后拆叼口。将橡皮滚筒点动到拖梢处，松开紧定螺钉，用套筒扳手套住蜗杆头，逆时针拧动至卷轴上的橡皮布夹板露出。用双手按住拖梢处夹板，用适当的力往下推，从夹槽中取出夹板。用右手拉住橡皮布下的衬垫，用左手将机器反点动到橡皮滚筒的叼口处。将橡皮布从夹槽中取出，将衬垫物取出。

六、橡皮滚筒的调节

为了不使压印滚筒的叼牙损伤橡皮滚筒上的橡皮布，需要调节压印滚筒对橡皮滚筒的超前量。超前量的调节使压印滚筒叼纸牙的牙尖离开的间隙为2mm为宜，如图3－2－5所示。由于橡皮滚筒传动齿轮上也设有长孔，是用来调节橡皮滚筒与印版滚筒和压印滚筒在圆周方向的相对位置。松开齿轮紧固螺钉12（见图3－2－1）可调节橡皮滚筒的圆周相对位置。调节时，可在压印滚筒叼纸牙牙尖的背面涂上油墨，转动一周，如果橡皮布上没有粘上油墨，且间隙为2mm即可。

滚筒间相对超前量调节的顺序是：先调压印滚筒与橡皮滚筒的超前量，后调印版滚筒与橡皮滚筒的超前量。

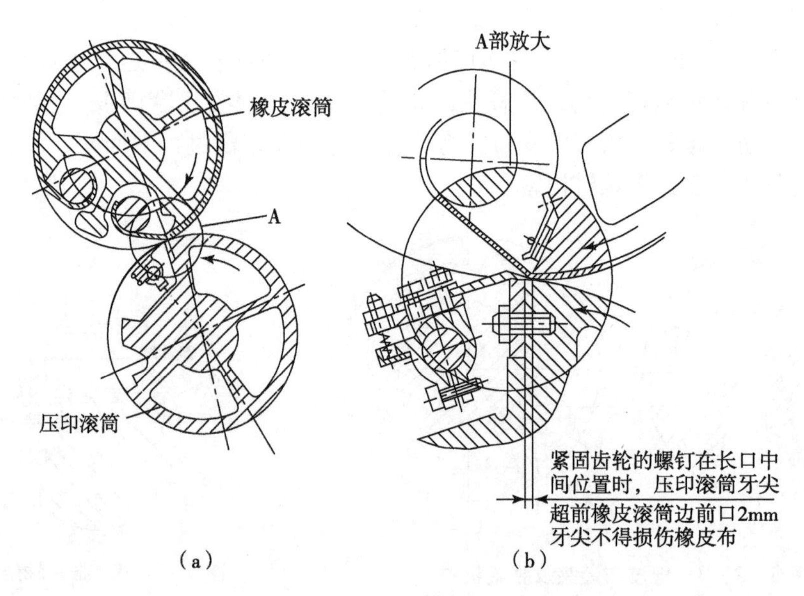

图3－2－5　橡皮滚筒的调节

思考题

1. 为什么先调节压印滚筒与橡皮滚筒的超前量？
2. 如何选择橡皮布包衬？

任务3.3　调节压印滚筒的叼纸力

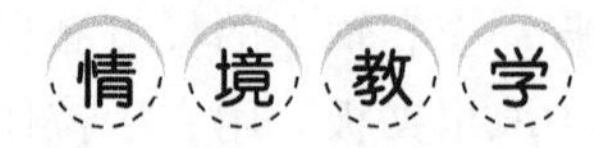

1. 学习目标

知识：掌握压印滚筒的主要结构和特点；掌握叼牙开闭控制原理；掌握叼牙叼纸力大小调节方法。

能力：能够根据实际情况调节叼牙叼纸力大小；能够调节压印滚筒叼纸牙的开闭时间。

情感：通过案例教学激发学生的好奇心和学习兴趣。

2. 教学方法

宏观——四步教学法，微观——引导、案例教学，分组讨论。

3．教学实施

工作过程	工作任务	教学组织
资讯	（1）压印滚筒结构； （2）叼牙开闭控制机构； （3）叼牙叼纸力大小的调节原理	（1）公布项目和工作任务； （2）学生分组，明确分工
计划	（1）调节压印滚筒叼牙叼纸力； （2）调节压印滚筒叼纸牙的时间	（1）学生完成任务的方案，包括完成任务的方法、进度、学生的具体分工； （2）对学生提供方案提供指导，帮助形成方案
实施	（1）按计划项目实施； （2）技术文件归档	（1）各小组按照制订的工作任务逐项实施； （2）对任务进行重点指导； （3）技术文件归档
检查评估	（1）分析学生完成任务的情况，并提出改进措施等； （2）技术文件归档； （3）完成个人报告； （4）撰写小组自评报告	（1）评估任务完成的质量、关注团队合作、考勤等； （2）教师指出过程中的不足，团队分析原因，提出优化意见

4．工作对象

平版印刷机（或印刷单元）。

5．工具

教材、课件、多媒体、黑板、工具箱。

6．教学重点

叼牙开闭控制机构、叼牙叼纸力的调节原理。

7．考核与评价

结合实施任务书和任务考核表进行考核与评价。其中，成果评定60%、学习过程评价30%、团队合作评价10%。

实施任务书

项目	调节内容	调节方法
1	调节压印滚筒叼牙叼纸力	
2	调节压印滚筒叼纸牙的时间	

任务考核表

项目	考核内容	考核点	评价标准	分值
1	调节压印滚筒叼牙叼纸力	安全性	提出安全注意事项，出现安全事故按0分处理	10
		操作方法	（1）牙垫高度调节； （2）叼纸力大小调节； （3）张牙角度调节	60
		质量要求	（1）牙垫符合要求； （2）张角符合要求； （3）叼纸力大小一致，同张同闭； （4）叼牙不一致，扣30分	30

续表

项目	考核内容	考核点	评价标准	分值
2	调节压印滚筒叼纸牙的时间	安全性	提出安全注意事项，出现安全事故按0分处理	10
		操作方法	(1) 转动机器到牙排对齐； (2) 转动压印滚筒； (3) 转动传纸滚筒； (4) 确定凸轮块的位置； (5) 调节凸轮块的位置	60
		质量要求	位置合适、不撕纸	30

一、压印滚筒的结构

压印滚筒在平版印刷机上是带着递纸牙传送过来的纸张与橡皮滚筒滚压，使橡皮滚筒上的图文转移到纸上的核心部件，它不仅是印刷装置各滚筒排列安装的基准，还直接决定着纸张定位和传递系统等部件之间的动作配合关系。如图3－3－1所示，压印滚筒上的叼纸牙排安装在压印滚筒的空挡内，牙排上安装有若干叼牙，叼纸牙排轴端安装摆架7，摆架7上安装了开闭牙滚子6。牙排轴由两端滚枕和中间两个牙轴座支撑转动。

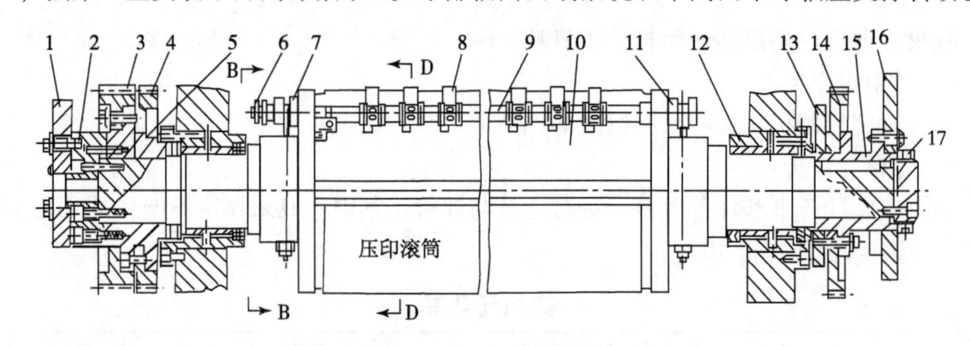

图3－3－1 压印滚筒结构

1—递纸机构凸轮；2、15—凸轮座；3—斜齿轮；4—递纸牙偏心套传动齿轮；5—轮毂；6—开闭牙滚子；7、11—摆架；8—叼纸牙；9—牙杆轴；10—压印滚筒体；12—滑动轴承；13—离压凸轮；14—递纸机构偏心套传动齿轮；16—合压凸轮；17—锁紧螺母

二、叼纸牙开闭控制机构

1. 叼纸牙开闭控制原理

印刷机上的叼纸牙开闭装置一般采用凸轮机构，根据凸轮控制叼纸牙的开闭状态，分为高点闭牙和低点闭牙，如图3－3－2所示。

(1) 高点闭牙

高点闭牙是指叼牙轴摆架的滚子与凸轮高面部分接触时，叼纸牙闭合，叼住纸张，凸轮产生叼纸

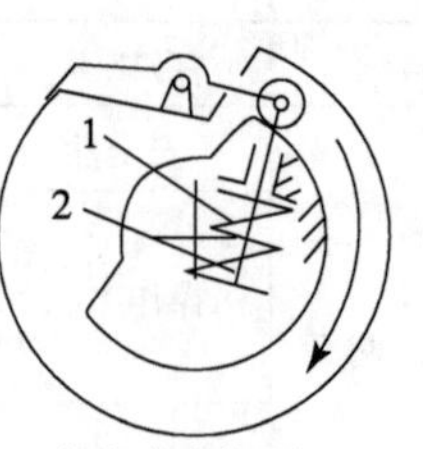

(a) 高点闭牙

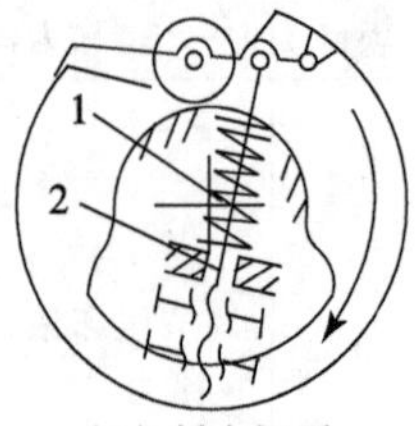

(b) 低点闭牙

图3－3－2 叼纸牙闭合控制机构

1—弹簧；2—撑杆

力。当叼纸牙轴摆杆的滚子进入凸轮低面部分时，叼纸牙张开，放开纸张。高点闭牙的特点是叼纸力是靠凸轮控制的，高速印刷时叼纸力稳定，但对凸轮轮廓线的精度要求高、凸轮的耐磨性要求高。

（2）低点闭牙

低点闭牙是指叼纸牙轴摆架的滚子进入凸轮低面部分时，叼纸牙闭合，叼住纸张，弹簧产生叼纸力。当叼纸牙轴摆杆的滚子与凸轮高面部分接触时，叼纸牙张开，放开纸张。低点闭牙的特点是叼纸力是靠弹簧控制的，高速印刷时叼纸力稳定性差，有时会发生纸张位移，造成套印不准。

2. 压印滚筒叼纸牙的时间调节

对于机组式多色胶印机。压印滚筒叼纸牙交接时间的正确调节是保证套印准确的关键。为保证套印准确，要求纸张在交接瞬间不能陷于失控状态。因此，纸张在交接时，从理论上讲最好是交纸滚筒（如压印滚筒）叼纸牙与接纸滚筒（如传纸滚筒）叼纸牙同时开闭，但实际操作上是不可能的。为此，在两个滚筒的圆周上要有2～4mm长度的同步时间，在此期间，两个滚筒的叼纸牙同时叼住纸张。

交接时间的调节如图3－3－3所示。叼纸牙的开闭由装在墙板内侧的固定凸块控制，通过滚子和叼纸牙开闭摆架使叼纸牙排轴转动，以达到叼纸牙开闭的目的。当滚子与凸块的凸起部接触时，叼纸牙打开放纸；当滚子离开凸块的凸起部位置时，叼纸牙闭合叼住纸张。调节时先把两排叼纸牙的端部调节到两个滚筒的中心线上，使两排叼纸牙背靠背对齐，然后转动机器，待压印滚筒1的叼纸牙的滚子5与叼纸牙开闭凸块6在片点（叼纸牙开始打开点）接触时，把传纸滚筒2的叼纸牙开闭滚子4从叼纸牙闭牙点 B 移到 C 点。即把传纸滚筒叼纸牙开闭凸块3向滚筒旋转的反方向移动一段距离 BC，BC 的长度一般为3～5mm。这样便确定了两个凸块的位置，就能保证准确的交接时间。

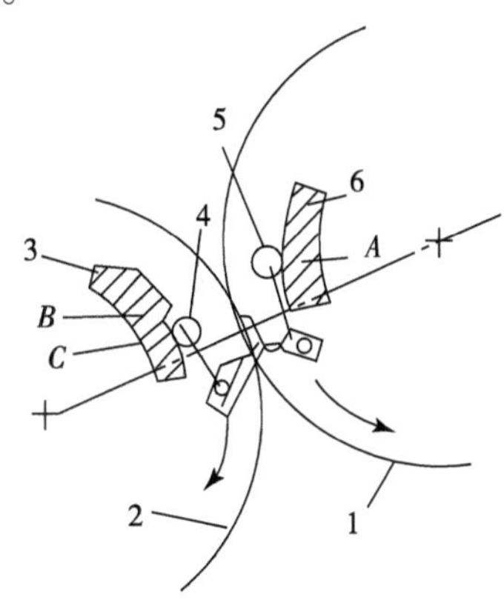

图3－3－3　滚筒叼纸牙的时间调节

1—压印滚筒；2—传纸滚筒；3、6—凸块；4、5—滚子

三、叼纸牙排叼纸力大小的调节

叼纸牙排叼纸力的调节有两种调节方法：整体牙排叼纸力大小的调节和单个叼纸牙叼纸力大小的调节。

先将机器转到叼纸牙叼纸位置，即压轴摆架上的滚子与控制叼纸牙开、闭凸轮脱离接触。如图3－3－4所示，在定位螺钉4和叼纸牙轴定位块2之间垫入0.25～0.3mm厚度的厚纸片，然后分别对叼纸牙排上的每个叼纸牙进行调节。

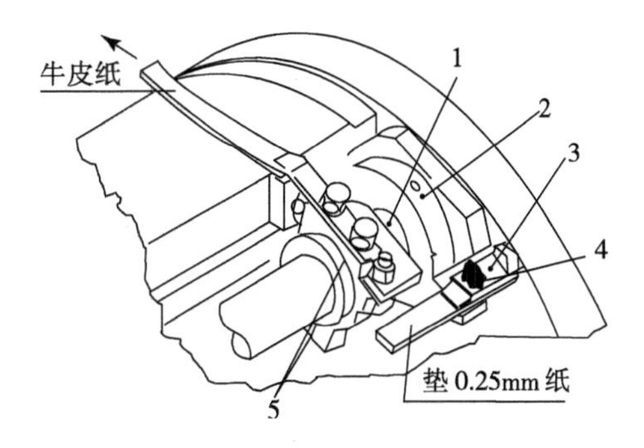

图3－3－4　滚筒叼纸牙叼纸力调节

1—叼纸牙轴；2—叼纸牙轴定位块；3—螺钉支架；4—定位螺钉；5—牙座

如图3－3－5所示，松开螺钉11，在牙片1和牙垫10之间放一张0.1mm厚与牙垫同宽度的牛皮纸，转动牙体2的圆周位置，得到合适的叼力后，拧紧螺钉11，然后由中间向两边交替逐个进行调节。

对每一个叼纸牙通过调节螺钉8进行精细调节，使各个叼纸牙的叼纸力保持均匀一致。调节完成后，撤去定位螺钉和定位块（靠山）之间的厚纸片。

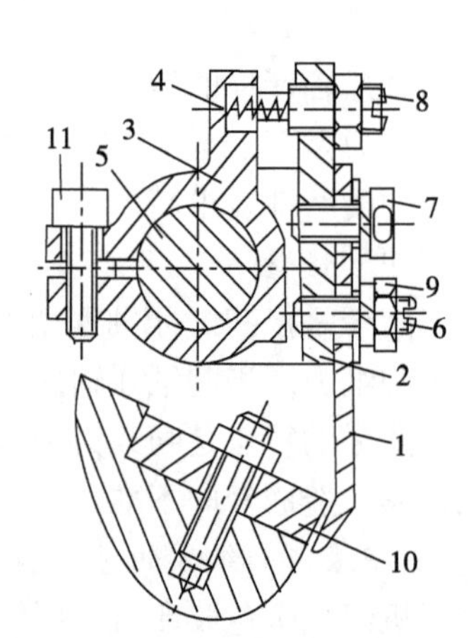

图3－3－5　单个叼纸牙叼纸力的调节

1—牙片；2—牙体；3—牙座；4—弹簧；5—叼纸牙轴；6、7、11—螺钉；8—调节螺钉；9—螺母；10—牙垫

1．比较高点闭牙与低点闭牙的优缺点？

2．为什么叼纸牙叼纸力调节要从中间向两端交替进行？

3．为什么要求同一叼纸轴的叼纸牙必须同张同闭？

任务3.4　调节离合压执行机构

1．学习目标

知识：掌握滚筒离合压的概念；掌握滚筒离合压的执行机构的工作原理；掌握滚筒离合压传动机构的工作原理。

能力：能够对离合压传动机构进行调节。

情感：通过案例教学激发学生的好奇心和学习兴趣。

2．教学方法

宏观——四步教学法，微观——引导、案例教学，分组讨论。

3．教学实施

工作过程	工作任务	教学组织
资讯	（1）离合压的基本知识； （2）离合压执行机构； （3）离合压传动机构	（1）公布项目和工作任务； （2）学生分组，明确分工
计划	（1）调节离合压位置； （2）调节离合压限位螺钉	（1）学生制订完成任务的方案，包括完成任务的方法、进度、学生的具体分工； （2）对学生提出的方案进行指导，帮助形成方案

续表

工作过程	工作任务	教学组织
实施	（1）按计划项目实施； （2）技术文件归档	（1）各小组按照制订的工作任务逐项实施； （2）对任务进行重点指导； （3）技术文件归档
检查评估	（1）分析学生完成任务的情况，并提出改进措施等； （2）技术文件归档； （3）完成个人报告； （4）撰写小组自评报告	（1）评估任务完成的质量、关注团队合作、考勤等； （2）教师指出过程中的不足，团队分析原因，提出优化意见

4．工作对象

平版印刷机（或印刷单元）。

5．工具

教材、课件、多媒体、黑板、工具箱。

6．教学重点

离合压执行机构的工作原理、离合压传动机构的工作原理。

7．考核与评价

结合实施任务书和任务考核表进行考核与评价。其中，成果评定60%、学习过程评价30%、团队合作评价10%。

实施任务书

项目	调节内容	调节方法
1	调节离合压位置	
2	调节离合压限位螺钉	

任务考核表

项目	考核内容	考核点	评价标准	分值
1	调节离合压位置	安全性	提出安全注意事项，出现安全事故按0分处理	10
		操作方法	（1）指出调节位置； （2）实施操作方法	60
		质量要求	位置、方法正确	30
2	调节离合压限位螺钉	安全性	提出安全注意事项，出现安全事故按0分处理	10
		操作方法	（1）转动机器； （2）垫纸片； （3）调节螺钉； （4）锁紧螺母	60
		质量要求	（1）间隙大小合适； （2）未锁紧螺母，扣30分	30

一、滚筒离合压的基本知识

1. 离合压

印刷时，印版滚筒与橡皮滚筒、橡皮滚筒与压印滚筒筒身表面要相互接触，并产生一定的印刷压力，这种状态称为“合压”。当停止印刷时，印版滚筒与橡皮滚筒、橡皮滚筒与压印滚筒必须及时停止表面的接触并留一定的间隙，印刷压力消失，这种状态称为“离压”。离合压是通过改变两滚筒间的中心距来实现的。

2. 离合压时间

滚筒合压与离压时间必须适当，否则会出现各种废品。如图 3－4－1 所示，假如橡皮滚筒叼口部分与印版滚筒叼口部分已通过两滚筒的接触点 A 后合压，则印版上的部分图文转印不到橡皮布上，第一张印刷品会出现“半彩半白”。假如橡皮滚筒拖梢部分与压印滚筒拖梢部分尚未通过两滚筒接触 B 点就合压，则橡皮滚筒就有一部分（已有的图文 BD）会印在无纸的压印滚筒上，这时就会出现以后几张印品“背面沾污”。

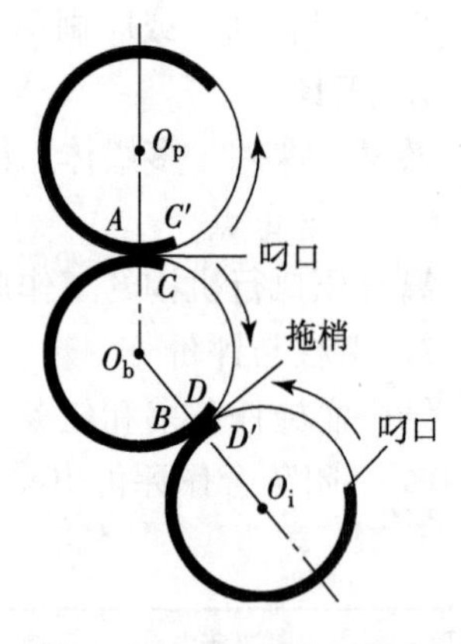

图 3－4－1　离合压时间

假如橡皮滚筒在叼口通过接触点 A 后离压。则橡皮布上 AC 段图文的墨色比别处的深，会影响以后的印品质量“半浓半淡”。如果橡皮滚筒与压印滚筒在拖梢尚未通过接触点 B 就离压，则最后一张印品有一段印不上图文，印刷品会出现“半白半彩”。

显然，为避免出现废品，离合压的动作时间必须在橡皮滚筒与印版滚筒及压印滚筒的空挡相遇期间完成。

3. 离合压类型

①同时离合压。橡皮滚筒与其余两滚筒同时合压或同时离压。同时离合压会导致滚筒空挡角增大，滚筒表面利用系数越小。现代印刷机一般不采用同时离合压。

②顺序离合压。橡皮滚筒与印版滚筒先合压，然后再与压印滚筒合压，离压的顺序则相反，这种就称为顺序离、合压。

二、离合压执行机构

1. 偏心套式离合压执行机构

如图 3－4－2 所示偏心套式离合压执行机构原理图，把滚筒轴装入偏心套的孔内，孔的中心即为滚筒的中心 O_1，偏心套安装在滚筒支撑墙板孔中，墙板孔中心即为偏心套外圆中心 O，当偏心套转动时，偏心套连同滚筒一起绕墙板孔中心 O 转动。在平版印刷机中一般把橡皮滚筒作为离合压动作滚筒，通过传动机构使偏心套转动一个角度，使橡皮滚筒与印版滚筒或压印滚筒中心距变大时即为离压，反之为合压。

2. 三点支撑式离合压执行机构

如图3－4－3所示为三点支撑式离合压执行机构原理图，滚筒两侧的轴头分别安装在两侧的钢套4圆孔内，钢套由三个滚子支撑，其中一个滚子3由弹簧顶住，其余两个滚子为固定支撑。在钢套与滚子1、2对应的位置上有两个弧形凹槽。当钢套由传动机构带动转动，弧形凹槽与滚子接触脱开，钢套4及滚筒轴5的中心位置发生变化，滚筒轴与其他滚筒轴的中心距改变，从而实现滚筒离合压。

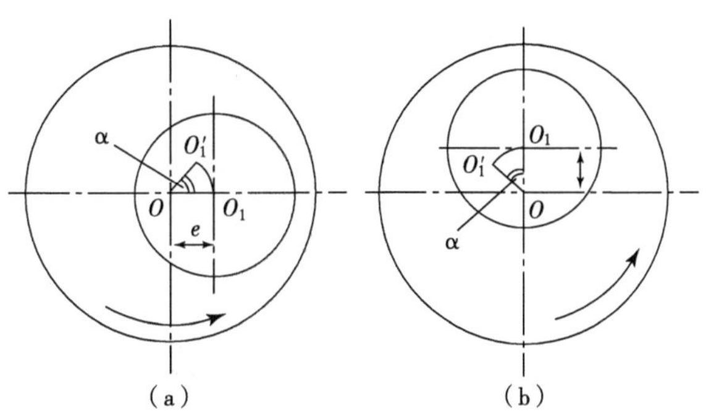

图3－4－2　偏心套式离合压执行机构原理图

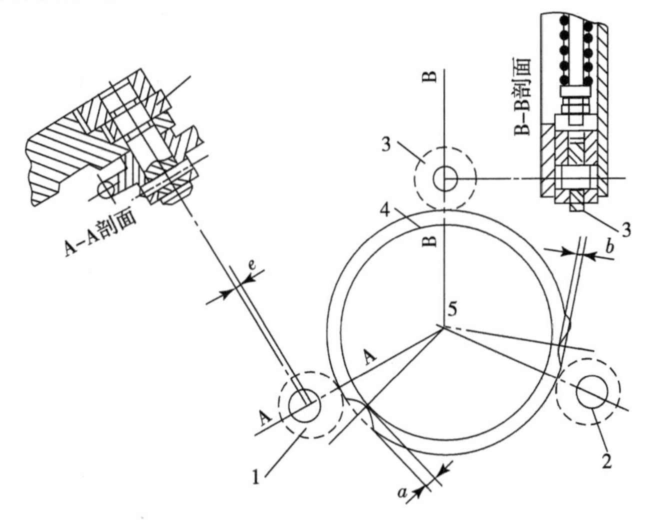

图3－4－3　三点支撑式离合压执行机构原理图

1、2—偏心滚子；3—滚子；4—钢套；5—滚筒轴

三、离合压传动机构及调节

1. 三点支撑式离合压机构调节

三点支撑式离合压传动机构工作原理如图3－4－4所示，在固定离合压凸轮轴3上装有合压凸轮1和离压凸轮2。合压时，电磁铁8通电吸合，通过螺杆4和摆杆5，使棘爪7顺时针转动，它的端面与摆杆6的撑牙9配合。当合压凸轮1推动滚子10，使套在离合轴O上的摆杆6摆动，撑牙推动棘爪，由于装棘爪的摆杆12与离合轴固定，离合轴逆时针转动，经过摆杆13、拉杆14，带动操作面支撑橡皮滚筒的轴承套15逆时针转动，同时通过离合轴O以及另一套摆杆和拉杆，带动传动面支撑橡皮滚筒的轴承套一起进入合压位置。离压时，电磁铁断电，在弹簧16的配合下，摆杆5推动棘爪7脱开撑牙9，而另一个棘爪17的端面与撑牙18配合。当离压凸轮2推动滚子19时，使装在离合轴上的摆杆20摆动，撑牙18推动棘爪17。离合轴反向转动相同角度，经摆杆13、拉杆

14，传动轴承套15顺时针转回离压位置。

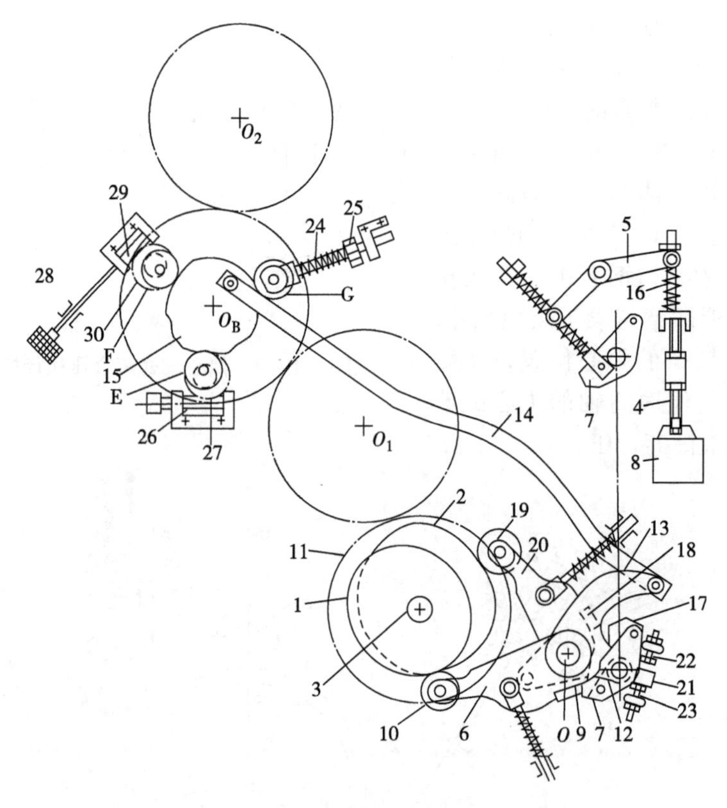

图3－4－4　三点支撑式离合压传动机构

1—合压凸轮；2—离压凸轮；3—离合压凸轮轴；4、26、29—螺杆；5、6、12、13、20—摆杆；7、17—棘爪；8—电磁铁；9、18—撑牙；10、19—滚子；11—滚筒传动齿轮；14—拉杆；15—轴承套；16、24—弹簧；21—定位块；22、23—定位螺钉；25—螺母；27、30—调节齿轮；28—调压器

2. 气动离合压传动机构

（1）气动离合压工作原理

气压传动是由气压驱动连杆拉动偏心套实现离合压，结构简单。气动离合压机构如图3－4－5所示。

合压过程：压缩空气从A管进入气缸，B管连通大气，活塞杆2被推出，然后通过摆杆3、连杆7拉动偏心套6转动，从而实现滚筒合压（图示位置）。

离压过程：压缩空气从B管进入气缸，A管通大气，则活塞杆被压缩进气缸，带动以上机件反向运动，实现离压（图中摆杆3摆至虚线位置）。

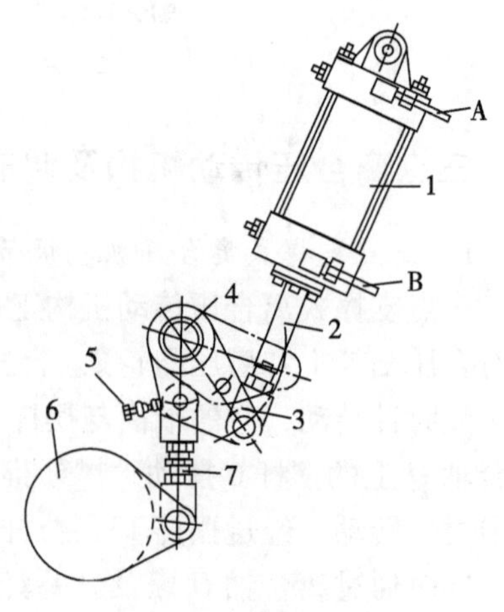

3－4－5　气动离合压传动机构

1—气缸；2—活塞杆；3—摆杆；4—轴；5—定位螺钉；6—偏心套；7—连杆

（2）气动离合压调节

离合压时间：气缸通气由电磁阀控制，合压时

间由控制系统控制电磁阀来控制。

限位螺钉的调节：滚筒合压限位是通过调节螺钉实现的；离压限位是由气动长度决定的。

思考题

1. 为什么印刷机上需要设置离合压机构？简述离合压的基本原理。
2. 简述偏心轴承式离合压与三点支撑式离合压机构的工作原理。
3. 简述气动离合压执行机构的优点与不足。

任务3.5　调节印刷压力

1. 学习目标

知识：掌握印刷压力的概念；掌握印刷压力的检测方法；掌握印刷压力的计算；掌握印刷压力的调节原理。

能力：能够对印刷压力进行调节。

情感：通过案例教学激发学生的好奇心和学习兴趣。

2. 教学方法

宏观——四步教学法，微观——引导、案例教学，分组讨论。

3. 教学实施

工作过程	工作任务	教学组织
资讯	（1）印刷压力的概念及表示方法； （2）印刷压力的计算； （3）印刷压力的检测； （4）印刷压力的调节原理	（1）公布项目和工作任务； （2）学生分组，明确分工
计划	（1）调节印刷压力（调中心距）； （2）调节印刷压力（改变包衬厚度）	（1）学生制订完成任务的方案，包括完成任务的方法、进度、学生的具体分工； （2）对学生提出的方案进行指导，帮助形成方案
实施	（1）按计划项目实施； （2）技术文件归档	（1）各小组按照制订的工作任务逐项实施； （2）对任务进行重点指导； （3）技术文件归档
检查评估	（1）分析学生完成任务的情况，并提出改进措施等； （2）技术文件归档； （3）完成个人报告； （4）撰写小组自评报告	（1）评估任务完成的质量、关注团队合作、考勤等； （2）教师指出过程中的不足，团队分析原因，提出优化意见

4．工作对象

平版印刷机（或印刷单元）。

5．工具

教材、课件、多媒体、黑板、工具箱。

6．教学重点

印刷压力的计算、印刷压力的调节原理。

7．考核与评价

结合实施任务书和任务考核表进行考核与评价。其中，成果评定60%、学习过程评价30%、团队合作评价10%。

实施任务书

项目	调节内容	调节方法
1	调节印刷压力（调节中心距）	
2	调节印刷压力（改变包衬厚度）	

任务考核表

项目	考核内容	考核点	评价标准	分值
1	调节印刷压力（调中心距）	安全性	提出安全注意事项，出现安全事故按0分处理	10
		操作方法	（1）测量滚筒中心距； （2）调节滚筒中心距	60
		质量要求	压力大小合适、方法正确	30
2	调节印刷压力（改变包衬厚度）	安全性	提出安全注意事项，出现安全事故按0分处理	10
		操作方法	（1）计算印刷压力； （2）选择包衬； （3）测量包衬厚度	60
		质量要求	压力大小合适、方法正确	30

知识链接

一、印刷压力的概念及表示方法

印刷压力一般指的是，油墨转移过程中压印体在压印接触面上所承受的压力，即沿压印面的法向指向压印面的力。印刷压力是印刷机设计和油墨向承印物表面转移的基础，它不仅是实现印刷过程的根本保证，而且在很大程度上决定着印刷的质量。印刷时，印版上的油墨首先转移到橡皮布上，然后再转移到承印物上。印版滚筒与橡皮滚筒之间的压力称为印版压力，简称版压；橡皮滚筒与压印滚筒之间的压力称为压印压力，简称印压。印刷压力的大小与印刷产品质量之间的关系非常密切。印刷压力的表示方法就有很多形式，归纳起来主要有以下四种。

(1) 压缩变形量

它是指大于两个滚筒齿轮分度圆半径之和的部分，又称挤压量，一般是用滚筒的衬垫受压产生的压缩量为标准，单位为 mm。从某种程度上来说这种表示方法在实际工作中是有效的，但因为与使用的衬垫种类、数量有关，随平版印机种类的不同而有所变化。

(2) 线压力

这种方法是将滚筒与滚筒之间的接触看作是线接触，以作用在每厘米的接触线上的压力来表示，即 N/cm。由于橡皮滚筒上的橡胶层有一定弹性，实际接触的并非直线而是一个接触面，所以线压力实际应以单位面积上压力表示为好。

(3) 压强

压强是指单位面积上所受压力。这种表示方法需要特殊的测定装置求出滚筒接触宽度的压力分布，以便测定其最高压力。

(4) 压印线宽度

如图 3－5－1 所示，各滚筒间在印刷压力的作用下，橡皮布被压缩变形，滚筒相互间形成的接触宽度称为压印线宽度。单位用 mm 表示。

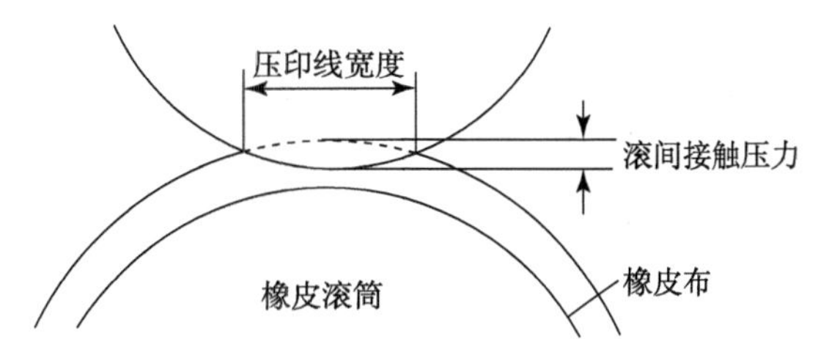

图 3－5－1 压印线宽度（合压状态下）

实用生产中，印刷压力通常以滚筒衬垫的压缩变形量表示。

二、印刷压力的计算

1. 有关包衬的相关术语

如图 3－5－2 所示为包衬的基本结构简图，相关术语已在图中标示。

①滚筒齿轮：分别装在印版滚筒、橡皮滚筒、压印滚筒的侧面并相互啮合带动滚筒转动。三个齿轮的分度圆直径相等。

②缩径量：滚筒体与滚枕的半径差。通常印版滚筒和橡皮滚筒的滚筒体低于其滚枕，而压印滚筒体则高于滚枕。

③滚枕过量：当印版滚筒和橡皮滚筒加上包衬后高于滚枕，此时与滚枕之差称为滚枕过量。

④滚枕间隙：各滚筒的滚枕与滚枕的间隙，可用厚度规测定。

2. 印刷压力计算

如图 3－5－3 所示。印版滚筒和橡皮滚筒之间的压力 λ_{PB} 为

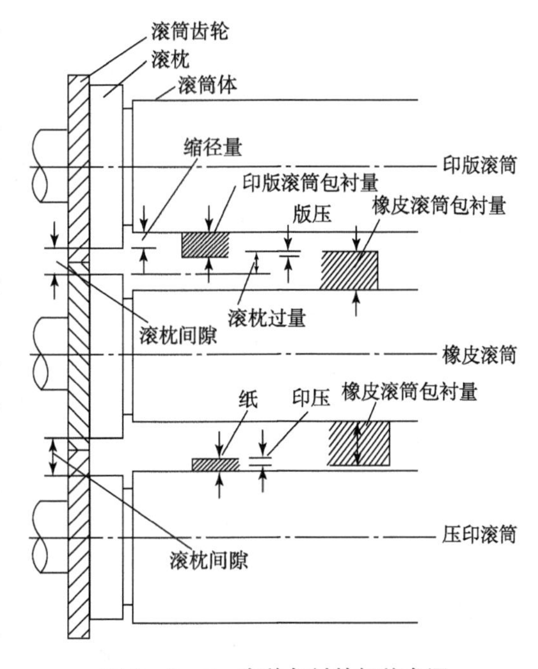

图 3－5－2 有关包衬的相关术语

$$\lambda_{PB}=\frac{1}{2}D_{P1}+\frac{1}{2}D_{B1}-\frac{1}{2}D_{P2}-\frac{1}{2}D_{B2}-\delta_B-\delta_P+C_{PB}$$

式中　D_{P1}——印版滚筒滚枕直径；

D_{B1}——橡皮滚筒滚枕直径；

D_{P2}——印版滚筒体直径；

D_{B2}——橡皮滚筒体直径；

δ_B——橡皮布及包衬厚度；

δ_P——印版及包衬厚度；

C_{PB}——印版滚筒滚枕与橡皮滚筒滚枕间隙。

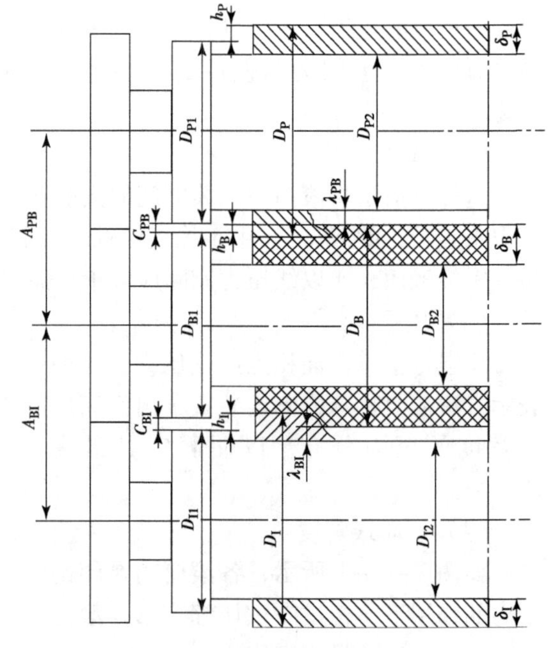

图 3－5－3　印刷压力计算示意图

橡皮滚筒与压印滚筒之间的压力 λ_{BI} 为

$$\lambda_{BI}=\frac{1}{2}D_{B1}+\frac{1}{2}D_{I1}-\frac{1}{2}D_{B2}-\frac{1}{2}D_{I2}-\delta_B-\delta_I+C_{BI}$$

式中　D_{I1}——压印滚筒滚枕直径；

D_{I2}——压印滚筒体直径；

δ_I——印刷纸张厚度；

C_{BI}——橡皮滚筒滚枕与压印滚筒滚枕间隙。

印版滚筒与橡皮滚筒的中心距 A_{PB} 为

$$A_{PB}=\frac{1}{2}D_{P1}+\frac{1}{2}D_{B1}+C_{PB}$$

橡皮滚筒与压印滚筒的中心距 A_{BI} 为

$$A_{BI}=\frac{1}{2}D_{B1}+\frac{1}{2}D_{I1}+C_{BI}$$

从印刷压力的计算可以看出，印版及衬垫厚度只影响印版滚筒和橡皮滚筒之间的压力，印刷纸张的厚度只影响压印滚筒与橡皮滚筒之间的压力，而橡皮布及衬垫厚度对两边的压力都有影响。

通常情况下，应使印版滚筒和橡皮滚筒之间的压力略小些，因为印版和橡皮布的接触面相对光滑一些，墨层相对厚一些，如果压力过大，会造成网点变形过大。橡皮滚筒和压印滚筒之间的压力可略大一些，因为这个接触面上墨层相对薄一些，而且纸张能够吸收较多油墨，所以印刷压力大一点儿可使网点光洁。由于铜版纸比胶版纸的吸墨性差，所以印刷铜版纸时印刷压力应小一些。

【例题 1】海德堡 SM102－4 印刷机，印版滚筒滚枕直径 270mm，滚筒体直径 269mm，印版及衬垫厚度 0. 6mm。橡皮滚筒滚枕直径 270mm，滚筒体直径 263. 6mm，橡皮布及包衬厚度为 3. 2mm。压印滚筒滚枕直径 269. 3mm，滚筒体直径 270mm，橡皮滚筒与压印滚筒滚枕间隙为 0. 35mm，纸张厚度为 0. 10mm，求滚筒间中心距和滚筒间最大压缩变形量。

【解】画出如图3－5－4所示的印刷压力计算示意图，该机走肩铁，$C_{PB}=0$。

①印版滚筒与橡皮滚筒的中心距A_{PB}为

$$A_{PB}=\frac{1}{2}D_{P1}+\frac{1}{2}D_{B1}+C_{PB}=\frac{1}{2}(270+270)+0=270\text{mm}$$

②橡皮滚筒与压印滚筒的中心距A_{BI}为

$$A_{BI}=\frac{1}{2}D_{B1}+\frac{1}{2}D_{I1}+C_{BI}=\frac{1}{2}(270+269.3)+0.35=270\text{mm}$$

③印版滚筒与橡皮滚筒之间的压力λ_{PB}为

$$\lambda_{PB}=\frac{1}{2}D_{P1}+\frac{1}{2}D_{B1}-\frac{1}{2}D_{P2}-\frac{1}{2}D_{B2}-\delta_B-\delta_P+C_{PB}$$

$$=\frac{1}{2}(270-269)+\frac{1}{2}(270-263.6)-0.6-3.20+0=-0.10\text{mm}$$

注：$\lambda_{PB}>0$，表示印版滚筒和橡皮滚筒之间存在间隙；$\lambda_{PB}<0$，表示压缩变形量。

④橡皮滚筒与压印滚筒之间的压力λ_{BI}为

$$\lambda_{BI}=\frac{1}{2}D_{B1}+\frac{1}{2}D_{I1}-\frac{1}{2}D_{B2}-\frac{1}{2}D_{I2}-\delta_B-\delta_I+C_{BI}$$

$$=\frac{1}{2}(270-263.6)+\frac{1}{2}(269.3-270)-3.20-0.10+0.35=-0.10\text{mm}$$

三、印刷压力的检测

目前，国内外主要有衬垫压缩量法、总压力测定法和根据印刷图文的表面特征来评判印刷压力3种检测印刷压力的方法。

1．衬垫压缩量法

衬垫压缩量法必须确定各种条件下每一衬垫压缩量所对应的最大印刷压力，这样在印刷操作中就可根据合理的印刷压力找到相应的衬垫压缩量，据此调整印刷压力。滚筒直径越小，包衬越硬，得到的印刷压力越好。具体的检测方法有以下几种。

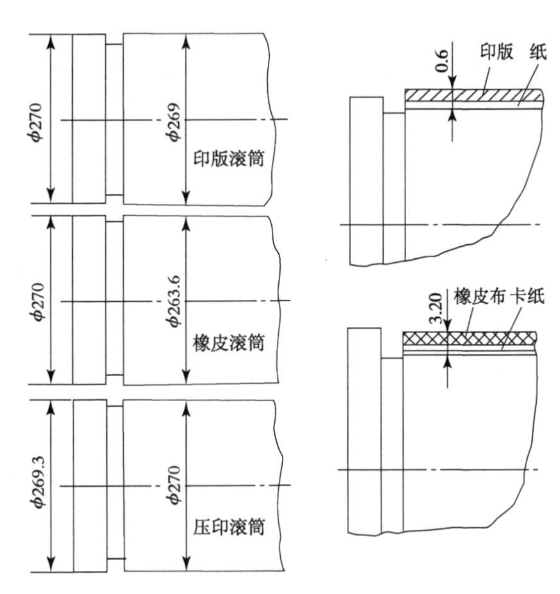

图3－5－4　印刷压力计算示意图

①用印痕宽度检测印刷压力。检测时，移开着水辊，使着墨辊与印版滚筒保持接触，然后使机器低速运转，合压的同时给墨，当三个滚筒都均匀上墨后立即停机。此时，三个滚筒停机处有印痕出现，通过测量印痕宽度，就可以确定印刷压力。

②用滚筒包衬量规检测印刷压力。通过测量包衬后橡皮滚筒的直径变化，从而确定滚筒的下凹量或上凸量，采用比较法测量，间接得到印刷压力的大小。

衬垫压缩量法检测压力并不直接反映实际的印刷压力，但是它的数值在调整印刷机压力时比较直观且易于掌握，因此在生产实践中被广泛使用。

2. 总压力测定法

总压力是滚筒轴承上所受压力总和，它的数值与印刷机的类型和规格有很大关系。印刷面积越大，滚筒上接触长度越长，则总压力越大。根据总压力可以求得平均单位压力，从而可以反映油墨转移率的情况。具体的检测方法有以下几种。

①测定印刷压力调整机构中偏心量调节杆所受的力。这种方法用偏心量来调节印刷压力，偏心套的回转利用油压来调节，因而，可以利用油压表显示出总压力的数值。

②测定支撑两滚筒的支架在印刷压力作用下产生的变形量。在两滚筒左侧的轴承之间的支架上贴有应变片，由于印刷压力的作用会使应变片产生张力，可以把应变片的应变量反映到具有放大作用的应变仪上，由应力和应变的关系，即可求出印刷压力。

③测力环装置测定印刷压力。在印版滚筒和压印滚筒轴承间的两个方向都装上测力环，用以测量印刷压力在互相垂直的两个方向上的分量。

在印刷中对印刷压力的变化情况进行实时监测既是保证印刷品质量的重要手段，又是对印刷设备状况监测的有力措施。但是总压力测定法虽然可以动态地进行印刷压力的检测，却不能实时地反映印刷压力的变化情况。

3. 根据印刷图文的表面特征来评判印刷压力

在实际印刷中，人们也会根据印刷图文的表面特征来评判印刷压力的大小，比如根据特殊的印刷图文星标的清晰程度来判断压力的大小。印刷压力检测目的在于能够调节不合适的印刷压力，以保证印刷品质量，所以，印刷压力检测要有利于调压。从印刷品质量的角度检测印刷压力，虽然能够直接反映压力的作用结果，但是这种检测具有滞后性，往往会造成大量的生产浪费。

四、印刷压力的调节

目前，调压方法分为中心距调节法和包衬调节法。由于齿轮传动时，必须保持有一定的齿侧隙，其正确的啮合位置是分度圆。改变两滚筒的中心距，其啮合位置将产生一定的变化，将影响齿轮传动的平稳性。改变包衬的厚度，将影响滚筒的直径，合压后滚筒直径相差较大，滚筒表面将产生过量的滑移，影响印刷品的质量。因此，当印刷厚度差别不大的纸张，应选择调节中心距改变印刷压力；当印刷较厚的纸张，就要结合改变包衬厚度的方法来调节印刷压力。

（1）中心距调压法

①偏心套（轴承）式调压机构。

如图 3－5－5 所示，压印滚筒的中心是固定的，在印版滚筒轴颈装偏心轴承 1，偏心轴承的外圆与墙板孔配合，偏心轴承的孔中心与印版滚筒中心 O_P 是同心的，当旋转调节螺母 5 时，螺纹拉杆 4 使偏心轴承旋转，印版滚筒轴心 O_P 以偏心轴承中心 O_1 为中心，以 O_1O_P 为半径转动，从而改变印版滚筒与橡皮滚筒的中心距。橡皮滚筒轴颈装双偏心

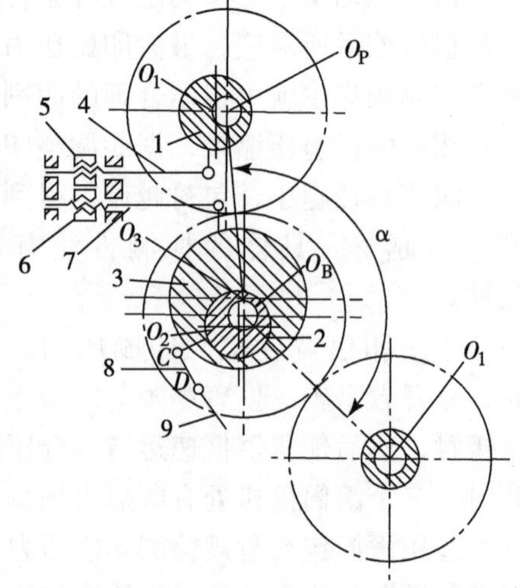

图 3－5－5　中心距调压法工作原理

1、2—偏心轴承；3—偏心套；4、7—螺纹拉杆；5、6—调节螺母；8—连杆；9—摇杆

轴承，外偏心轴承用来调节橡皮滚筒与压印滚筒的中心距，内偏心轴承用来实现印刷滚筒的离合压。外偏心轴承的外圆与墙板孔配合，当旋转调节螺母6时，螺纹拉杆7使外偏心轴承2旋转，印版滚筒轴心 O_B 发生变化，从而改变印版滚筒与橡皮滚筒的中心距。调压顺序是：先调橡皮滚筒与压印滚筒间的压力，再调印版滚筒与橡皮滚筒间的压力。

调节偏心套的传动方式有蜗杆蜗轮式和螺纹传动式。

如图3－5－6所示为J2108型印刷机采用的蜗杆蜗轮式调压机构。在调压机构中，上面一组为印版滚筒与橡皮滚筒的调压机构，下面一组为橡皮滚筒与压印滚筒的调压机构。用扳手转动调节轴1，带动蜗杆2使蜗轮3转动，蜗轮3使扇形齿轮4转动，扇形齿轮4是固定在印版滚筒偏心套5（偏心轴承）上的，当偏心套转动时，就可改变印版滚筒与橡皮滚筒间的中心距。改变橡皮滚筒与压印滚筒间的中心距调节原理和橡皮滚筒与压印滚筒间的中心距调节原理相同。

为了保证调节后印刷滚筒轴的平行度，必须使印刷机两端的调节量一致。通过在机器外壳上指示调压大小的标牌上的刻度指示，指导滚筒两端印刷压力调节量的一致性。在指示牌上“－”方向表示中心距增大，印刷压力减小；“＋”方向表示中心距减小，印刷压力增大。

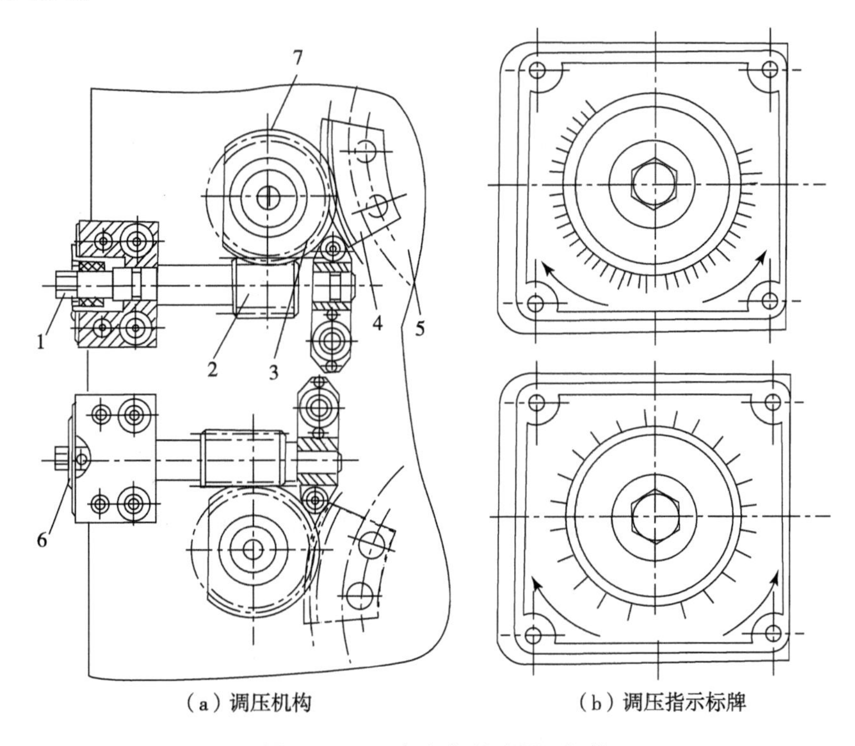

（a）调压机构　　（b）调压指示标牌

图3－5－6　蜗杆蜗轮式调压机构

1—调节轴；2—蜗杆；3—蜗轮；4—扇形齿轮；5—印版滚筒偏心套；6—锁紧螺母；7—偏心轴

②偏心轮式。

如图3－5－7所示为海德堡系列印刷机采用的偏心轮式调压机构。转动蜗杆3，拨动齿轮5，从而改变偏心轮6的位置实现调压。调压器4用于调节橡皮滚筒与压印滚筒之间的压力，蜗杆9（墙板上）用于调节印版滚筒与橡皮滚筒之间的压力。

（2）包衬调节法

通过增加或减少滚筒包衬的厚度来加大或减小印刷压力。

①硬性衬垫。以较小的压力、较小的弹性变形来获得图文印迹的转移。硬衬垫是由橡皮布和衬纸组成，硬衬垫主要是橡皮布本身的弹性变形。橡皮滚筒的包衬厚度在2mm以下，印刷压力一般控制在0.013～0.08mm。硬包衬一般在接触滚枕的印刷机上使用。

②软性衬垫。以较大的压力、较大的弹性变形获得印刷图文印迹的转移。软性衬垫是由橡皮布、毡呢（或2张薄呢）和衬纸组成，软性衬垫是弹性组合物的弹性变形。橡皮滚筒的包衬厚度在4mm以下，印刷压力一般控制在0.20～0.25mm，最大限度不超过0.30mm。软包衬一般在陈旧磨损过的机器上使用。

③中性衬垫。印刷压力、弹性变形介于硬性衬垫和软性衬垫之间。中性衬垫是由橡皮布、夹胶皮（橡皮布）和纸张组成，中性衬垫是弹性变形组合物。橡皮滚筒的包衬厚度在3～3.5mm，印刷压力一般控制在0.15～0.20mm。

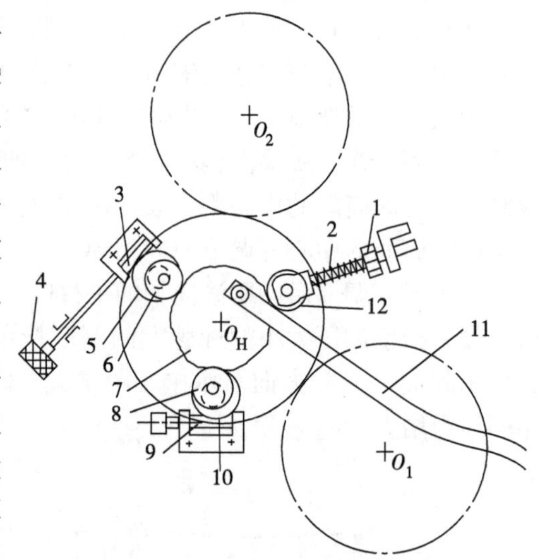

图3-5-7 偏心轮式调压机构

1—螺母；2—弹簧；3、9—蜗杆；4—调压器；5、10—齿轮；6、8—偏心轮；7—轴承钢套；11—离合杆；12—滚子

增、减包衬厚度，往往会引起滚筒直径的改变，从而造成圆周速度的不等，其结果必然导致网点变形，套印不准、双影、皱纸等故障。

思考题

1. 改变滚筒间压力的方法有哪几种？印刷压力调节的基本原则是什么？

2. 已知某B-B印刷机印版滚筒与橡皮滚筒的滚枕直径均为299.8mm，合压后滚枕间隙为0.2mm，印版滚筒滚枕过量为0.17mm，橡皮滚筒滚枕过量为0.14mm。求压印滚筒与橡皮滚筒、两橡皮滚筒之间的压缩变形量各是多少？

3. J2108型印刷机的印版滚筒肩铁直径299.8mm，筒体直径299mm，印版厚0.3mm，印版衬垫0.4mm。橡皮滚筒肩铁直径300mm，筒体直径293.5mm，橡皮布和衬垫总厚度3.35mm，压印滚筒肩铁直径299.5mm，筒体直径300mm，印刷纸张厚度取0.1mm，合压时的肩铁间隙 $C_{PB}=C_{BI}=0.2mm$。

（1）合压时，橡皮滚筒与压印滚筒的最大压缩变形量是多少？橡皮滚筒与印版滚筒的最大压缩变形量是多少？

（2）在保持上述印刷压力不变的条件下，印刷纸张厚度为0.15mm时，求橡皮滚筒与压印滚筒、橡皮滚筒与印版滚筒的中心距各是多少？

4. 罗兰RVB3B型四色印刷机印版滚筒和橡皮滚筒的肩铁直径均为300mm，印版滚筒体直径299mm，印版和垫纸总厚度取0.7mm；橡皮滚筒体直径293.5mm，橡皮布和衬垫材料总厚度取3.25mm；压印滚筒肩铁直径299.5mm，筒体直径300mm。传动齿轮分度圆直径300mm，印版滚筒和橡皮滚筒肩铁的标准间隙0.1mm（允许调节范围0.05～0.30mm），求：

（1）印版滚筒与橡皮滚筒间的中心距是多少？

（2）印版滚筒与橡皮滚筒间压缩变形量是多少？

5. 三菱DIAMOND3000－4型四色平版印刷机的印版滚筒肩铁直径309.88mm，筒体直径309.54mm，印版和垫纸总厚度0.4mm，橡皮滚筒肩铁直径310mm，筒体直径304.1mm，橡皮布和衬垫材料总厚度为2.95mm；压印滚筒肩铁直径620mm，筒体直径620.4mm，肩铁间隙 C_{PB} 为0.1mm，$C_{PI}=0.05+\alpha$（mm），（α 纸张厚度，取0.1mm）。求：

（1）滚筒间中心距各为多少？

（2）滚筒间最大压缩量各为多少？

6. PZ4880－01型印刷机的印版滚筒肩铁直径274.8mm，筒体直径274mm，印版和垫纸总厚度取0.7mm，橡皮滚筒的肩铁直径275mm，筒体直径268.5mm，橡皮布和衬垫材料总厚度取3.25mm，压印滚筒肩铁直径274.5mm，筒体直径275mm，印刷纸厚度0.1mm，印版滚筒的调压手柄在“0”位，合压时印版滚筒与橡皮滚筒的肩铁间隙为0.2mm，橡皮滚筒调压器的指示值为0时，橡皮滚筒与压印滚筒的肩铁间隙为0.25mm，求：滚筒中心距各为多少？滚筒间最大压缩变形量各为多少？

情景4

调节输墨/润湿装置

知识目标

1. 掌握输墨装置的性能指标。
2. 掌握输墨装置的基本组成。
3. 了解墨辊的排列。
4. 掌握墨斗墨量调节的工作原理。
5. 掌握传墨机构的工作原理。
6. 掌握串墨装置的工作原理。
7. 掌握着墨辊与印版滚筒及着墨辊与串墨辊压力的调节原理。
8. 掌握输水装置的基本组成。
9. 掌握出水量的调节原理。
10. 掌握着水量的调节原理。
11. 了解自动上水装置的工作原理。

能力目标

1. 能够进行墨斗辊出墨量大小的调节。
2. 能够进行传墨量大小的调节。
3. 能够进行串墨量大小的调节。
4. 能够进行着墨辊与印版滚筒压力的调节。
5. 能够进行着墨辊与串墨辊压力的调节。
6. 能够进行出水量大小的调节。
7. 能够进行着水量大小的调节。

任务4.1 调节输出墨量

1. 学习目标

知识：掌握输墨装置的组成；掌握输墨装置工作性能指标；掌握墨斗出墨量的调节原理；掌握传墨机构的调节原理；掌握串墨机构的调节原理。

能力：能够进行墨斗辊出墨量大小的调节；能够进行传墨辊传墨量的调节；能够进

行串墨辊相位与串墨量大小的调节。

情感：通过案例教学激发学生的好奇心和学习兴趣。

2. 教学方法

宏观——四步教学法，微观——引导、案例教学，分组讨论。

3. 教学实施

工作过程	工作任务	教学组织
资讯	（1）输墨装置的组成； （2）输墨装置的工作性能指标； （3）墨路与墨辊排列； （4）墨斗的结构与调节； （5）传墨机构原理与调节； （6）串墨机构原理与调节	（1）公布项目和工作任务； （2）学生分组，明确分工
计划	（1）调节墨斗辊出墨量大小； （2）调节传墨辊传墨量大小； （3）调节串墨辊相位与串墨量大小	（1）学生制订完成任务的方案，包括完成任务的方法、进度、学生的具体分工； （2）对学生提出的方案进行指导，帮助形成方案
实施	（1）按计划项目实施； （2）技术文件归档	（1）各小组按照制订的工作任务逐项实施； （2）对任务进行重点指导； （3）技术文件归档
检查评估	（1）分析学生完成任务的情况，并提出改进措施等； （2）技术文件归档； （3）完成个人报告； （4）撰写小组自评报告	（1）评估任务完成的质量、关注团队合作、考勤等； （2）教师指出过程中的不足，团队分析原因，提出优化意见

4. 工作对象

平版印刷机（或独立的印刷单元）。

5. 工具

教材、课件、多媒体、黑板、工具箱。

6. 教学重点

墨斗出墨量大小的调节、传墨辊摆角大小的调节、串墨辊相位与串墨量大小的调节。

7. 考核与评价

结合实施任务书和任务考核表进行考核与评价。其中，成果评定60%、学习过程评价30%、团队合作评价10%。

实施任务书

项目	调节内容	调节方法
1	调节墨斗出墨量大小	
2	调节传墨量大小	
3	调节串墨辊相位与串墨量大小	

任务考核表

项目	考核内容	考核点	评价标准	分值
1	调节墨斗出墨量大小	安全性	提出安全注意事项，出现安全事故按0分处理	10
		操作方法	（1）整体墨量调节； （2）根据版面情况进行局部墨量调节	60
		质量要求	调节方法正确	30
2	调节传墨辊传墨量大小	安全性	提出安全注意事项，出现安全事故按0分处理	10
		操作方法	（1）传墨辊与墨斗辊之间压力； （2）传墨辊与串墨辊之间压力； （3）传墨辊摆动频率的调节	60
		质量要求	调节方法正确	30
3	调节串墨辊串墨量大小	安全性	提出安全注意事项，出现安全事故按0分处理	10
		操作方法	（1）串墨辊相位的调节； （2）串墨量大小的调节	60
		质量要求	调节方法正确	30

知识链接

一、输墨装置的组成

在印刷过程中，为了使墨辊把油墨均匀、适量地传给印版表面，必须将墨斗辊输出的油墨从圆周和轴向两个方向迅速打匀，使传到印版上的油墨是均匀和适量的。为此，墨量在传送过程都有控制墨量大小等的专门调节机构，为了配合印刷机构的离合压两种状态，着墨辊设有自动起落机构。

1．输墨装置的组成

如图4－1－1所示为输墨装置的组成。输墨装置一般由供墨部分、匀墨部分和着墨部分三部分组成。

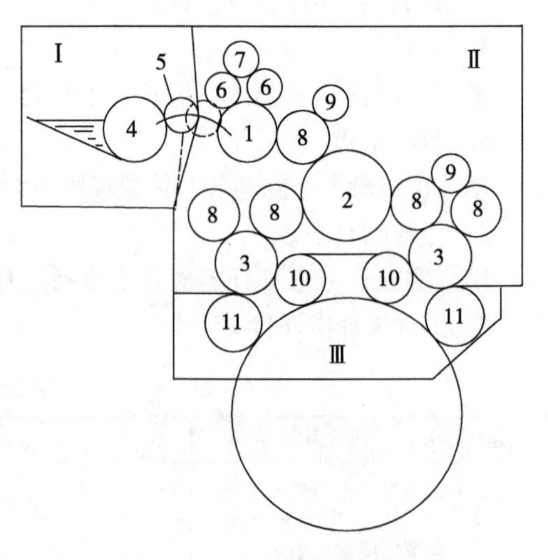

图4－1－1　输墨装置的组成

1、2、3—串墨辊；4—墨斗辊；5—传墨辊；6、8—匀墨辊；7、9—重辊；10、11—着墨辊

2．输墨装置的作用

①供墨部分。供墨部分（如图4－1－1所示的第Ⅰ部分）由墨斗、墨斗辊4和传墨辊5组成，其主要作用是贮存油墨和将油墨传给匀墨部分。墨斗辊4间歇或连续转动，传墨辊5往复摆动，将油墨传给匀墨部分高速旋转的串墨辊1。

②匀墨部分。匀墨部分（如图4－1－1所示的第Ⅱ部分）由串墨辊1、2、3，匀墨辊6、8和重辊7、9组成。其主要作用是将墨斗辊传出的油墨变成薄而均匀的墨层。串

墨辊在转动的同时做轴向往复移动，保证油墨在墨辊轴向分布的均匀性。重辊给匀墨辊与串墨辊之间施加必要的压力，以保证正常的摩擦传动、传递和辗匀油墨。匀墨过程分为三步进行：第一步匀墨，由串墨辊1、匀墨辊6和重辊7完成，将条状墨层初步打匀；第二步匀墨，由串墨辊2、匀墨辊8和重辊9完成，将初步打匀的墨层再次打匀；第三步匀墨，由串墨辊3、匀墨辊8和重辊9完成，将墨层最后打匀，并传给四根着墨辊。

③着墨部分。着墨部分（如图4-1-1所示的第Ⅲ部分）由着墨辊10、11组成。其主要作用是将匀墨部分打匀的油墨适量地传给印版。着墨辊是弹性体，着墨辊的表面线速度等于印版滚筒表面的线速度。

二、输墨装置的工作性能

输墨装置的工作性能主要是用油墨层的均匀程度来衡量，油墨层的均匀程度可以用以下几个指标来反映。

1. 匀墨系数

匀墨部分墨辊面积之和与印版面积之比称为匀墨系数，以K_y表示。即

$$K_y = \frac{\pi L(\sum d_y + \sum d_s)}{F_P}$$

式中 $\sum d_s$——匀墨部分串墨辊和重辊（硬质墨辊）直径之和；

L——墨辊长度；

$\sum d_y$——匀墨部分所有匀墨辊（软质墨辊）直径之和；

F_P——印版面积。

匀墨系数K_y，反映了匀墨部分把从墨斗传来的较集中的油墨迅速打匀的能力。K_y值越大，则匀墨性能越好。为了得到良好的匀墨性能，K_y值为3~6为宜。但增大K_y值一般是通过增加墨辊数量来实现。

2. 着墨系数

所有着墨辊面积之和与印版面积之比称为着墨系数，以K_Z表示。即

$$K_Z = \frac{\pi L \sum d_Z}{F_P}$$

式中 L——墨辊长度；

$\sum d_Z$——着墨部分所有着墨辊直径之和；

F_P——印版面积。

着墨系数K_Z，反映了着墨辊传递给印版油墨的均匀程度。着墨系数越大，着墨均匀程度越好。根据经验，一般$K_Z > 1$。

3. 贮墨系数

匀墨部分和着墨部分墨辊面积的总和与印版面积之比称为贮墨系数，以K_C表示。即

$$K_C = \frac{\pi L \sum d}{F_P} = K_y + K_Z$$

式中 L——墨辊长度；

$\sum d$——匀墨部分与着墨部分所有墨辊直径之和；

F_P——印版面积。

贮墨系数 K_C 反映了输墨装置中墨辊表面的贮墨量。贮墨系数 K_C 值越大，表示墨辊表面贮墨量越大，自动调节墨量的性能也就越好，从而能保证一批印品墨色深浅一致。但 K_C 值过大，下墨较慢，调墨的灵敏度下降。

4. 打墨线数

在匀墨部分进行油墨转移时，墨辊接触线数称为打墨线数，以 N 表示。打墨线数 N 越多，表示墨辊上油墨层被分割的区域越多，油墨越易于打匀。增加打墨线数，一般采用增加墨辊数量的方法，提高匀墨性能。

5. 着墨率

某根着墨辊供给印版的墨量与全部着墨辊供给印版的总墨量之比称为该墨辊的着墨率。着墨率是通过油墨转移率和油墨传递路线来计算得出。

着墨辊一般取 3 ~6 根。为了使印版得到均匀的墨层，每根着墨辊供给印版的墨量并不相等，着墨率采用“前多后少”的形式，着墨辊中靠近水辊处的两根（或一根）着墨率大于50%，供给印版的墨量较多；其余的着墨辊的着墨率呈递减趋势，起到补偿、匀墨和收墨的作用。

三、墨路与墨辊排列

墨斗输出的油墨，从传墨辊开始到着墨辊，所经过的最短的传递路线，称为墨路。不同印刷机墨路长短、墨路方向、墨辊数量、墨辊排列不尽相同。

1. 墨路长短

匀墨路线短，即油墨从墨斗到印版的时间短，下墨快；匀墨路线长则下墨慢。一般情况下，下墨过快易出现墨色不均匀；下墨过慢则修正供墨量不灵敏。

从目前国内外技术发展趋势看，向着墨路线短的方向发展，即减少胶辊数量，对开、四开的平版印刷机着墨辊由原来的5 根减为4 根，胶辊总数由原来的27 根减为19 根。有些平版印刷机全部采用短墨路网纹辊技术，即通过一根网纹辊、刮墨装置和着墨辊，给印版提供均匀的、数量经过精确计量的油墨。如图4 –1 –2 所示为海德堡 SM52 型印刷机采用 Anicolor 供墨机构属于短墨路。

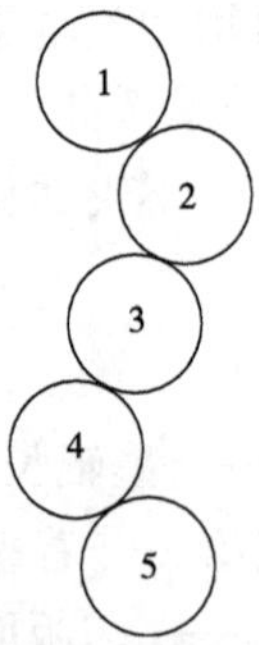

1
2
3
4
5

图4 –1 –2　短墨路供墨机构

1—网纹辊；2—着墨辊；
3—印版滚筒；4—橡皮滚筒；
5—压印滚筒

2. 墨路方向

考虑到油墨的流动性能，输墨路线一般是由上向下供给印版油墨为宜。国内外单色（或多色机组式）的平版印刷机墨路方向都遵循由上向下的原则。

3. 墨辊数量

墨辊数量影响匀墨、贮墨、打墨线数。单张纸平版印刷机墨辊总数为16 ~25 根，串墨辊一般为4 根，着墨辊一般为4 根。目前随着油墨性能的不断提高，使得输墨装置中墨辊的数量在减少，以达到缩短油墨路线的目的。

对于匀墨部分的墨辊数量，一般的墨辊布局均为三级匀墨形式，它是以串墨辊为主体而布局的。第一级匀墨以上串墨辊为中心，周围安排几根匀墨辊或者再加1~2根重辊来进行初级匀墨。第二级匀墨以中串墨辊为主体，周围安排几根匀墨辊，一般中串墨辊直径较大，这样既能将油墨扩展拉薄，又能起分流作用，把油墨分成两路向着墨辊输送。第三级匀墨是以下串墨辊为中心，主要是给着墨辊传递已经匀好的油墨。

4. 墨辊直径

着墨辊直径尽量不等，相邻墨辊直径比为无理数，有利于提高圆周匀墨效果；外面的着墨辊直径比里面的大些，便于安装、拆卸。

上串墨辊、下串墨辊直径要小些，以便尽快打匀油墨；中串墨辊直径大些，将油墨扩展、拉薄，并多贮存油墨。

5. 墨辊排列

目前国内外印刷机，按达到下串墨辊前的墨辊排列方式可分为：

① 单路传墨。如图4-1-3所示为德国高宝RAPIDA104型印刷机墨辊排列，油墨经中串墨辊、匀墨辊传给下串墨辊。

② 双路传墨。如图4-1-4所示为国产北人J2106型印刷机墨辊排列，油墨到达中串墨辊以后分为左右两路传给两个下串墨辊。

③ 多路传墨。如图4-1-5所示为日本秋山HL-ACE432型印刷机墨辊排列，油墨经中串墨辊后，再经多个匀墨辊传给下串墨辊。

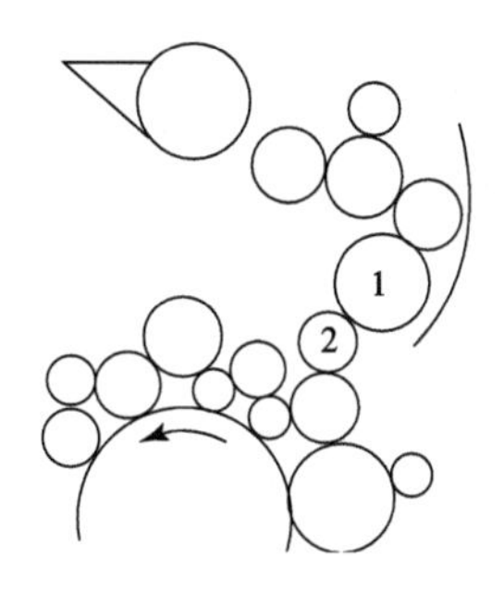

图4-1-3　单路传墨

1—串墨辊；2—匀墨辊

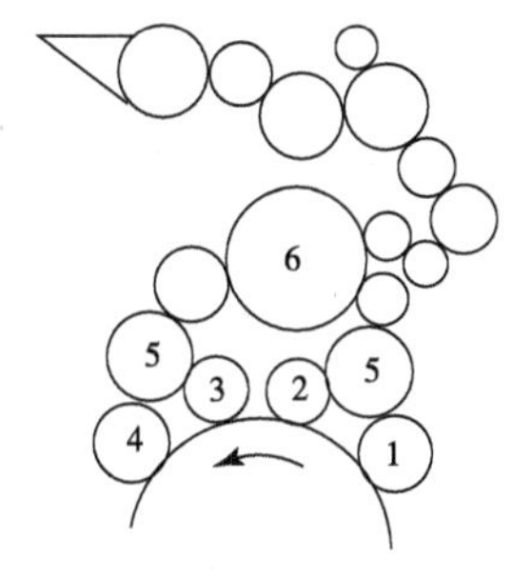

图4-1-4　双路传墨

1~4—着墨辊；5、6—串墨辊

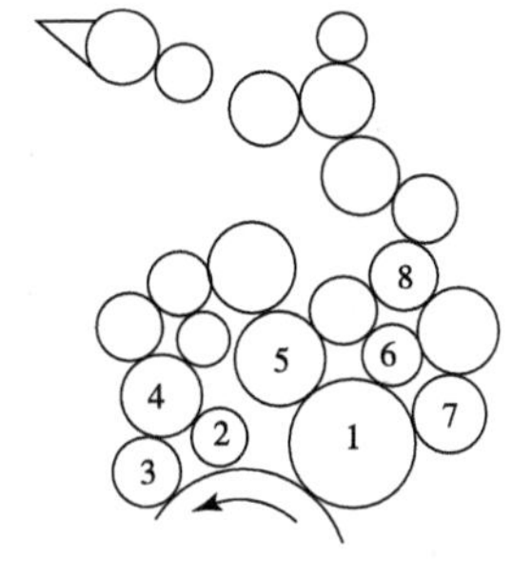

图4-1-5　多路传墨

1~3—着墨辊；4~8—串墨辊

墨辊从排列位置上可分为对称排列和非对称排列。目前大多数印刷机采用非对称排列，这种排列改变不同着墨辊的着墨率。为了更好地传墨和匀墨，输墨装置的墨辊应该以软质匀墨辊和硬质串墨辊相配合，保证墨辊彼此接触良好。

6. 墨路的温度控制

在印刷过程中墨辊间存在相互摩擦会产生一定的热量，这些热量不及时排除，会使油墨温度上升，以致油墨流动性加大，影响油墨的传递效果。在高速印刷机上，温度控制一般在串墨辊和墨斗辊里面设置冷却循环通道，用冷却水将热量及时带走。

四、墨斗的结构与调节

墨斗是储存油墨的装置，墨斗刀片与墨斗辊之间形成V形储墨区。墨斗的结构有整体式墨斗和分段式墨斗。

1. 分段式墨斗结构

如图4－1－6所示为分段式墨斗结构。分段式墨斗将整个墨区分成若干区段，如海德堡对开印刷机设置了32个墨区。由于将每一个区段墨量调节变成一个独立装置，具有墨区墨量调节精确、便于实现自动控制等优点。

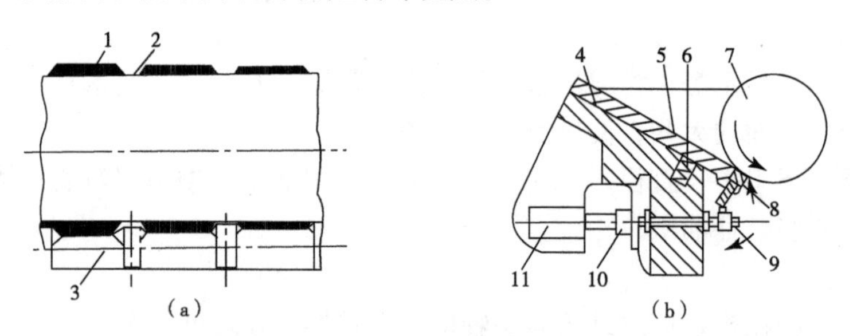

图4－1－6　分段式墨斗结构

1—墨层（厚）；2—墨层（薄）；3、8—偏心计量辊；4—板条；5—涤纶片基；6—弹簧；7—墨斗辊；9—螺旋副；10—电位计；11—伺服电机

2. 分段式墨斗供墨量的调节

①整体供墨量的调节。分段式墨斗辊的传动机构一般采用无极变速电机，通过电机控制墨斗辊的转动，从而实现整体供墨量的改变。

②局部供墨量的调节。根据印版图文布局对墨量大小的要求，在控制台上通过按键给墨区伺服电机11一个电信号（电脉冲）伺服电机转动，通过螺旋副9，使螺母产生位移，从而推动连杆，转动偏心计量辊，改变偏心计量辊3与墨斗辊7的间隙，从而控制局部供墨量的大小。

在供墨量相同的条件下，可以采用较大的墨斗刀片间隙，小墨斗辊转角，以厚而窄的墨层向匀墨部分供墨；也可以采用较小的墨斗刀片间隙，大墨斗辊转角，以薄而宽的墨层向匀墨部分供墨。薄而宽的墨层比厚而窄的墨层更容易打匀，所以生产中常采用墨斗辊转角较大的供墨方式。但墨斗刀片间隙过小，易造成油墨中的墨皮、纸毛等杂物堵塞通道，造成供墨不畅。

五、传墨机构与调节

传墨辊的周期性摆动和墨斗辊的间歇转动将油墨从墨斗中传出，实现了油墨从供墨部分向匀墨部分的传递。

1. 电器控制传墨机构

（1）电器控制传墨机构工作原理

如图4－1－7所示为J2108型印刷机的传墨机构原理图。凸轮10的动力来自上串墨辊，经过减速后带动墨斗辊的间歇转动和传墨辊的往复摆动。通过拉动手柄6使弧形板7绕棘轮中心转动，改变棘爪对作用棘轮的作用齿数，通过调节墨斗辊的转角以调节出墨量。

①墨斗辊的间歇转动。

随凸轮转动的活动铰链1，通过连杆2带动摆杆3往复摆动，摆杆3上端装有棘爪4，可推动棘轮5，带动同轴的墨斗辊9做间歇转动。

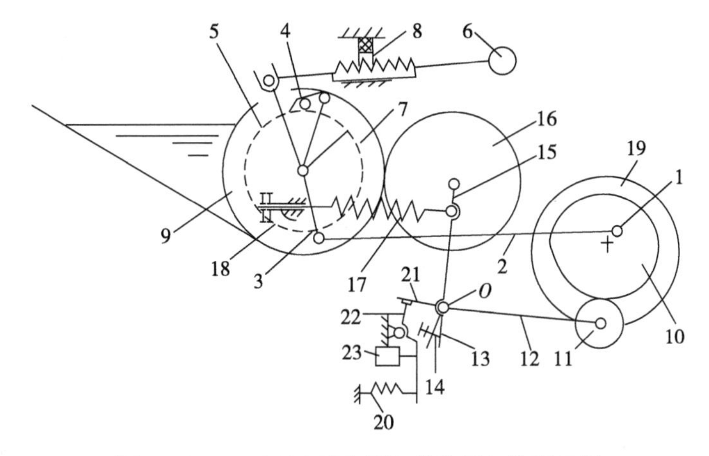

图4－1－7 J2108型印刷机的传墨机构原理图

1—活动铰链；2—连杆；3—摆杆；4—棘爪；5—棘轮；6—手柄；7—弧形板；8—弹性定位销；9—墨斗辊；10—凸轮；11—滚子；12、15—摆杆；13—摆块；14—螺钉；16—传墨辊；17、20—弹簧；18—螺母；19—串墨辊；21—挡杆；22—撑杆；23—电磁铁

②传墨辊的往复摆动。

凸轮10由低面向高面运动时，经滚子11、摆杆12、摆块13顺时针转动，摆块13顶动螺钉14使摆杆15绕轴*O*顺时针摆动，传墨辊16摆向串墨辊19；凸轮10由高面向低面运动时，在弹簧17的作用下，使传墨辊摆向墨斗辊9从墨斗辊取墨。

③停墨控制。

传墨辊的摆动是由电磁铁23控制撑杆22来实现的。正常工作时，电磁铁23伸出，推动撑杆22上端左摆，挡杆21不受阻碍，传墨辊正常传墨。当机器出现故障或停止印刷时，电磁铁失电，在弹簧20的作用下，撑杆22上端右摆，挡杆21顶着摆杆15，传墨辊16不能摆向墨斗辊。

（2）传墨辊与串墨辊、墨斗辊压力的调节

①传墨辊与串墨辊压力的调节。

松开螺钉14，慢慢转动机器，使滚子11与凸轮10的高面接触，再调节螺钉14，使传墨辊与串墨辊之间的压力合适。

②传墨辊与墨斗辊压力的调节。

调节螺母18，改变弹簧17的拉力大小即可调节串墨辊与墨斗辊之间的压力。

2. 气动控制传墨机构

（1）气动控制传墨机构工作原理

如图4－1－8所示为气动控制传墨机构原理图。

①墨斗辊的间歇转动。

墨斗辊的间歇转动是由安装于圆柱凸轮端面的曲柄2、连杆3、摆杆4、6、7驱动的。在墨斗辊轴上安装有单向离合器，墨斗辊逆时针摆动时出墨。通过电机22、齿轮23、27带动螺杆28转动，使摆杆6上的螺母上下移动，从而改变墨斗辊的转动角度。齿轮24、25、电位计26用于测量螺杆28的转动角度。

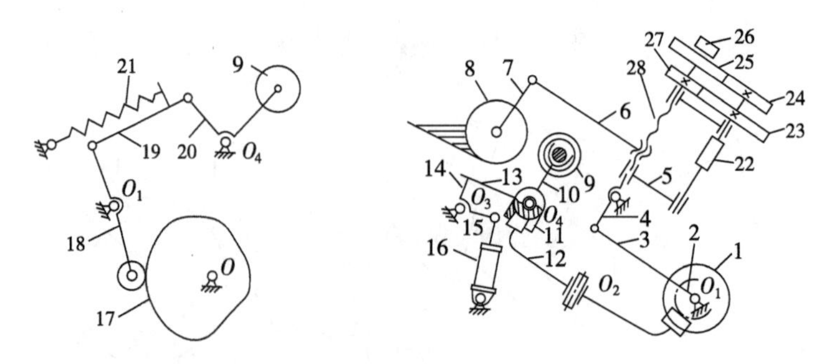

图 4－1－8　气动控制传墨机构原理图

1、17—凸轮；2—曲柄；3、19—连杆；4、6、7、12、13、15、18、20—摆杆；5—支架；8—墨斗辊；9—传墨辊；10—拨叉；11—槽块；14—推杆；16—气缸；21—弹簧；22—电机；23、24、25、27—齿轮；26—电位计；28—螺杆

②传墨辊的往复摆动。

凸轮 17 由低面向高面运动时，通过滚子带动摆杆 18 绕轴 O_1 顺时针摆动，通过连杆 19，使摆杆 20 绕轴 O_4 顺时针摆动，传墨辊 9 将墨传给匀墨部分。当凸轮 17 由高面向低面运动时，在弹簧 21 的拉力作用下，传墨辊 9 绕轴 O_4 逆时针摆向墨斗辊 8。

③传墨辊的轴向串动。

在此机构中，传墨辊既做往复摆动，又做轴向串动。圆柱凸轮 1 带动摆杆 12 上的滚子轴向移动，使摆杆 12 绕轴 O_2 摆动，摆杆 12 另一端的滚子拨动槽块 11 沿轴 O_4 移动。在槽块 11 上有拨叉 10，拨动传墨辊 9 周向移动，完成传墨辊的周向串动。

④停墨控制。

传墨辊的摆动串墨由气缸 16 控制。当气缸 16 的活塞杆下降时，带动摆杆 15 绕轴 O_3 顺时针摆动，使推杆 14 顶起摆杆 13。摆杆 13 与槽块 11 固联在一起，从而拨动槽块 11 及拨叉 10 转动一个角度，使传墨辊与墨斗辊脱开。

（2）气动控制传墨机构的调节

①传墨辊摆角大小的调节。

传墨辊摆角大小通过电机 22 控制。电机 22 带动齿轮 23、27 转动，通过螺杆 28 使摆杆 6 上的螺母上下移动。螺母向上移动时，增大墨斗辊的摆动角度，出墨量增大；反之减少出墨量。

②传墨辊与墨斗辊压力的调节。

调节弹簧 21，改变弹簧 21 的拉力大小即可调节传墨辊与墨斗辊之间的压力。

六、串墨机构原理与调节

匀墨部分是用来均匀油墨并传递给着墨部分，通常由 2～5 根串墨辊、较多数量的匀墨辊和一定数量的重辊组成。其中串墨辊是匀墨部分的核心，其运动既周向旋转又轴向串动，在与匀墨辊的运动中将油墨碾压、拉伸，使油墨周向、轴向铺展均匀。

1. 串墨辊的结构

为了便于拆装，串墨辊一般采用三段式结构，如图 4－1－9 所示。串墨辊由辊体、两端的轴头及其传动部分等组成。两端的轴头 2、4 用螺钉 5 和辊体 3 固定在一起。

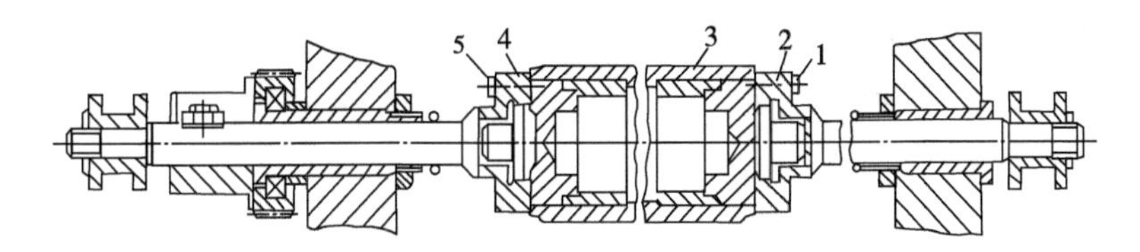

图4－1－9 串墨辊结构

1、5—螺钉；2、4—轴头；3—辊体

2. 串墨辊的拆装

串墨辊长期使用磨损后，需要重新喷涂或更新，对于匀墨辊、重辊很容易取下或装上，对串墨辊拆装相对要复杂些。J2108 型印刷机串墨辊拆装步骤如下：

①拆掉所有的匀墨辊及重辊。打开各辊的锁套，按照先后顺序拆下各辊。

②拆掉胶辊支架。先用拔销器及内六角扳手分别拆掉两侧的定位销，再拆掉紧固螺栓，拿掉胶辊支架。

③拆串墨辊轴头。先用开口扳手、套筒扳手拆掉串墨辊驱动杠杆支点螺钉，拆掉杠杆和轴头槽轮，拆掉串墨辊齿轮套轴承，再松动串墨辊两端紧固螺钉，用螺栓向内顶紧使辊与轴头分离。

串墨辊装配顺序正好相反，注意三节串墨辊回装时轴头与辊体的定位关系。

3. 典型串墨机构

串墨辊的周向转动一般是通过印版滚筒轴端齿轮带动的，通常为斜齿轮传动。串墨辊轴向运动的驱动有机械式、液压式和气动式三种。常见的机械式串墨机构有曲柄摆杆式、槽凸轮式和蜗轮蜗杆式等。

（1）J2108 型印刷机串墨机构

J2108 型印刷机采用三级串墨机构，中串墨辊采用曲柄摆杆机构实现中串墨辊的轴向移动，上、下串墨辊的轴向传动是通过杠杆机构驱动的。

①串墨机构工作原理。

如图4－1－10 所示为曲柄摆杆串墨机构原理图。

带有滑槽的圆盘 2 安装在齿轮 4 的轴端，圆盘 2 上装有 T 形块 3，T 形块 3 在滑槽中的位置由螺钉 1 来调节。固定在印版滚筒轴端的齿轮 5 经齿轮 4，使 T 形块 3 偏心转动带动连杆 8 运动，从而使摆杆 7 摆动，摆杆 7 上的滚子 6 带动串墨辊轴向串动，串墨辊的串动量可在 0～25mm 之间任意调节。该机构在国产 J2108 型、J2205 型印刷机上使用。

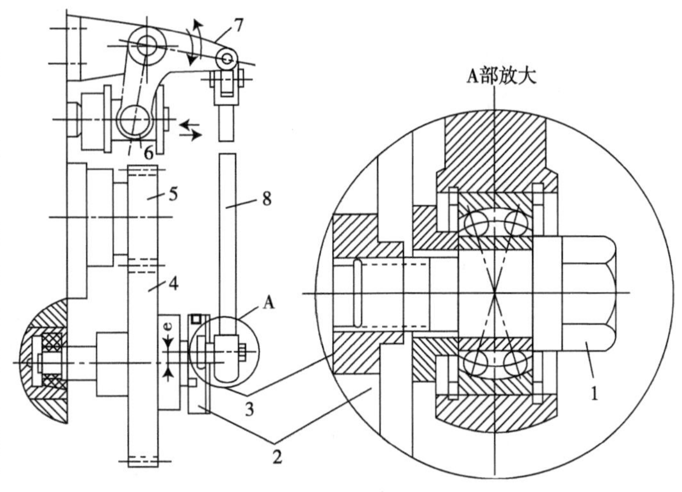

图4－1－10 J2108 型印刷机曲柄摆杆串墨机构原理图

1—螺钉；2—圆盘；3—T 形块；

4、5—齿轮；6—滚子；7—摆杆；8—连杆

②串墨机构串动量调节。

松开螺钉1，调节T形块3在圆盘2上的位置，锁紧螺钉1。

③上、下串墨辊的轴向串动。

如图4-1-11所示为上、下串墨辊的轴向串动原理图。中串墨辊串动时，经滚子5、支座4、摆杆6、拨动滑套7，拨动上串墨辊2、下串墨辊3轴向串动。

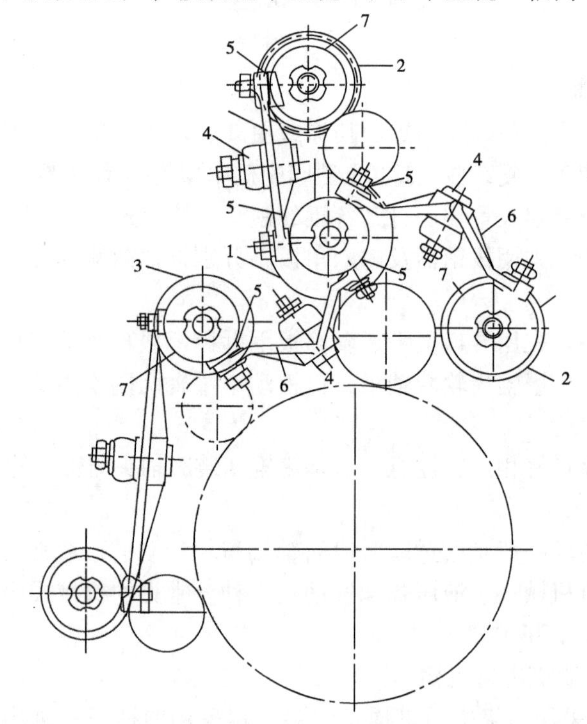

图4-1-11　J2108型印刷机上、下串墨辊的轴向串动原理图

1—中串墨辊；2—上串墨辊；3—下串墨辊；4—支座；5—滚子；6—摆杆；7—滑套

(2)海德堡102型印刷机串墨机构

①串墨机构工作原理。

图4-1-12所示为海德堡印刷机串墨机构，串墨辊的轴向移动也是采用曲柄摆杆机构实现的。印版滚筒齿轮通过一个双联齿轮将动力传给齿轮1，齿轮1的转动使连杆3有一个左右往复摆动，该运动既使摆球座7做周向转动，又带动串墨辊5、8、9做轴向串动，而串墨辊5通过摆杆4带动串墨辊6做轴向串动，串墨辊9通过摆动杠杆10带动串水辊11做轴向串动。串墨辊的串动量在0~35mm之间任意可调。该机构在海德堡、上海光华印刷机上使用。

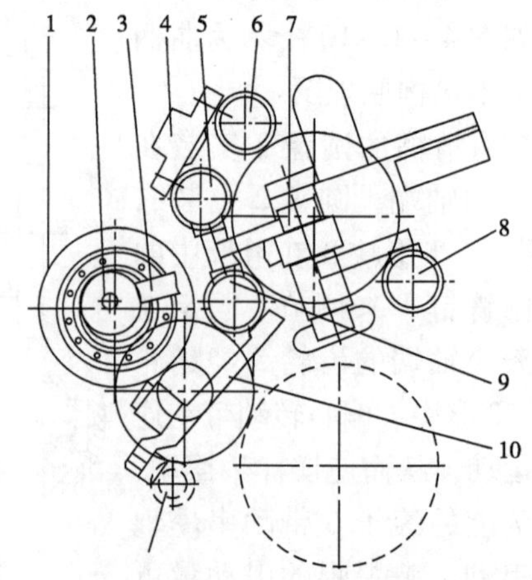

图4-1-12　海德堡102系列印刷机串墨机构

1—齿轮；2—螺母；3—连杆；4—摆杆；5、6、8、9—串墨辊；7—摆球座；10—摆动杠杆；11—串水辊

②串墨辊串动量的调节。

在螺丝1上有一刻度线（见图4－1－13），点动机器到刻度线与连杆2垂直，用T型扳手松开锁紧螺母4，移动曲柄位置，用T型扳手锁紧螺母4。

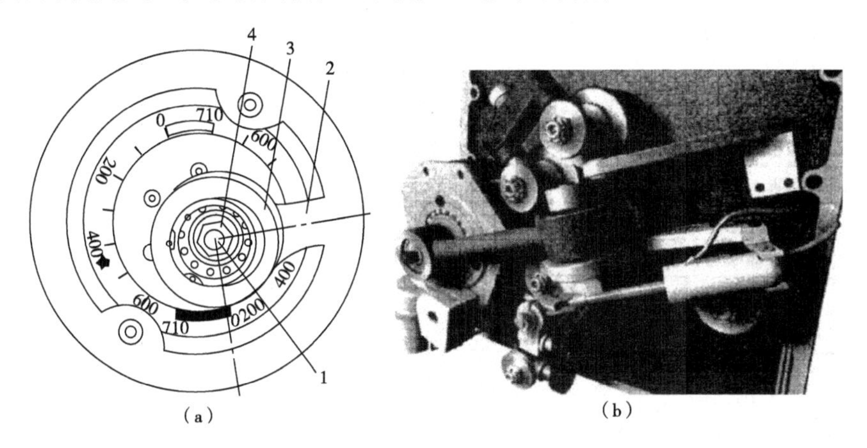

图4－1－13　海德堡102系列印刷机串墨辊串动量的调节

1—螺杆；2—连杆；3—曲柄；4—锁紧螺母

③串墨相位的调节。

相位点的改变能影响周向的上墨和分布，在印刷有特殊要求的印件时常用到此功能。印刷单元传动面的保护罩后面有调整串墨相位的圆盘。圆盘上的黑白区域有数字0～710，如图4－1－13（a）所示。点动机器至曲柄3达到最低点，打开机器的防护罩，用T型扳手松开锁紧螺母4；点动机器到换向位置，用T型扳手锁紧螺母4，关闭机器的防护罩。

思考题

1. 输墨装置由哪几部分组成，各起什么作用？
2. 影响输墨装置性能指标有哪些因素？
3. 平版印刷机墨辊排列的形式有哪些？
4. 传墨辊在机器停止后停在哪里？如何实现？
5. 分析所用印刷机的墨路传递过程，并分析其影响环节有哪些？
6. 简述所用印刷机的串墨机构工作原理。

任务4.2　调节着墨量

1. 学习目标

知识：掌握着墨辊结构及使用、着墨辊压力的检测方法；掌握着墨辊压力调节原理；了解着墨辊的起落与调节机构原理；了解洗墨器的工作原理。

能力：能够对着墨辊压力进行调节。

情感：通过案例教学激发学生的好奇心和学习兴趣。

2. 教学方法

宏观——四步教学法，微观——引导、案例教学，分组讨论。

3. 教学实施

工作过程	工作任务	教学组织
资讯	(1) 着墨辊结构及使用； (2) 着墨辊压力的检测方法； (3) 着墨辊压力调节机构； (4) 着墨辊的起落与调节机构； (5) 洗墨器	(1) 公布项目和工作任务； (2) 学生分组，明确分工
计划	(1) 调节着墨辊压力； (2) 拆装着墨辊	(1) 学生制订完成任务的方案，包括完成任务的方法、进度、学生的具体分工； (2) 对学生提出的方案进行指导，帮助形成方案
实施	(1) 按计划项目实施； (2) 技术文件归档	(1) 各小组按照制订的工作任务逐项实施； (2) 对任务进行重点指导； (3) 技术文件归档
检查评估	(1) 分析学生完成任务的情况，并提出改进措施等； (2) 技术文件归档； (3) 完成个人报告； (4) 撰写小组自评报告	(1) 评估任务完成的质量、关注团队合作、考勤等； (2) 教师指出过程中的不足，团队分析原因，提出优化意见

4. 工作对象

平版印刷机（或独立的印刷单元）。

5. 工具

教材、课件、多媒体、黑板、工具箱。

6. 教学重点

着墨辊压力调节机构、着墨辊的起落与调节机构。

7. 考核与评价

结合实施任务书和任务考核表进行考核与评价。其中，成果评定60%、学习过程评价30%、团队合作评价10%。

实施任务书

项目	调节内容	调节方法
1	调节着墨辊压力	
2	拆装着墨辊	

任务考核表

项目	考核内容	考核点	评价标准	分值
1	调节着墨辊压力	安全性	提出安全注意事项，出现安全事故按 0 分处理	10
		操作方法	（1）检查着墨辊压力； （2）调节着墨辊与串墨辊间压力； （3）调节着墨辊与印版滚筒间压力	60
		质量要求	调节压力正确	30
2	拆装着墨辊	安全性	提出安全注意事项，出现安全事故按 0 分处理	10
		操作方法	（1）串墨辊的拆装工艺、方法； （2）着墨辊的拆装工艺、方法； （3）工具使用	60
		质量要求	（1）拆装工艺正确； （2）工具使用正确	30

知 识 链 接

一、着墨辊结构及使用

1. 胶辊的结构

在平版印刷机上使用各种胶辊，如匀墨辊、着墨辊、重辊等。这几种胶辊的结构基本相似，如图 4－2－1 所示。胶辊的辊芯 2 由钢材制成，外圆上有螺纹，在外圆表面硫化一层耐油橡胶 1，在辊芯 2 的两端装有轴承 3，轴承 3 安装在胶架上。根据印刷工艺要求，各种胶辊的表面层硬度要求不同，胶辊硬度太小，易产生糊版；胶辊硬度太大，对网点清晰有利，但影响印版耐印力。

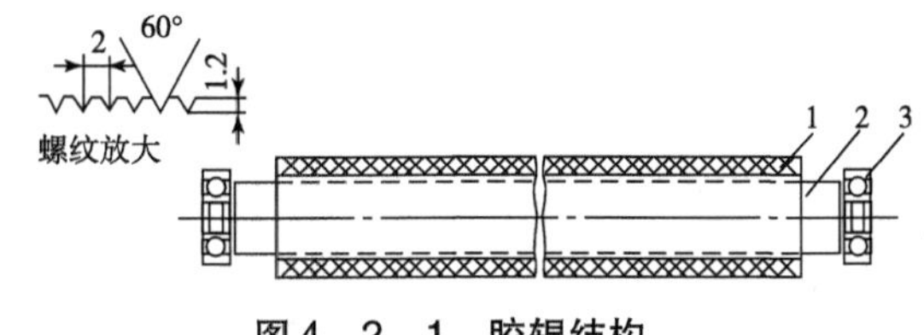

图 4－2－1　胶辊结构

1—橡胶；2—辊芯；3—轴承

2. 着墨辊的使用

①印刷结束后，要洗净胶辊上的油墨，不能使用易使橡胶膨胀的汽油、酒精、煤油等溶剂进行清洗。

②及时清除胶辊面上硬化的油墨膜。

③用洗涤剂清除硬化的油墨膜后的胶辊，出现极度亮光时，应用研磨机研磨，方可再使用。

④胶辊面出现裂纹时，要及时研磨消除裂纹。

3. 着墨辊的拆装

①拆掉下串墨辊。按照串墨辊拆装步骤拆掉一根下串墨辊。

②拆着墨辊。手动打开锁套，从锁套中取出两根着墨辊。

二、着墨辊压力的检测方法

1. 墨辊压力

墨辊压力大小的表示通常用压痕宽度来衡量，一般压痕宽度以4～8mm为宜。如图4－2－2所示为海德堡SM CD102墨辊压力设置，4根着墨辊与印版的压力都一样，均为4mm。机型不同压痕宽度也不同，如J2108型印刷机的着墨辊在印版上的压力为5mm、5mm、4mm、3mm。

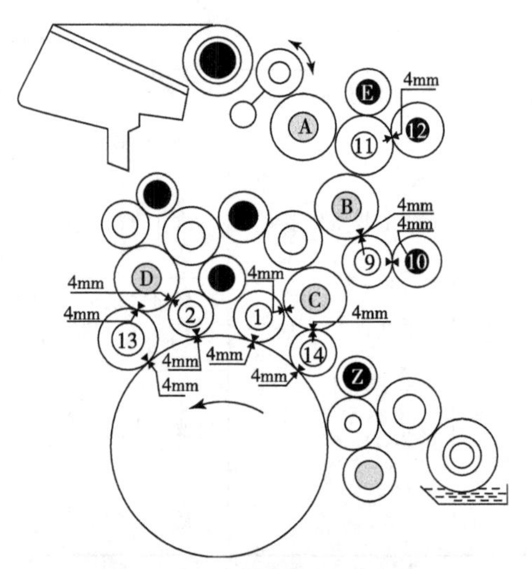

图4－2－2　墨辊压力大小设置

2. 墨辊压力检查

（1）塞尺（或纸条）法

如图4－2－3所示，将大约0.10mm厚的塞尺（或纸条）放在两墨辊间，两边抽出时有同等的拉力即可。本方法适合粗调。

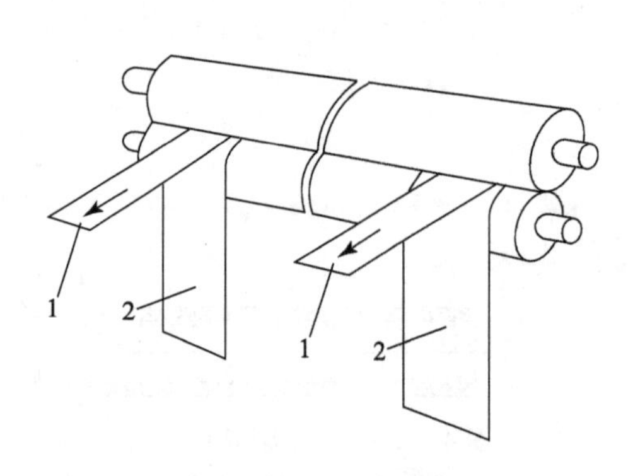

图4－2－3　塞尺法

1—纸条；2—钢片（或纸条）

图4－2－4 压痕宽度法

（2）压痕宽度法

如图4－2－4所示，用黄墨涂在着墨辊上，周向和轴向打匀后，停止再转动，在每个接触区会出现压（墨）杠，压痕越宽，表示墨辊间压力越大。本方法可以精确调节墨辊间压力。

三、着墨辊压力调节机构

1. J2108型印刷机着墨辊压力调节

（1）着墨辊与串墨辊的压力调节

如图4－2－5所示为着墨辊与印版和下串墨辊之间压力调节机构。着墨辊与串墨辊之间的压力是通过调节蜗杆蜗轮机构完成的。转动蜗杆12，带动蜗轮13转动。蜗轮13偏心地安装在着墨辊轴端，当蜗轮13转动时，偏心安装的着墨辊中心绕蜗轮固定轴转动，从而达到改变着墨辊与串墨辊之间压力的目的。

如图4－2－6所示，先松开锁紧螺钉1，用事先准备好的钢片测量压力，调节螺钉

2，并使两端压力一致，最后将锁紧螺钉1拧紧。

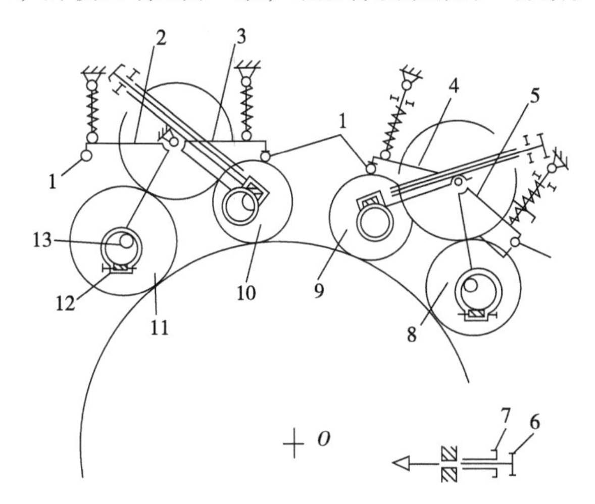

图4-2-5　J2108型印刷机着墨辊与下串墨辊之间压力调节机构

1—锥头；2~5—摆杆；6—调节蜗杆；7—锁紧螺母；8~11—着墨辊；12—蜗杆；13—蜗轮

图4-2-6　J2108型印刷机着墨辊与串墨辊的压力调节（着墨辊未装）

1—锁紧螺钉；2—调节螺钉

(2) 着墨辊与印版滚筒的压力调节

如图4-2-7所示，着墨辊与印版压力是通过机器两侧的调压杆调节的。调节时先合压，点动机器到印版的空白处或印版的拖梢位置，用钢片在印版的两边和中间测量着墨辊与印版滚筒之间的压力。松开锁紧螺钉，顺时针转动调压杆4，着墨辊与印版滚筒之间的压力减小；逆时针转动调压杆，着墨辊与印版滚筒之间的压力增大。调节两端的压力一致，拧紧锁紧螺钉。在四根着墨辊中，靠近润湿装置的着墨辊与印版之间的压力应大些，最后一根着墨辊与印版之间的压力应小些。一般情况下，按照靠近润湿装置的顺序，着墨辊在印版上接触印痕宽度分别为5mm、5mm、4mm、3mm进行调节。

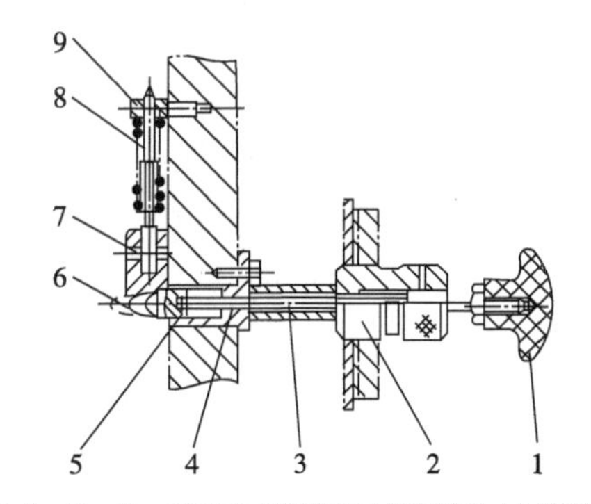

图4-2-7　J2108型印刷机着墨辊压力调节机构

1—调节手柄；2—紧固螺母；3—套管；4—调压杆；5—套；6—锥形头；7—挡轴；8—簧杆；9—支轴

着墨辊与印版和下串墨辊之间的压力需分别进行调节，都是通过改变着墨辊的中心位置实现的。因此，着墨辊与印版和下串墨辊之间的压力必须考虑调节的顺序来保证两种压力调节互不影响。调节的基本原则是：先调节着墨辊与下串墨辊之间的压力，再调节着墨辊与印版滚筒之间的压力。

2. *海德堡102系列印刷机着墨辊压力调节*

如图4-2-8所示为海德堡102系列印刷机着墨辊压力调节机构。当转动手柄1、11时，手柄前端的蜗杆带动安装在凸轮轴*A*、*B*上的蜗轮12转动，并带动与蜗轮12一体的凸轮3、8旋转。当凸轮大面与摆架2、9接触时，推动摆架带动着墨辊轴*M*、*N*绕固定轴做微量转动，达到调节着墨辊与印版滚筒之间压力的目的。拉簧10为力封闭机构。

当需要调节着墨辊与串墨辊之间压力时，转动调节蜗杆5、6，带动带有齿轮的着墨辊座4、7转动，由于着墨辊座的内孔圆心与墨辊座齿轮的中心存在3mm的偏心量，因此转动墨辊座齿轮，就意味着改变了着墨辊中心的位置，达到调节着墨辊与串墨辊之间压力的目的。

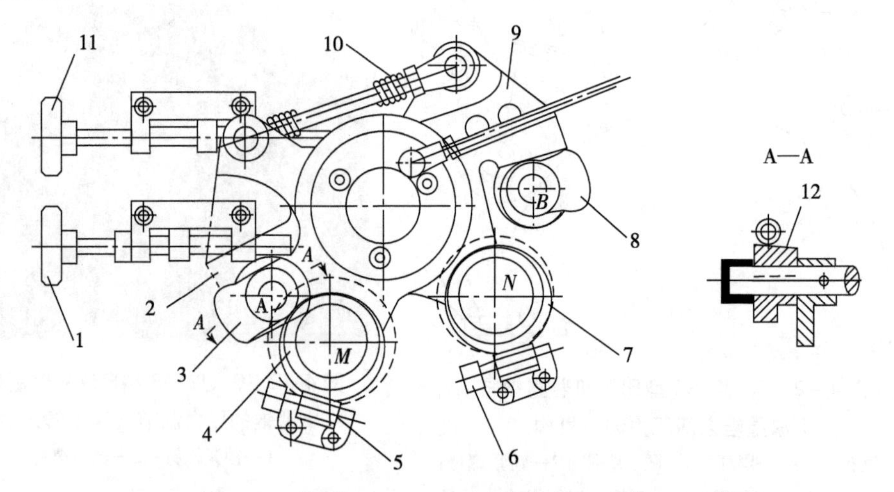

图4-2-8　海德堡102系列印刷机着墨辊压力调节机构

1、11—手柄锥头；2、9—摆架；3、8—着墨辊起落凸轮；4、7—着墨辊座；5、6—调节蜗杆；10—拉簧；12—蜗轮

3. 上海光华PZ系列印刷机着墨辊压力调节机构

如图4-2-9所示，四根着墨辊分别装在墨辊座上，通过调节螺杆3、4、7、8可调节着墨辊与串墨辊之间的压力。着墨辊支架在各自弹簧的作用下，将各自的着墨辊压向印版滚筒表面，调节螺钉1、2、5、6可改变着墨辊与印版滚筒之间的压力。

在调节着墨辊与串墨辊之间的压力时，会影响着墨辊与印版滚筒之间的压力；而调节着墨辊与印版滚筒之间的压力时，着墨辊绕着串墨辊中心转动，不会影响着墨辊与串墨辊之间的压力。因此，按照先调节着墨辊与串墨辊之间的压力，再调节着墨辊与印版滚筒之间压力的原则进行调节。

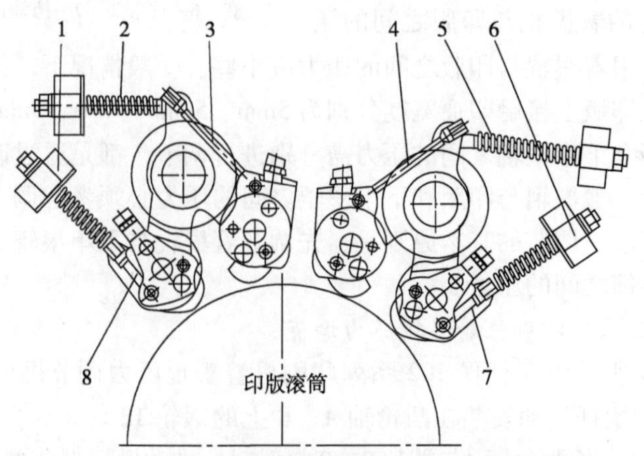

图4-2-9　上海光华PZ系列印刷机着墨辊压力调节机构

1、2、5、6—调节螺钉；3、4、7、8—调节螺杆

四、着墨辊的起落与调节机构

在印刷过程中，当输纸出现故障或需要停止印刷时，着墨辊必须与印版脱开，停止供墨，以避免印版图文上墨层增厚。当合压印刷时，着墨辊与印版滚筒接触给墨。因此，印刷机必须设置着墨辊的起落机构。

1. J2108 型印刷机着墨辊的起落机构

如图4－2－10所示，螺钉1顶动四根着墨辊上的摆体，使四根着墨辊离开印版滚筒表面。当凸轮6和11在低点时，四根着墨辊在重力作用下与印版接触。

在印刷机的操作面轴16上装有离水手柄21（安装在里面的长手柄）和离墨手柄23（安装在外面的短手柄）。当需要手动起落着墨辊时，将推杆2向里推，并用锁紧螺钉将推杆顶住，键20沿导槽向如图4－2－10所示的左方移动，脱离与连接杆4相连的连杆，由于撤除了连接杆4与轴16的连接纽带，因此，无论连接杆4怎样运动，都不能引起轴16以及推动着墨辊摆体离合凸轮11和6的运动，与印刷滚筒联动的着墨辊起落机构不能工作，此时只能手动起落着墨辊。

给墨手柄离合的轻重，可以调节螺钉1，如果使着墨辊抬起得高一些，则给墨手柄就重；如果抬起的高度小，则给墨手柄就轻。由于靠近给水的第一根着墨辊远离支点，应特别注意不要使螺钉1抬起太高，否则扳动离合手柄的力太大，螺钉1只要调节得使着墨辊足够离开即可。

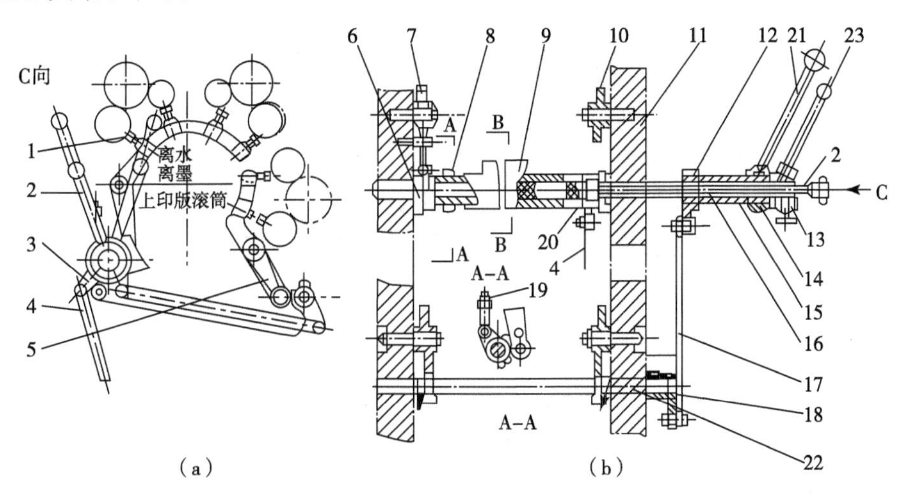

图4－2－10 J2108型印刷机着墨辊的起落机构

1—螺钉；2—推杆；3、12、17—连杆；4—连接杆；5—离水杆；6、8、11—凸轮；7、10—离墨杆；9—蜗杆；13、14—手柄座；15—连接套；16—轴；18—摆杆；19—调节螺母；20—键；21—离水手柄；22—离水凸轮；23—离墨手柄

2. 海德堡102系列印刷机着墨辊起落机构

如图4－2－11所示为海德堡102系列印刷机着墨辊起落机构，如图4－2－11（a）所示为操作面着墨辊起落机构，如图4－2－11（b）所示为传动面着墨辊起落机构。图4－2－11（a）中，通过操作面墙板外侧的离合压拉杆1或起落手柄6，使着墨辊起落拉杆2、5转动，拉动墨辊起落凸轮轴 A、D 转动，并通过连杆3、4，拉动墨辊起落凸轮轴

B、C 转动。图 4－2－11（b）中，当起落凸轮轴 A、B 转动时，凸轮 7、11 转动，并推动摆杆 8、10 绕轴 O_1 转动。当凸轮大面顶起摆杆时，摆杆 8、10 分别带动着墨辊 13、12 绕轴 O 顺时针和逆时针转动，实现与印版滚筒的离压。当凸轮轴转动，使凸轮小面与摆杆接触时，依靠弹簧 9 的作用，摆杆 8、10 分别绕轴 O 逆时针和顺时针转动，使着墨辊与印版滚筒合压。

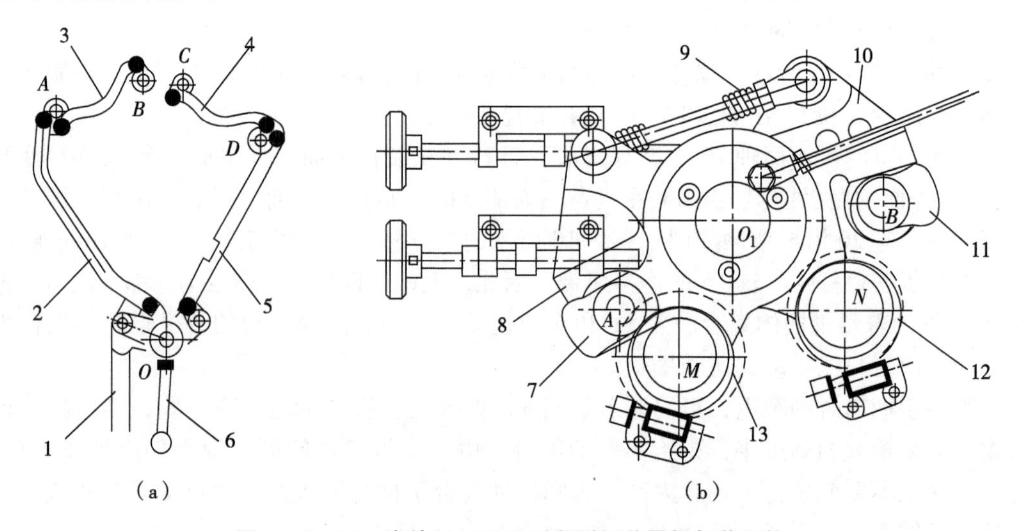

图 4－2－11　海德堡 102 系列印刷机着墨辊起落机构

1—离合压拉杆；2、5—着墨辊起落拉杆；3、4—连杆；6—起落手柄；7、11—凸轮；8、10—摆杆；9—弹簧；12、13—着墨辊

3. 上海光华 PZ 系列印刷机着墨辊压力调节机构

如图 4－2－12 所示，着墨辊的起落是通过气缸 1 推动连杆 2、3，带动摆杆 4 绕支点 B 转动，推动四根着墨辊起落，分别与印版滚筒离合。气缸 1 绕支点 A 转动。

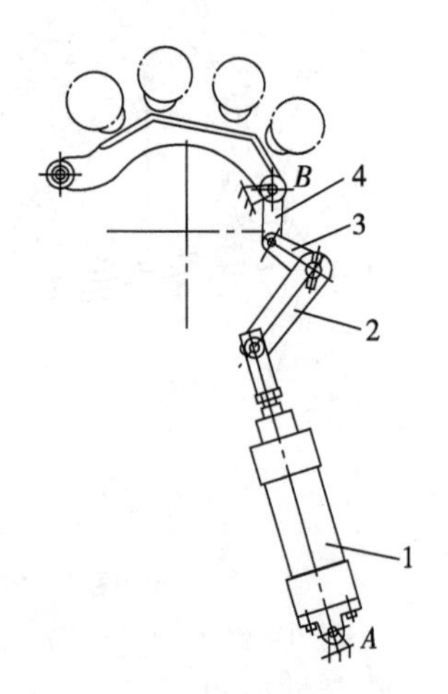

图 4－2－12　上海光华 PZ 系列印刷机着墨辊的起落机构

1—气缸；2、3—连杆；4—摆杆

五、洗墨器

现代化印刷机许多配备了洗墨器，当换色或必须清洗墨辊时，需要启动洗墨装置。如图 4－2－13 所示为 BEIREN920－1 型印刷机洗墨器。当清洗时洗墨刀片与串墨辊接触，不用时应使洗墨刀片离开或取下洗墨器，最好每天清洗，不要把洗下的残留油墨在洗墨槽内干燥，否则下次就难清洗。洗墨刀片是耐油橡胶制成，由于长期铲墨容易磨损，是一个易损零件。洗墨槽是铸铝件制成。转动调节螺钉，通过洗墨槽两边的支架，使洗墨槽向前移动，即可压向串墨辊进行清洗。当调节螺钉反向退回时，由于弹簧的作用将洗墨槽退离串墨辊而结束清洗。

如图4－2－14所示为海德堡印刷机洗墨器，使用方法如下：①启动印刷机，向墨辊上喷洒洗车水；②打开匀墨装置前的护罩，向上推动铲墨器1，将销子2推入支架3，关闭护罩；③运转机器，达到7000张/时，通过护栏喷洒水和洗车水，直到清洁为止，停止印刷机；④打开护罩，提起支架3，将铲墨器1拉下来，关闭护罩。

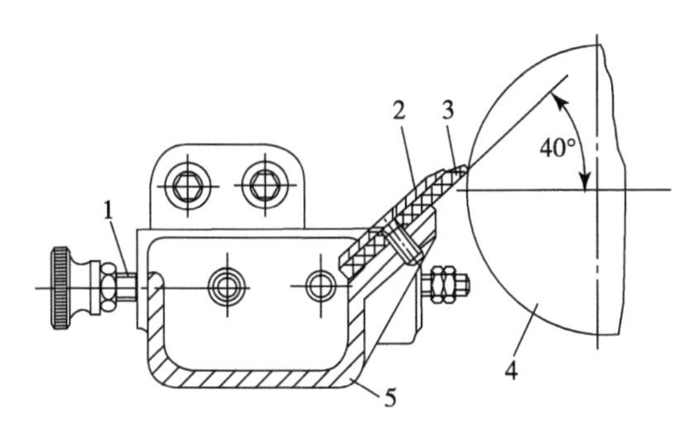

图4－2－13　BEIREN920－1型印刷机洗墨器

1—调节螺钉；2—压板；3—洗墨刀片；
4—串墨辊；5—洗墨槽

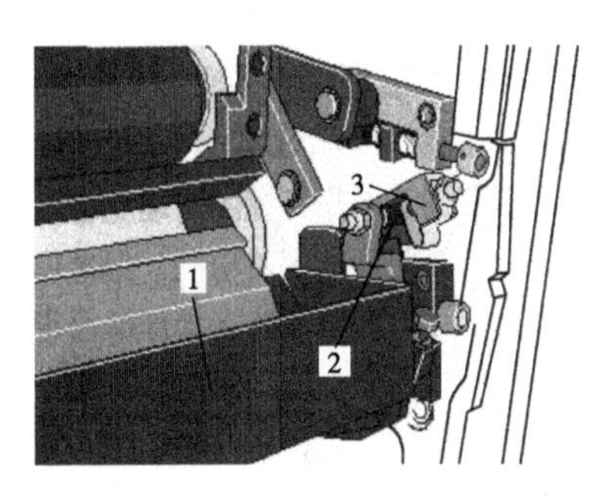

图4－2－14　海德堡印刷机洗墨器

1—铲墨器；2—销子；3—支架

思考题

1. 着墨机构的作用是什么？
2. 着墨辊压力调节的原则是什么？如何调节？
3. 简单叙述着墨辊起落机构的工作过程。
4. 调节着墨辊的顺序不正确会出现什么后果？
5. 着墨辊与印版滚筒间压力过大或过小对印版和印刷品有什么影响？

任务4.3　调节水量大小

1. 学习目标

知识：掌握润湿装置的组成；掌握润湿装置的分类及调节原理；了解着水辊起落机构；了解自动上水装置。

能力：能够对润湿装置水量大小进行调节。

情感：通过案例教学激发学生的好奇心和学习兴趣。

2. 教学方法

宏观——四步教学法，微观——引导、案例教学，分组讨论。

3．教学实施

工作过程	工作任务	教学组织
资讯	（1）润湿装置的组成； （2）润湿装置的分类； （3）润湿装置的调节； （4）着水辊起落机构； （5）自动上水装置	（1）公布项目和工作任务； （2）学生分组，明确分工
计划	（1）调节供水量； （2）调节传水量； （3）调节着水辊压力	（1）学生制订完成任务的方案，包括完成任务的方法、进度、学生的具体分工； （2）对学生提出的方案进行指导，帮助形成方案
实施	（1）按计划项目实施； （2）技术文件归档	（1）各小组按照制订的工作任务逐项实施； （2）对任务进行重点指导； （3）技术文件归档
检查评估	（1）分析学生完成任务的情况，并提出改进措施等； （2）技术文件归档； （3）完成个人报告； （4）撰写小组自评报告	（1）评估任务完成的质量、关注团队合作、考勤等； （2）教师指出过程中的不足，团队分析原因，提出优化意见

4．工作对象

平版印刷机（或独立的印刷单元）。

5．工具

教材、课件、多媒体、黑板、工具箱。

6．教学重点

供水量的调节、着水辊压力调节。

7．考核与评价

结合实施任务书和任务考核表进行考核与评价。其中，成果评定60%、学习过程评价30%、团队合作评价10%。

实施任务书

项目	调节内容	调节方法
1	调节着水辊压力	
2	调节传水辊压力	
3	调节供水量	

任务考核表

项目	考核内容	考核点	评价标准	分值
1	调节着水辊压力	安全性	提出安全注意事项，出现安全事故按0分处理	10
		操作方法	（1）检查着水辊压力； （2）调节着水辊与串水（计量）辊间压力； （3）调节着水辊与印版滚筒间压力	60
		质量要求	调节压力正确	30

续表

项目	考核内容	考核点	评价标准	分值
2	调节传水辊压力	安全性	提出安全注意事项，出现安全事故按0分处理	10
		操作方法	(1) 传水辊与水斗辊间压力； (2) 传水辊与串水辊间压力	60
		质量要求	调节压力正确	30
3	调节供水量	安全性	提出安全注意事项，出现安全事故按0分处理	10
		操作方法	水量整体调节	60
		质量要求	调节方法正确	30

一、润湿装置的组成

平版印刷机印版的表面，在涂布油墨之前，必须先由润版液加以润湿，使版面的空白部分与墨辊接触时不沾油墨，由于润版液中主要成分是水，而水的流动性很大，因此在着水辊上包上绒布来吸收水分，存储必要的水分，用于润湿印版表面。一般着水辊只需1~2根即可。在印刷过程中，要严格控制水量大小，用尽量少的水润湿印版，确保水量和墨量的比例适当。所以要严格掌握水辊的压力调节和供水部分的给水量。

1. 供水部分

供水部分是保证润湿系统获得定时定量的润版液。如图4-3-1所示，主要包括图中水斗1、水斗辊2、传水辊3及用来控制水分调节的自动加水器等其他装置。

水斗的作用是存储润版液，随着印刷过程的进行，水斗中的润版液不断减少，必须由相应装置对水斗中润版液进行添加。水斗辊浸在水斗的润版液中，其运动通常是由电机直接带动匀速旋转，水斗辊在转动过程中带出润版液。传水辊的运动为摆动或匀速转动，通过传水辊的运动，将润版液从水斗辊传递到着水辊或串水辊上。

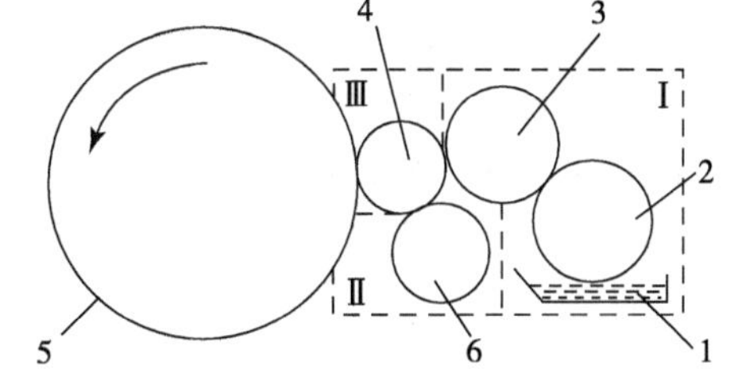

图4-3-1 平版印刷机常规润湿装置的组成

Ⅰ—供水部分；Ⅱ—匀水部分；Ⅲ—着水部分

1—水斗；2—水斗辊；3—传水辊；

4—着水辊；5—印版滚筒；6—串水辊

2. 匀水部分

润湿装置的匀水部分通常只有一根串水辊6。传水辊3将润版液传递给串水辊，或传递给着水辊4（需要串水辊匀水）。串水辊周向转动仍然是依靠印版滚筒的传动齿轮，而轴向运动则往往来源于串墨辊。

3. 着水部分

润湿装置的着水部分通常采用1~3根着水辊，常常使用2根着水辊。着水辊4在与串水辊的接触、滚压中打匀并获得均匀的润版液，并将润版液传递给印版的非图文部分。着水辊依靠与印版滚筒和串水辊的摩擦力转动。

二、润湿装置的分类

按照润湿装置可分为接触式和非接触式两大类型，接触式又可以分为间歇式和连续式，非接触式可以分为刷辊式和喷雾式。

1. 间歇式润湿装置

间歇润湿装置是接触式润湿装置的一种，是指供水装置向匀水装置提供的水量是间歇的。如图4-3-2所示为一种常规使用的间歇式润湿装置。水斗辊2间歇转动或连续转动，传水辊3往复摆动，通过串水辊4、着水辊5，将润版液定时、定量地传递到印版滚筒6上。

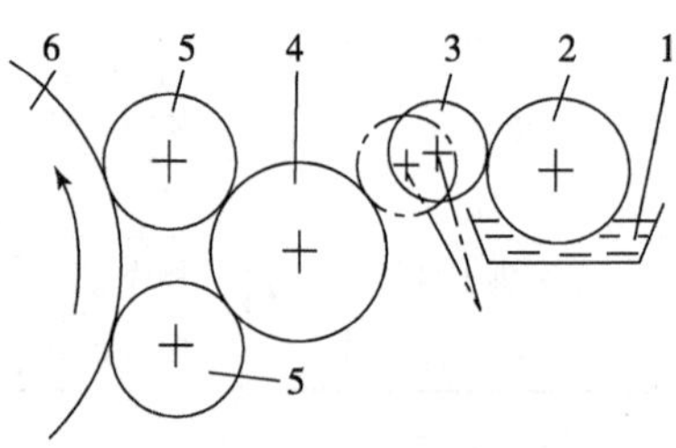

图4-3-2 间歇式润湿装置

1—水斗；2—水斗辊；3—传水辊；4—串水辊；5—着水辊；6—印版滚筒

2. 连续式润湿装置

连续式润湿装置就是把间歇运动的水斗辊改为连续转动，再去掉往复摆动的传水辊，将润版液连续地、均匀地供给印版进行润湿。目前连续式润湿装置有传统连续式润湿装置和达格伦润湿装置两种形式。

（1）着水辊单独直接给印版润湿的润湿装置

如图4-3-3所示润湿装置为日本小森LITHRONE型印刷机上的连续式润湿装置。该装置由水斗、水斗辊1、计量辊2、串水辊3、着水辊4和重辊5组成。水斗辊1由电机驱动连续旋转。水斗辊通过齿轮传动使计量辊2旋转。供水量可由电机转速不同来调节。串水辊3由印版滚筒轴端齿轮驱动，着水辊4靠串水辊3和印版滚筒的摩擦力旋转。其表面线速度与印版滚筒表面线速度相等，转速比较快。计量辊2和串水辊3不但转速不等，而且在接触面运动方向相反。由此使两辊之间形成更薄的润湿膜，通过着水辊4均匀地给印版润湿。

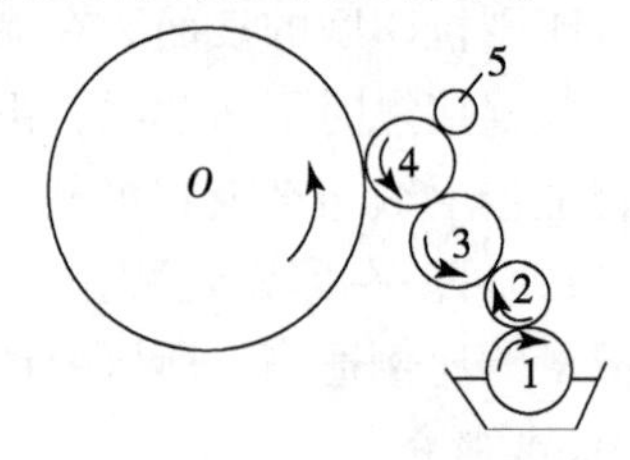

图4-3-3 传统连续式润湿装置

1—水斗辊；2—计量辊；3—串水辊；4—着水辊；5—重辊

该润湿装置水量大小调节是直接调节水斗辊1的驱动电机的转速。

（2）着墨辊给印版润湿的润湿装置（达格伦润湿装置）

如图4-3-4（a）所示为第一根着墨辊给印版润湿的接触式连续润湿装置，该装置是由美国人哈罗德·达格伦设计的，故称达格伦润湿装置。水斗辊1由单独的电机驱动，水斗辊1的表面线速度比印版滚筒表面线速度低20%～50%，计量辊2由水斗辊1带动旋转，润湿液在两者之间形成很薄的水膜。水斗辊1将附着在辊上的均匀的水薄膜再依靠与第一根着墨辊3的速度差将水膜进一步辗薄打匀后，由着墨辊3将水传到印版上，对印版进行润湿。着墨辊3起到着墨辊与着水辊的双重作用。如图4-3-4（b）所示为罗兰700系列平版印刷机的润湿装置示意。

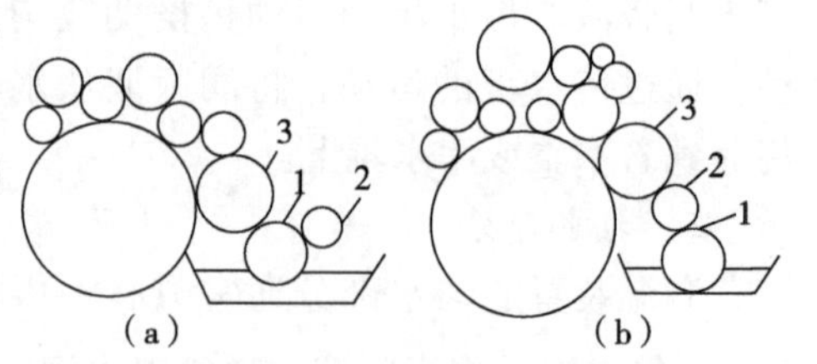

图4-3-4 达格伦润湿装置

1—水斗辊；2—计量辊；3—着墨辊

水量大小的调节可直接调节水斗辊1的驱动电机的转速，或调计量辊2与水斗辊1的中心距。

（3）着水辊和着墨辊同时给印版润湿的润湿装置

如图4－3－5所示为海德堡Alcolor的润湿装置。该装置由5根水辊组成，橡胶材料的水斗辊1由电机驱动，由其轴端齿轮驱动计量辊2，在水斗辊1和计量辊2之间形成极薄的润湿膜。串水辊4由印版滚筒带动旋转。着水辊3依靠与印版滚筒的摩擦力驱动，其转速比计量辊2快。

如图4－3－5（a）所示为非工作位置。计量辊2与水斗辊1脱开，水、墨辊都与印版脱开，中间辊5与第一根着墨辊6、着水辊3是接触的。

如图4－3－5（b）所示为预润湿位置。计量辊2与水斗辊1接触，中间辊5与着墨辊接触，着水辊3与印版接触。酒精润版液通过串水辊4、计量辊2润湿印版，同时，润版液通过中间辊5传到着墨辊上，在着墨辊上进行水、墨平衡。

如图4－3－5（c）所示为第一种正式印刷位置。在预润湿基础上，着墨辊与印版接触，水、墨在印版上很快达到平衡，在墨辊上还设有吹风杆，会使过量的润版液挥发掉。

如图4－3－5（d）所示为第二种正式印刷位置。计量辊2与着水辊3接触，中间辊5与着墨辊脱开，着水辊3与印版接触。

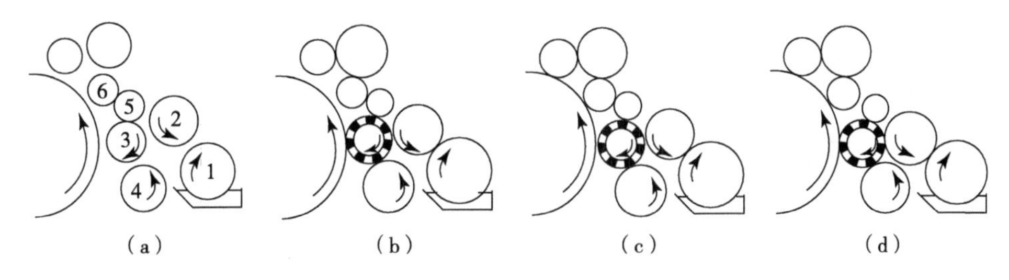

图4－3－5 海德堡Alcolor的润湿装置

1—水斗辊；2—计量辊；3—着水辊；4—串水辊；5—中间辊；6—第一根着墨辊

水量大小的调节可直接调节水斗辊1的驱动电机的转速。

在CP2000系统中，通过选择中间辊是否与着墨辊接触来选择不同的印刷方式。若选择中间辊与着墨辊接触方式，先进行预润湿，然后进行第一种正式印刷位置进行润湿。若选择中间辊与着墨辊不接触方式，采用第二种正式印刷位置进行润湿。

3. 喷雾式润湿装置

如图4－3－6所示为德国海德堡公司的Speedmaster平版印刷机气流喷雾润湿装置。水斗辊1浸入水槽中，由单独的电机驱动旋转。多孔圆柱网筒5套有细网编织的外套并由水斗辊1利用摩擦带动旋转。压缩空气室6（由风泵供气）的一侧沿轴向开有一排喷气口，将水斗辊1传给编织网筒5的水喷成雾状射到传水辊7上，再由串水辊8经着水辊9向印版润湿。

局部水量大小的调节。沿水斗辊1轴向的一排调节螺钉4用来调节橡皮刮刀3与水斗辊1（表面镀铬）的间隙，从而可以调节沿水斗辊轴向各区段的给水量。

整体供水量的调节。可以通过调节水斗辊转速来控制整体水量大小。

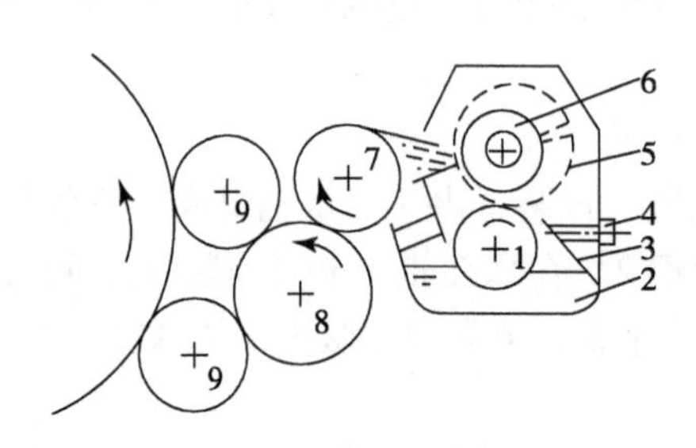

图4－3－6　气流喷雾式润湿装置

1—水斗辊（镀铬）；2—水斗；3—刮刀；4—调节螺钉；5—网筒；6—压缩空气室；7—传水辊；8—串水辊；9—着水辊

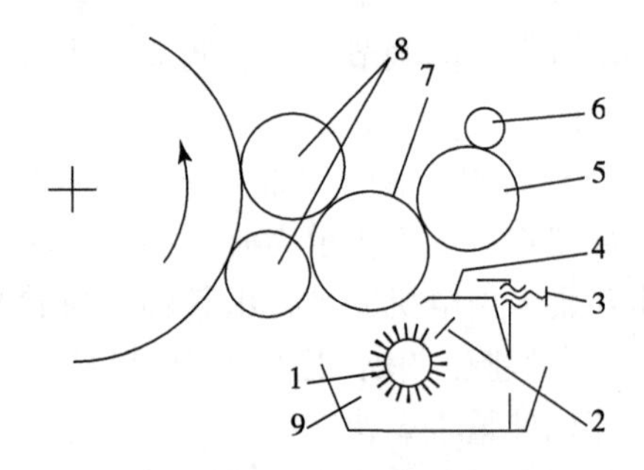

图4－3－7　毛刷辊润湿装置

1—毛刷辊（水斗辊）；2—刮板；3—调节螺钉；4—遮水板；5—匀水辊；6—压辊；7—串水辊；8—着水辊；9—水斗

4. 刷辊式润湿装置

如图4－3－7所示为日本三菱胶印机的一种润湿装置。水斗辊1做成毛刷式辊子，直接由电机带动旋转，将水斗中的水带起。由刮板2将水弹向串水辊7，并经着水辊8传给印版。

整体调节时调节水斗辊驱动电机的转速。局部水量调节时可调节螺钉3来调整遮水板的位置，可以精确地控制上水量的大小。

三、润湿装置的调节

1. 传统润湿装置的调节

如图4－3－8所示为J2108型印刷机的水斗辊与传水辊的工作原理图。

(1) 水斗辊供水量的调节

水斗辊的间歇式摆动是由串水辊14轴端的曲柄2，通过连杆、摆杆、棘爪3来推动与水斗辊装在同一轴上的棘轮4做间歇式转动实现的。传水辊12的往复摆动是由凸轮1、滚子9、摆杆11带动传水辊12做往复摆动。当出现故障或停止印刷时，电磁铁15失电，控制顶块16在弹簧13的作用下逆时针转过一个角度，顶块16正好将传水辊卡在靠近串水辊的位置上，传水辊停止传水。

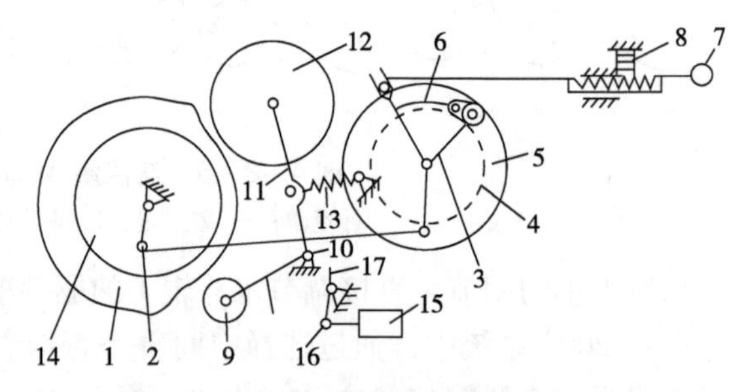

图4－3－8　水斗辊与传水辊的工作原理

1—凸轮；2—曲柄；3—棘爪；4—棘轮；5—水斗辊；6—圆弧挡板；7—调节手柄；8—弹簧销；9—滚子；10、11—摆杆；12—传水辊；13—弹簧；14—串水辊；15—电磁铁；16—顶块；17—杠杆

供水量大小的调节是通过改变水斗辊每次旋转角度大小实现的。具体操作是拉动带定位齿条的调节手柄7，改变圆弧挡板6遮挡棘轮轮齿的位置来调节的。

(2) 传水辊压力的调节

传水辊与串水辊和水斗辊之间的压力要适中。调节时应使传水辊与串水辊之间的压力大于传水辊与水斗辊之间的压力，以利于传水辊保持较好的传水性能。

传水辊与水斗辊之间的接触压力可通过弹簧13的拉力变化进行调节。

（3）串水辊串动量的调节

如图4－3－9所示为J2108型印刷机的串水辊结构图。串水辊由三节组成，目的是便于拆卸更换串水辊，可以在不拆卸机器墙板的情况下就可把串水辊拆下来。串水辊体的外表面是镀铬抛光的，有较好的亲水性，且不易粘上油墨。串水辊体是由无缝钢管的两端镶堵焊接而成。辊体外圆表面镀硬铬磨削加工而成。

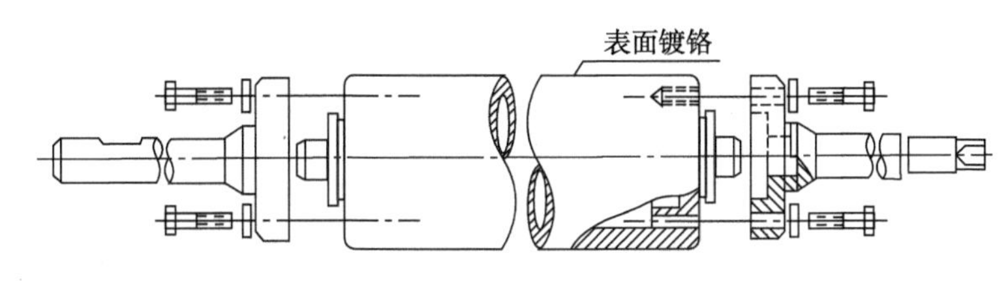

图4－3－9 串水辊结构

串水辊不仅做旋转运动，还必须做轴向串动。串水辊的旋转运动一般由印版滚筒上的齿轮经惰轮传动的。轴向串动机构采用曲柄摆杆机构，实现串水辊的轴向串动。采用偏心连杆机构的串水辊串动量的调节一般是通过偏心机构调节偏心量来实现的。串水辊轴向串动量一般为12～25mm。最大串动量约为25mm。

（4）着水辊与串水辊压力的调节

先调节着水辊与串水辊的压力，再调节着水辊与印版滚筒的压力。图4－3－10所示为着水辊压力调节原理图，其调节原理与着墨装置基本相同。松开锁紧螺母8，转动调节轮9，使蜗杆7带动蜗轮6转动，蜗轮偏心地安装在着水辊1、5轴端，蜗轮6的转动使得着水辊的中心绕蜗轮的中心转动，从而改变着水辊与串水辊之间的中心距，从而改变二者之间的压力。

（5）着水辊与印版滚筒压力的调节

如图4－3－10所示，松开锁紧螺母12，转动机器两侧的手轮13，使螺杆14产生轴向移动，利用锥头10的斜面作用推动摆杆2摆动，使着水辊中心绕 O 做微量摆动，着水辊1离开或靠近印版，从而使着水辊与印版滚筒之间的压力发生变化。

撑簧11的作用是推动摆杆2，使着水辊靠向印版。

2. 海德堡/光华系列印刷机着水辊压力调节机构

（1）着水辊与串水辊压力的调节

如图4－3－11所示，转动调节蜗杆A、B，带动蜗轮转动，着水辊支座为偏心结构，蜗轮转动带动着水辊支座绕蜗轮中心转动，着水辊中心与串水辊中心距离发生变化，着水辊靠近或远离串水辊，从而改变着水辊与串水辊间的压力。

（2）着水辊与印版滚筒压力的调节

转动机器，将印版滚筒的版面朝向着水辊，然后落下着水辊。转动调节丝杠C、D，丝杠在丝杠座的作用下轴向移动，带动着水辊支座微量摆动，改变着水辊与印版滚筒间的中心距，从而改变着水辊与印版滚筒间的压力。

3. 海德堡酒精润湿装置的调节

酒精润湿装置由于酒精的扩散能力强，传递液膜较薄，一般没有串水辊，而是用一根着水辊（润版辊），但仍有镀铬的匀水辊。如图4－3－12所示为酒精连续润版装置调节机构。

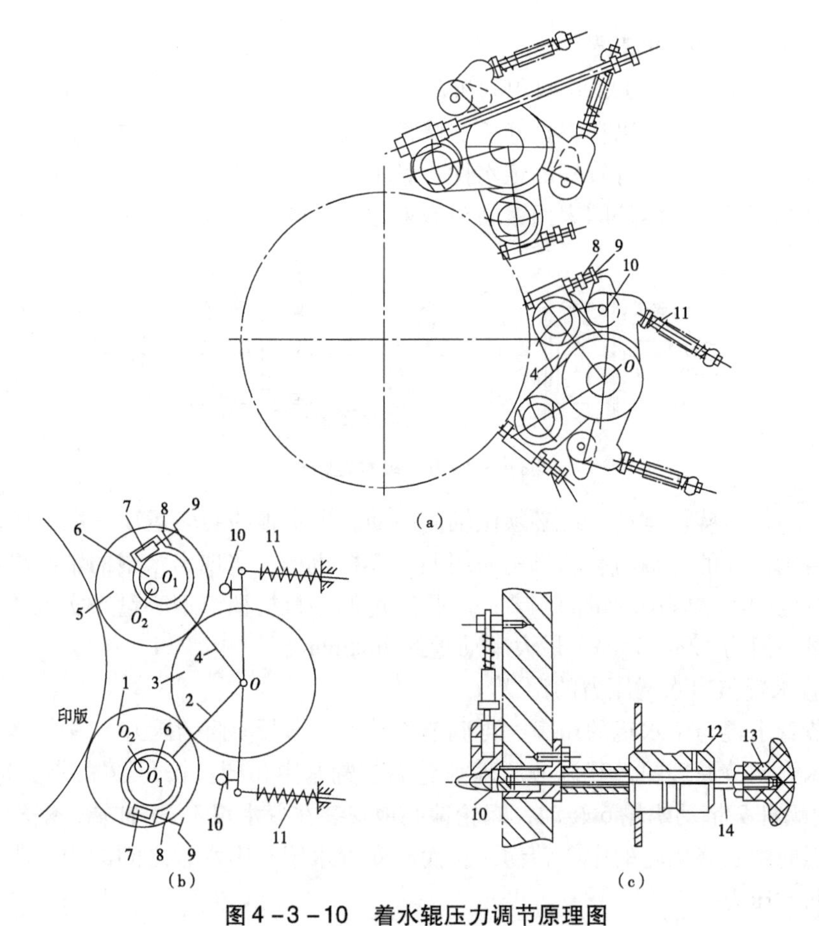

图4-3-10　着水辊压力调节原理图

1、5—着水辊；2、4—摆杆；3—串水辊；6—蜗轮；7—蜗杆；8、12—锁紧螺母；9—调节轮；10—锥头；11—撑簧；13—手轮；14—螺杆

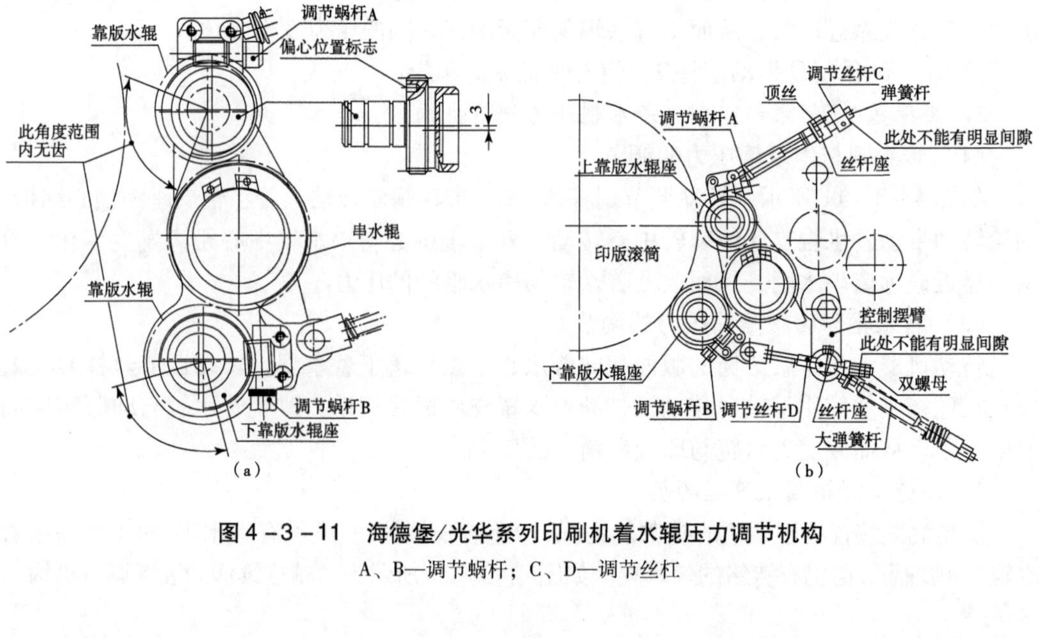

(a)　(b)

图4-3-11　海德堡/光华系列印刷机着水辊压力调节机构

A、B—调节蜗杆；C、D—调节丝杠

(1) 润版辊的调节

①润版辊与压印滚筒间压力。用压痕法检测，压痕宽度应均匀一致，宽度为5～6mm，通过调节螺杆K来调整。

②润版辊与匀水辊间压力。润版辊与匀水辊C之间的压力，可调节螺杆F来实现。

③润版辊与中间辊间压力。润版辊与中间辊E间压力，可调节螺杆G实现。

④润版辊与计量辊间压力。润版辊与计辊B之间的压力调整，可通过调节螺杆J实现。

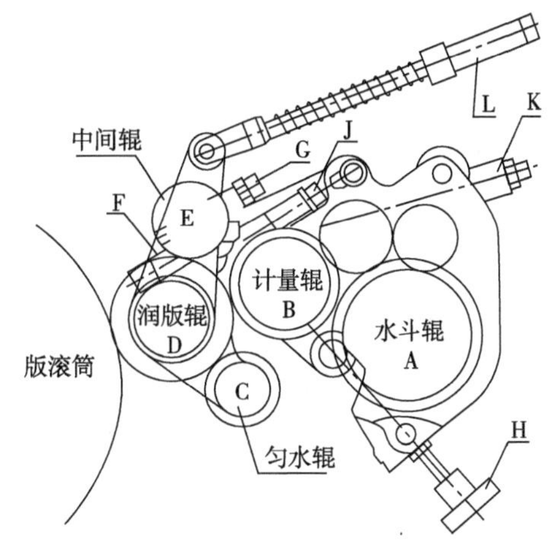

图4-3-12 海德堡酒精润湿装置调节原理图

A—水斗辊；B—计量辊；C—匀水辊；D—润版辊；E—中间辊；F、G、H、L、J、K—调节螺杆

(2) 计量辊的调节

计量辊与水斗辊A间的压力，可调节螺杆H实现，使润湿液形成薄而均匀的水膜。

(3) 中间辊的调节

中间辊与着墨辊间的压力，可调节螺杆L实现。

四、自动上水装置

印刷机工作时，水斗中的水不断被消耗掉，为了保持水斗中水位一定，使印版得到稳定均匀的供水，印刷机一般都配备有自动上水器。目前自动上水装置有以下几种类型。

(1) 水泵式上水装置

如图4-3-13所示为水泵式自动上水装置。水斗辊1浸在水斗2中，当水位下降时，贮水箱5中的水由水泵4（齿轮泵或叶片泵）经上水管3流进水斗2中，当水位超过出水口7时经回水管6流回贮水箱5，从而使水斗中始终保持一定的水位高度，通常要水泵流量大于水斗的耗水量。

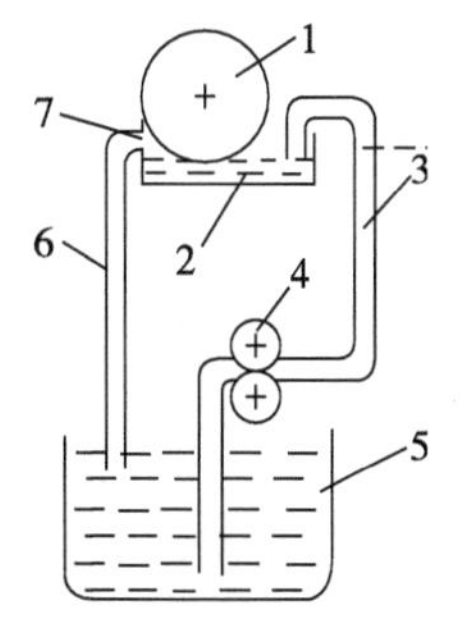

图4-3-13 水泵自动上水装置

1—水斗辊；2—水斗；3—上水管；4—水泵；5—贮水箱；6—回水管；7—出水口

(2) 真空自动上水装置

如图4-3-14所示为真空自动上水装置示意图。水斗辊2浸在水斗1中，当水斗中的水位下降到出水管4的出水口离开水面时，由于贮水箱6由密封盖7密封，水箱内的气压低于大气压力，外面气体压入箱内使水流出。当水面高于出水管口时，贮水箱内外气压达到平衡，水箱的水不再流出。这种装置结构简单，被广泛应用于各种类型的平版印刷机上。但要求贮水箱必须具有良好的密封性，否则难以控制水槽水位的高度。

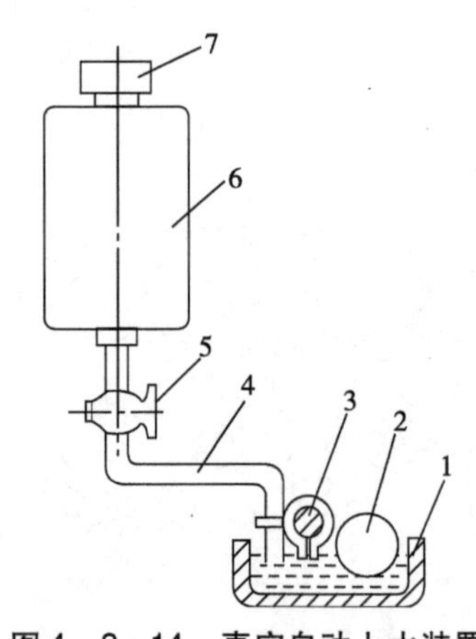

图4-3-14 真空自动上水装置

1—水斗；2—水斗辊；3—拉轴；4—出水管；
5—开关阀门；6—贮水箱；7—密封盖

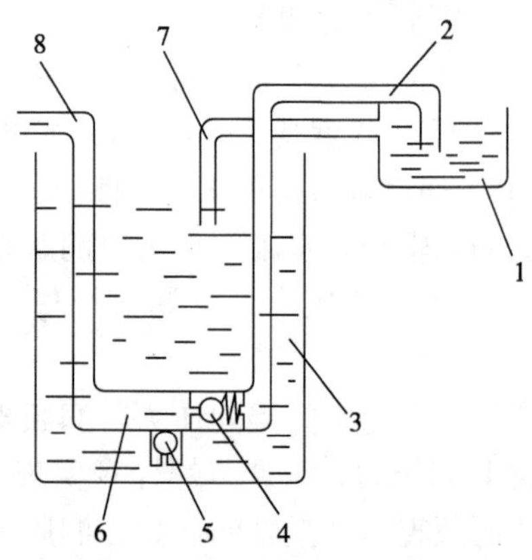

图4-3-15 风动自动上水装置

1—水斗；2—上水管；3—贮水箱；
4、5—单向阀；6—三通管；7—回水管；8—导管

（3）风动自动上水装置

如图4-3-15所示为风动上水装置。有风时，风经导管8进入三通管6使单向阀5关闭、单向阀4打开。在气压作用下，三通管中的水通过上水管2进入水斗1中。停风时，单向阀4在弹簧作用下关闭、单向阀5被贮水箱中的溶液顶开，贮水箱向三通管6及导管8中注入溶液，直到导管8中的液面和贮水箱内的液面高度相等，再次来风时又可向水斗注水。水斗液面高出规定高度时，水从回水管7流入贮水箱3中。

（4）循环供水装置

图4-3-16所示为循环供水装置，广泛用于印刷速度高，印品数量大，水量要求较大的卷筒纸平版印刷机中。循环供水装置中水斗辊1浸在水斗2中，水泵6从分水箱4经水管5将水抽入水斗2中。水斗的水面超过回水管3溢流口时，水经回水管流回分水箱中。当分水箱4的水面低于浮球阀7时，浮球阀自行打开，总水箱9中的水经水管8进入分水箱4中。当分水箱4的水面高于浮球阀7时，浮球阀关闭，总水箱9停止向分水箱4供水。

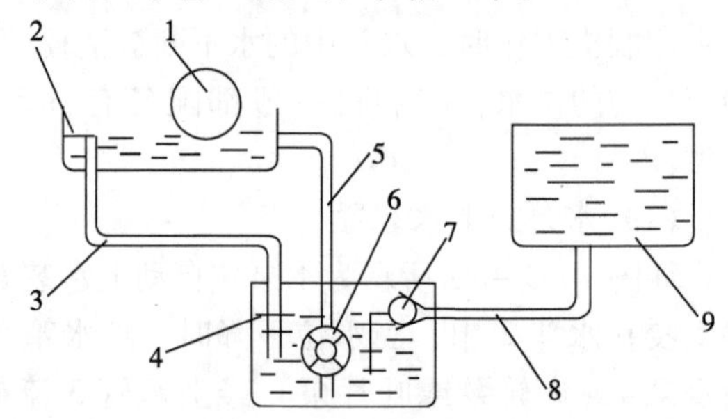

图4-3-16 循环供水装置

1—水斗辊；2—水斗；3—回水管；4—分水箱；
5、8—注水管；6—水泵；7—浮球阀；9—总水箱

思考题

1. 润湿装置由哪些部分组成？各有什么作用？
2. 润湿装置有哪些类型？
3. 水斗辊的转动有几种形式？
4. 传水辊的传动有几种形式？
5. 气动式着水辊起落调压机构是如何工作的？
6. 润湿装置自动上水装置有哪些类型？各有什么特点？

情景5

调节收纸装置

知识目标

1. 掌握收纸装置的基本组成与作用。
2. 掌握收纸牙排的工作原理及结构。
3. 掌握收纸滚筒的作用、种类及结构。
4. 掌握收纸牙排叼牙开闭的原理。
5. 熟悉理纸机构工作原理。
6. 熟悉喷粉装置、干燥装置、上光装置的作用和工作原理。

能力目标

1. 能够进行收纸牙排的调节。
2. 能够进行收纸滚筒的调节。
3. 能够进行收纸链条的调节。
4. 能够进行开闭牙时间的调节。
5. 能够进行理纸机构的调节。
6. 熟练掌握收纸台的操作。
7. 掌握喷粉装置、干燥装置、上光装置的操作。

任务5.1 调节收纸牙排

1．学习目标

知识：掌握收纸装置的基本组成和作用；掌握收纸滚筒结构；熟悉收纸牙排结构；掌握收纸链条张紧机构的调节。

能力：能够根据实际机器对收纸链条张紧机构进行调节；能够进行收纸牙排交接位置和交接时间的调节；能够进行收纸牙叼纸力的调节。

情感：通过案例教学激发学生的好奇心和学习兴趣。

2．教学方法

宏观——四步教学法，微观——引导、案例教学，分组讨论。

3．教学实施

工作过程	工作任务	教学组织
资讯	（1）收纸装置的基本组成； （2）收纸传送装置； （3）收纸滚筒的类型； （4）收纸牙排与压印滚筒交接的调节； （5）收纸牙排在收纸台上放纸时间的调节	（1）公布项目和工作任务； （2）学生分组，明确分工
计划	（1）调节收纸链条张紧机构； （2）调节收纸牙排叼纸力大小； （3）调节收纸牙排交接位置和时间	（1）学生制订完成任务的方案，包括完成任务的方法、进度、学生的具体分工； （2）对学生提出的方案进行指导，帮助形成方案
实施	（1）按计划项目实施； （2）技术文件归档	（1）各小组按照制订的工作任务逐项实施； （2）对任务进行重点指导； （3）技术文件归档
检查评估	（1）分析学生完成任务的情况，并提出改进措施等； （2）技术文件归档； （3）完成个人报告； （4）撰写小组自评报告	（1）评估任务完成的质量、关注团队合作、考勤等； （2）教师指出过程中的不足，团队分析原因，提出优化意见

4．工作对象

平版印刷机（或收纸装置和收纸牙排）。

5．工具

教材、课件、多媒体、黑板、工具箱。

6．教学重点

收纸牙排的调节。

7．考核与评价

结合实施任务书和任务考核表进行考核与评价。其中，成果评定60%、学习过程评价30%、团队合作评价10%。

实施任务书

项目	调节内容	调节方法
1	调节收纸链条张紧机构	
2	调节收纸牙排交接位置和交接时间	
3	调节收纸牙排叼纸力大小	

任务考核表

项目	考核内容	考核点	评价标准	分值
1	调节链条张紧机构	安全性	提出安全注意事项，出现安全事故按0分处理	10
		操作方法	（1）松开、拧紧固定螺母； （2）调节螺钉； （3）检查链条张紧程度	60
		质量要求	链条松紧合适	30
2	调节收纸牙排交接位置、交接时间	安全性	提出安全注意事项，出现安全事故按0分处理	10
		操作方法	（1）齿轮的周向位置调节； （2）开闭牙凸轮调节	60
		质量要求	走纸正常	30
3	调节收纸牙排叼纸力大小	安全性	提出安全注意事项，出现安全事故按0分处理	10
		操作方法	（1）固定好牙垫； （2）垫上纸张； （3）调节叼牙次序； （4）叼牙力调整方法	60
		质量要求	（1）叼牙张角一致； （2）叼牙叼力一致	30

知 识 链 接

一、收纸装置的基本组成

单张纸平版印刷机完成印刷后，需要将已经印刷完成的印刷品从印刷单元传送到收纸台上，并整齐地堆叠成垛。另外，在收取过程中还可根据需要对印刷品进行联机印后加工处理（如上光、干燥等）。收纸装置主要由收纸滚筒、收纸传送装置、理纸机构、收纸台升降机构、收纸减速机构、喷粉与干燥装置、辅助装置等组成。如图5－1－1所示。

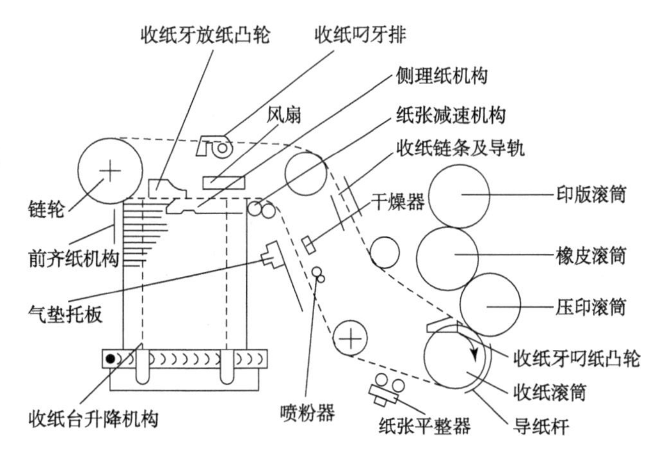

图5－1－1　收纸装置的组成

现代单张纸平版印刷机收纸装置根据其结构可分为高台收纸和低台收纸两种。

（1）低台收纸

低台收纸的收纸台一般设置在压印滚筒的下方，低于压印滚筒高度。收纸台高度一般不超过600mm，如图5－1－2所示。低台收纸的优点是机器结构紧凑，占地面积小，机件少，造价较低。缺点是收纸台容量小，停机更换纸台次数多，操作者劳动强度较大，取样观看印品质量不方便。低台收纸主要应用在四开及以下小幅面平版印刷机上。

（2）高台收纸

高台收纸的收纸台通常并列于印刷装置，单独成为一个单元，收纸输送链排沿较长的曲线导轨输送纸张，收纸堆高一般在900mm以上，如图5－1－3所示。高台收纸具有收纸台容量大，看样取样方便，印刷精细产品时便于安装晾纸架和收取成品，更换纸台停机次数少，可配备副收纸板实现不停机换纸。高台收纸输送路线长有利于印刷品的干燥，便于安装干燥装置。现代高速单张纸平版印刷机广泛采用高台收纸方式，主要应用在对开及以上幅面的平版印刷机，但高台收纸机构复杂，机器长度增加，占地面积增大，成本提高。

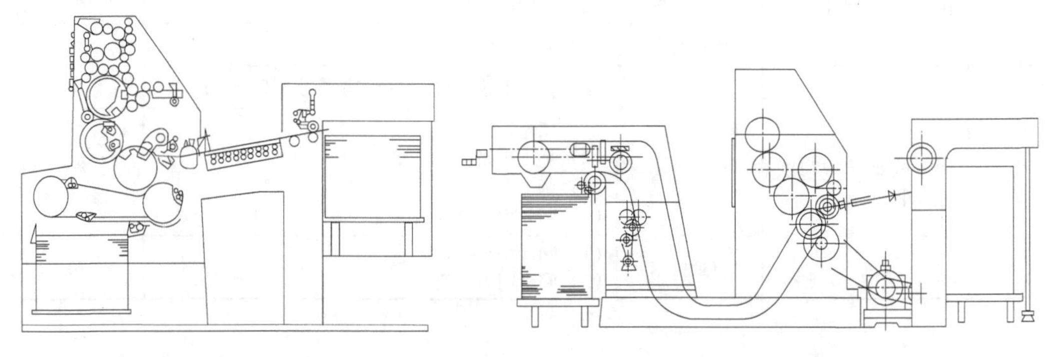

图5－1－2　低台收纸　　　　图5－1－3　高台收纸

二、收纸传送装置

收纸传送是通过收纸链条上的收纸牙排的运动来完成的。收纸叼牙排的两端分别铰接在两根套筒滚子链上，由固定在收纸滚筒轴的两个链轮传动。

1. 收纸链条

（1）收纸链条的特点

链轮驱动两条封闭收纸链条，在两条链条之间固定了若干个收纸牙排，收纸链条在导轨的作用下，按照收纸路线实现远距离的纸张输送，将纸张从收纸滚筒传递到收纸台上。

每组叼牙排间的链条长度，必须大于最大纸张长度50～100mm，以保证纸张在收纸台上堆积时，不发生碰撞和依次顺利地完成堆积。

收纸链条一般使用精度高的套筒滚子链条，链条质量轻、圆弧过渡大、耐磨性高、噪声低。在满足要求的前提下，链条越短产生的噪声和振动越小、结构越紧凑。

（2）收纸链条松紧的调节

收纸链条的松紧影响收纸牙排传送纸张的稳定性和噪声的大小。链条的松紧度以收纸台上方直线部分的收纸链条可人力提起约20mm为宜。

如图5－1－4所示，松开固定螺母1，用专用工具转动调节螺母8，通

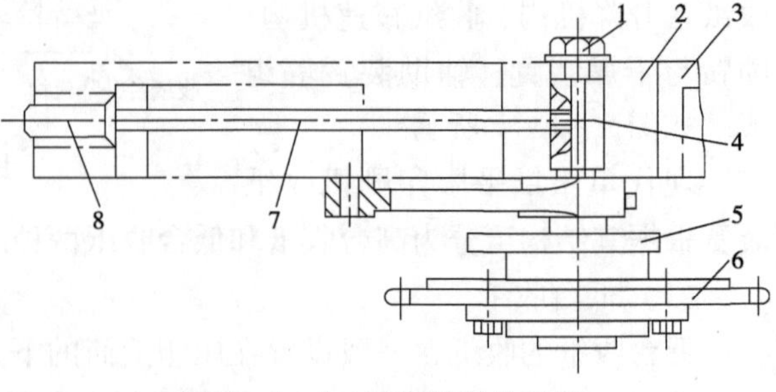

图5－1－4　链条松紧的调节

1—固定螺母；2—滑块；3—机架；4—链轮轴；5—链轮座；6—链轮；7—拉杆；8—调节螺母

过拉杆7的移动带动滑块2在机架槽内移动，拉动链轮轴4，从而调节链轮座5的前后位置，待调到合适位置后，再紧固两个固定螺母1。

2. 收纸牙排

(1) 收纸牙排结构

如图5－1－5所示为J2108A型印刷机收纸链排结构。J2108A型印刷机有11排收纸链排，每一个链排由两根轴支撑着。牙垫轴上面装有十二组叼纸牙，叼纸牙安装在收纸叼牙轴上，该轴在滚子、摆杆、凸轮的控制下做往复运动，实现叼牙的张开、闭合。叼纸牙牙垫安装在牙排固定轴上，轴是空心管子用销钉分别固定在传动侧和操作侧的支轴座1上，两端轴座是用销钉4和两边的链条连接的，每一个轴座上只有一个销钉。另一个链条节距上装有滑块6，滑块是放在轴座槽内的，在链轮上换向时使滑块在轴座槽内有微量的滑动。

收纸叼牙轴靠两根弹簧9撑着，收纸叼牙力大小取决于弹簧的力。

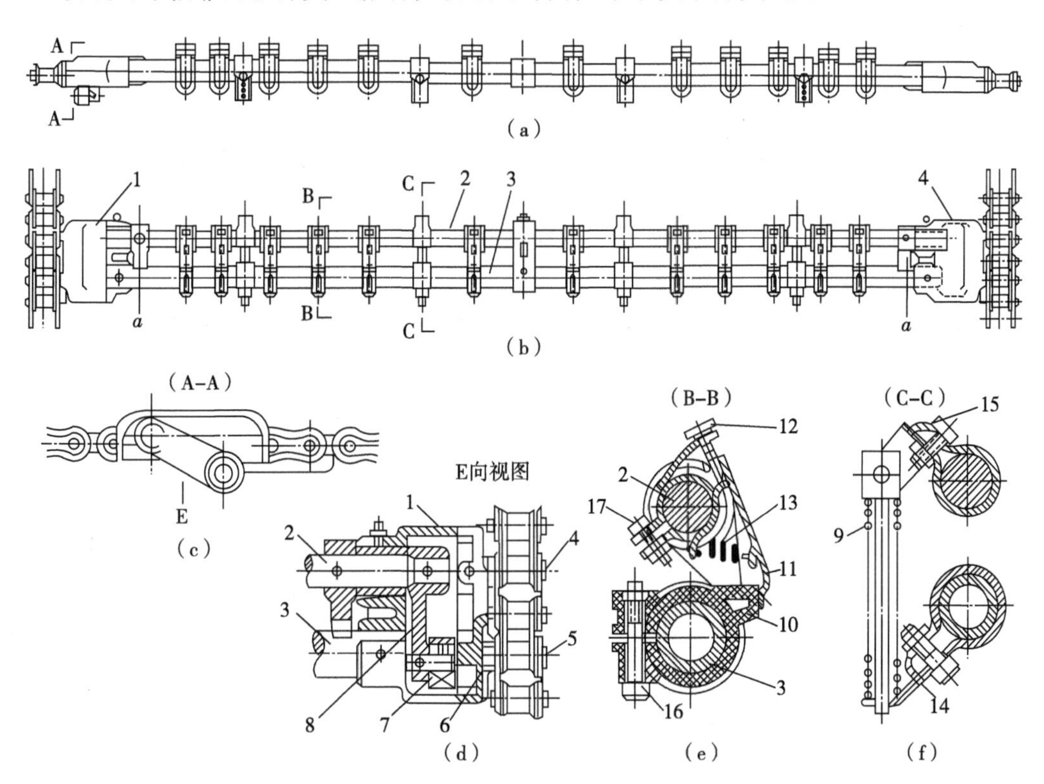

图5－1－5 J2108A收纸链排结构

1—支轴座；2—牙垫轴；3—叼牙轴；4、5—销钉；6—滑块；7—开闭牙滚子；8—摆杆；9、13—弹簧；10—牙垫；11—叼牙；12、16—螺钉；14、15—卡箍；17—紧固螺钉

(2) 开牙角度的调节

如图5－1－5所示，松开紧固螺钉17，松开牙片，然后松开螺钉16，转动牙垫，改变牙垫的高度，将所有牙垫调成在同一直线上，且与滚筒平行。调节时先确定整个牙排两端两个牙垫的角度，用直尺紧靠边上的牙垫，以直尺为基准靠齐所有的牙垫，拧紧螺钉16。

（3）单个叼纸牙叼纸力大小的调节

调节螺钉12将所有牙片拉簧拉力调节一致，然后在两边靠山处垫入0.2mm厚度的纸片，接着在每个叼纸牙都夹上0.08～0.1mm的纸片。从中间开始向两边间隔调节，调节螺钉12使这些纸条都带着劲才能拉出，调节完后取出靠山处的纸片。

（4）整体叼纸牙叼纸力的调节

整体叼纸牙叼纸力大小由弹簧9控制，通过调节卡箍14、15的相对位置达到调节的目的。调节完成后，所有弹簧9的压力大小均匀一致。

3. 收纸导轨

收纸链条是在导轨中运动的，导轨的结构对印张的运行、机器的振动和噪声大小起着重要作用。

（1）收纸导轨的特点

①由于链条长期运转磨损，链节长度会增长，在导轨的收纸端一般是不封闭的，由长槽进行调节。

②导轨运行部分周长和收纸链条的周长保持一致；通常要求收纸链条装配可在导轨上抬起12～20mm。

③为了减少收纸链条的磨损，并减少链条的噪声，所有导轨的连接应是圆弧连接，过渡圆弧越大越好。

④为了保证纸张平稳交接，在交接处采用上下导轨。

（2）收纸导轨的主要结构

导轨的结构形式常见的有封闭式导轨和开放式导轨，如图5－1－6所示。高速印刷机多采用封闭式导轨。

导轨与导轨的接口一般有对接式和搭接式两种形式，如图5－1－7所示，其中搭接式能减少噪声。

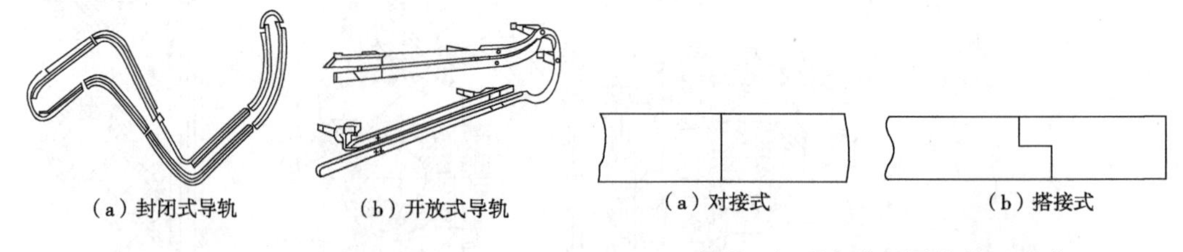

（a）封闭式导轨　（b）开放式导轨

图5－1－6　收纸导轨结构形式

（a）对接式　（b）搭接式

图5－1－7　收纸导轨接口形式

（3）导轨间隙的调节

导轨是链条平稳性的保证，两侧导轨安装后必须保持平直和平行，其平行度一般不大于0.5mm，否则链条运行时易发生摇摆现象。导轨间隙应略大于链条的滚子，间隙过小，易出现卡住的现象；间隙过大，易产生振动和噪声。因此两者间隙应不大于0.3mm。

如图5－1－8所示，调节时，先将固定螺钉2松开，待把导轨3位置调准后，再将固定螺钉2拧紧。

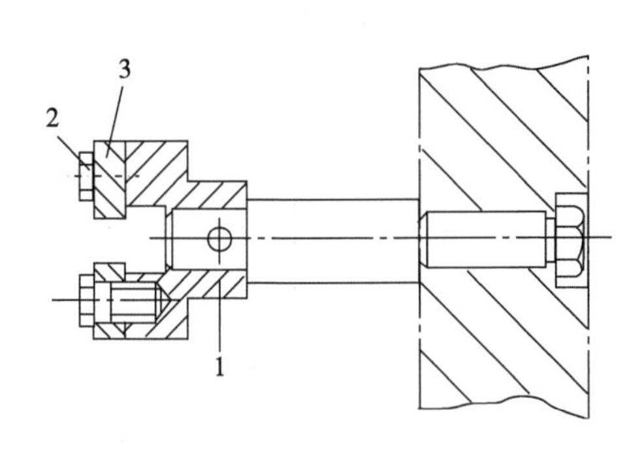

图5－1－8 链条导轨座调节机构

1—导轨座；2—固定螺钉；3—导轨

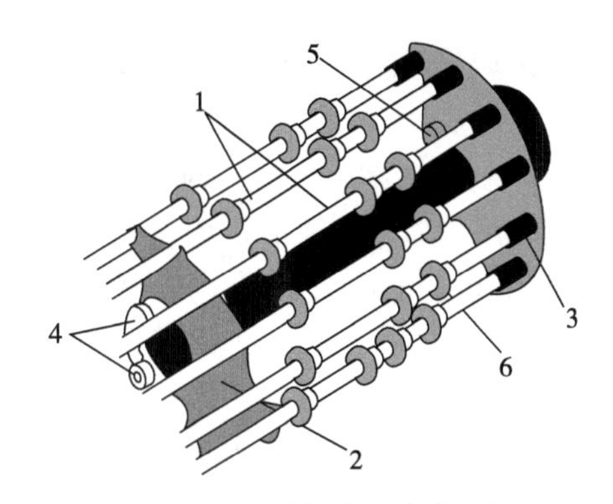

图5－1－9 星形轮收纸滚筒主要结构

1—星形滚轮杆；2—星形滚轮杆支撑盘；
3—弹簧；4、5—固定螺栓；6—星形轮

三、收纸滚筒的类型

收纸滚筒区别于压印滚筒等实体滚筒体，它实质是由左右两端用于驱动收纸链条、收纸牙排的驱动链轮盘并且支撑纸张而又能防止印品蹭脏的相关部件组合而成的空心体。它在收纸过程中作用主要有：完成与压印滚筒的交接，接过印好的印张、驱动收纸链条及收纸牙排；作为纸张的支撑体。收纸滚筒目前主要有星形轮收纸滚筒和按键式收纸滚筒。

1．星形轮收纸滚筒

如图5－1－9所示，收纸滚筒两端的圆盘上有若干个孔，在孔中安装有几根星形轮杆，在每根杆上装有若干个橡胶托纸的星形轮。该星形轮可根据印刷品幅面进行轴向位置移动。

该收纸滚筒结构简单、操作方便，但由于防蹭脏轮是用金属制成的，托轮太尖，容易划破印品，工作时噪声也很大。

2．按键式收纸滚筒

如图5－1－10所示是按键式收纸滚筒支撑轮结构。收纸滚筒由支撑轮体套在收纸滚筒轴上组成。支撑轮表面装有许多小凸块，这些凸块表面光滑，并可根据需要按下去。凸块1受到弹簧2向上的撑力，它在伸出时受到支撑轮体3的肩面的限制。当按下凸块1时，凸块1与支撑轮体上的斜面间产生相对滑动，弹簧2受压缩，凸块1下移到其上的小凸起被支撑轮体上的另一肩面所限制为止。具有弹性的塑料薄片4能向外退让，如需使按下的凸块伸出，可将凸块向塑料片一方扳动，凸块的凸起便离开支撑轮的肩面，在弹簧2的作用下伸出至正常位置。

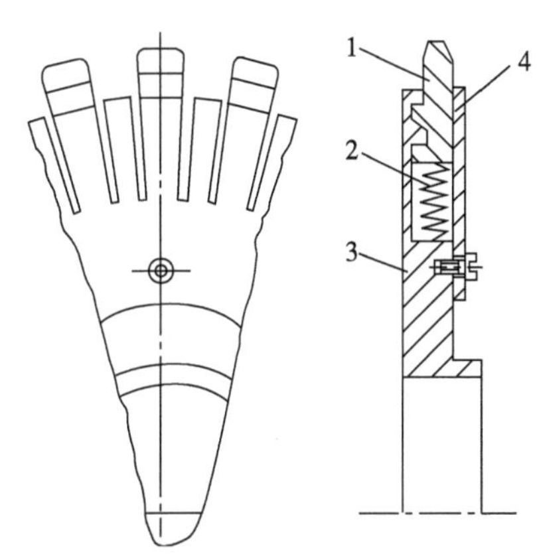

图5－1－10 按键式收纸滚筒支撑轮结构

1—凸块；2—弹簧；3—支撑轮体；4—塑料薄片

该收纸滚筒可以移动支撑轮在轴上的位置，以便使支撑轮的表面与印品空白或图文很少的区域接触。还可以按下某些凸块，使印品这一区域上某些地方有较厚油墨不接触到支撑轮的表面。

（1）衬垫防蹭脏收纸滚筒

收纸滚筒做成圆筒形，在其表面包上一层玻璃球布衬垫（应用在北人 PZ4880－01 等印刷机上），如图 5－1－11（a）所示。依靠玻璃球面的尖点托着印刷品表面，从而起到防蹭脏的作用。一般一张玻璃球衬垫可以用到 500 万～800 万印张，然后就需要用汽油刷洗或报废更换。有些收纸滚筒表面有一层超级蓝布（应用在海德堡 SM102 等印刷机上），如图 5－1－11（b）所示，超级蓝布是一种斥墨的纤维材料，从而起到防蹭脏的作用。超级蓝布的使用时间取决于用户的使用情况，视污染程度进行更换。

（a）玻璃球衬垫材料

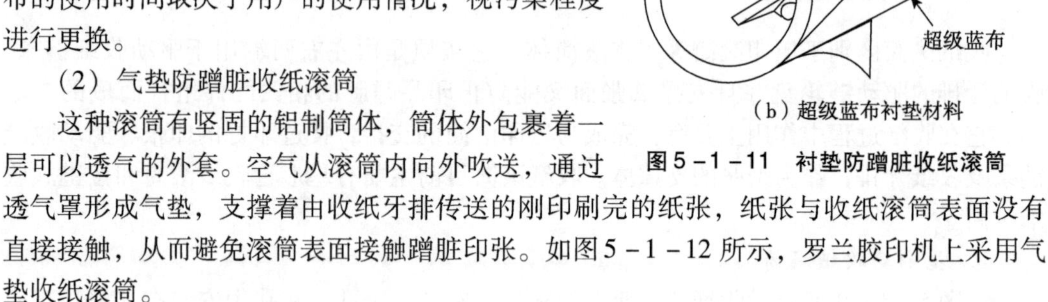

（b）超级蓝布衬垫材料

图 5－1－11　衬垫防蹭脏收纸滚筒

（2）气垫防蹭脏收纸滚筒

这种滚筒有坚固的铝制筒体，筒体外包裹着一层可以透气的外套。空气从滚筒内向外吹送，通过透气罩形成气垫，支撑着由收纸牙排传送的刚印刷完的纸张，纸张与收纸滚筒表面没有直接接触，从而避免滚筒表面接触蹭脏印张。如图 5－1－12 所示，罗兰胶印机上采用气垫收纸滚筒。

（3）吸气导板收纸滚筒

这种滚筒与气垫防蹭脏收纸滚筒相反，它不是将印刷品吹起来，而是将印刷品吸向导板。吸气导板式收纸滚筒在滚筒排列角上做了改变，即在压印滚筒叼牙叼着待印刷纸张，将其传递给收纸滚筒，这样收纸滚筒的叼牙从橡皮滚筒叼纸时就不需要很大的剥离力。如图 5－1－13 所示，高宝印刷机采用吸气导板收纸滚筒与倍径压印滚筒相结合，达到较好的防蹭脏效果。

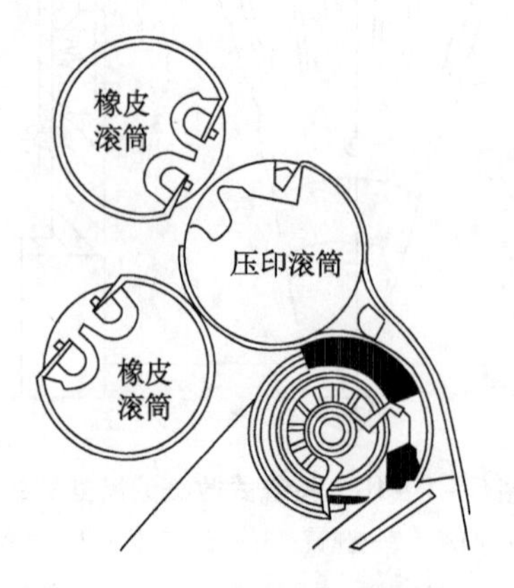

图 5－1－12 气垫防蹭脏收纸滚筒

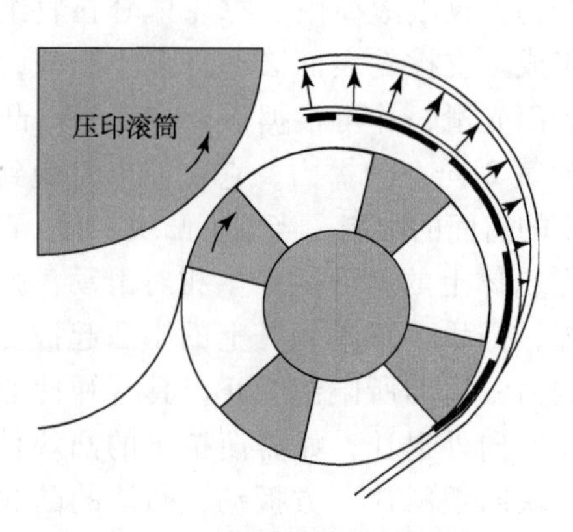

图 5－1－13　吸气导板收纸滚筒

四、收纸牙排与压印滚筒交接调节

收纸牙排叼纸牙在输出纸张的过程中有两次开闭动作，第一次是从压印滚筒上接过纸，实现与压印滚筒的纸张交接；第二次是将纸张传送到收纸台上的开牙放纸。

1. 收纸牙排与压印滚筒交接位置的调节

如图5－1－14所示，收纸牙排叼纸牙与压印滚筒叼牙的交接位置是收纸叼牙运动轨迹和压印滚筒叼牙相切处。具体确定方法是找到收纸叼牙牙垫与压印滚筒表面距离最小的地方。收纸叼牙距离压印滚筒边口约1mm，若收纸叼牙与滚筒边口距离过大或过小，通过改变齿轮与齿轮座的周向位置来调节。

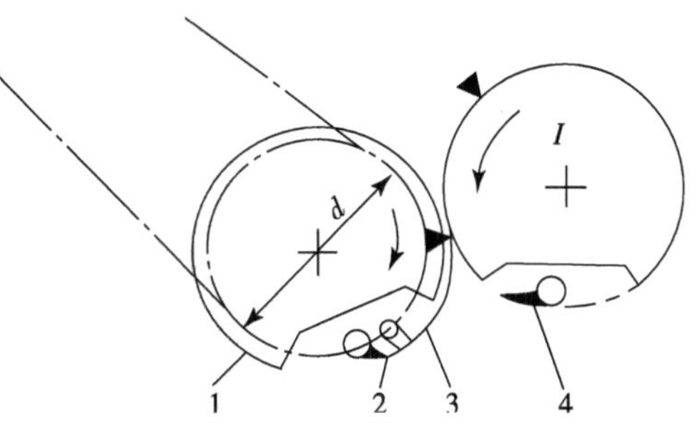

图5－1－14 收纸牙排与压印滚筒交接位置

1—收纸滚筒；2—收纸叼牙垫；3—纸张；4—压印滚筒叼纸牙

2. 收纸牙排与压印滚筒交接时间的调节

当纸张在压印滚筒上完成印刷后，收纸滚筒上收纸牙排旋转到与压印滚筒上叼纸牙排相对应位置时，收纸滚筒收纸牙排闭牙叼纸，并与压印滚筒叼牙共同持纸运行3～6mm后，压印滚筒开牙放纸。收纸滚筒收纸牙排的开闭是由开闭牙凸轮控制的。如图5－1－15所示为收纸开闭牙板。收纸开闭牙凸轮4用调节螺钉3固定在收纸滚筒轴端的支架1上，支架1的下端用支撑杆固定在墙板上，支架1通过滚动轴承安装在收纸滚筒轴2上，收纸滚筒旋转时，支架1相对静止不动。当收纸牙排随链条运动时，控制牙排开闭的滚子与开闭牙凸轮4接触，滚子由低面到高面，滚子带动收纸叼牙排摆动，收纸牙排叼牙张开，准备接纸；当滚子由高面到低面时，叼纸牙排叼牙在弹簧的作用下关闭，完成叼纸。

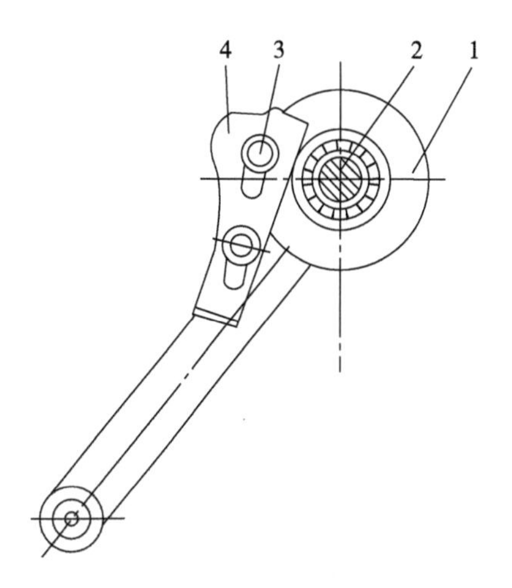

图5－1－15 收纸开闭牙板

1—支架；2—收纸滚筒轴；3—调节螺钉；4—开闭牙凸轮

调节时，松开螺钉3，移动开闭牙凸轮4，调节完毕后紧固螺钉3即可。

五、收纸牙排在收纸台上放纸时间的调节

放纸时间即叼纸牙在收纸台处开牙时间。开牙时间的早晚与收纸效果有很大关系。过早开牙，纸张走不到位，收纸不齐；过晚开牙，纸走过头，会冲击后挡纸板甚至飞出挡纸板之外。

为了能够自动调节放纸时间，在高速印刷机上均设计了自动调节放纸时间的开闭牙装置，可以根据印刷速度自动调节放纸时间。印刷速度快，开牙板位置前移，提早开牙放纸；速度慢，开牙板后移，稍晚开牙放纸。如图5－1－16所示为J2108型印刷机的自动调节放纸时间的开牙装置。电动机1通过一对齿轮2、3带动丝杠4旋转，螺母5与开

牙凸轮6相连。由于丝杠4的轴向限位（只能转动不能移动），所以丝杠4的转动，通过螺母5带动开牙凸轮6前后移动（如图5－1－16所示的左右方向）。开牙凸轮移动时支承在花键轴12上，花键轴既是支承导轨又是导向导轨。为了增加收纸开闭牙板的稳定性，在收纸开牙凸轮上增设了一个固定不动的导块7。花键轴套上装有两个碰块，碰块左右行程两端的机架上安装有两个行程开关9和10，当印刷机低速运行时，电机通过齿轮带动丝杠4、螺母5使开牙凸轮6左移，当它的导块7碰到左端行程开关时，切断电路，电机停转，开闭牙凸轮停在低速运行位置上，保证低速运行收纸整齐；当正常印刷速度，由于电器连锁，使跟踪机构电机反转，丝杠4、螺母5带着开牙凸轮右移（向机器前方移动），提前开牙放纸，当右碰块碰到右端行程开关时，电机停转，开叼牙板停在定速开牙位置上，从而实现跟踪定点定位开牙放纸，使纸张落放整齐。

调节碰块的前后位置，即可改变行程开关与电动机的断、通电时间，从而通过电动机1来驱动开牙凸轮6的前后移动，控制收纸叼牙放纸的早晚。

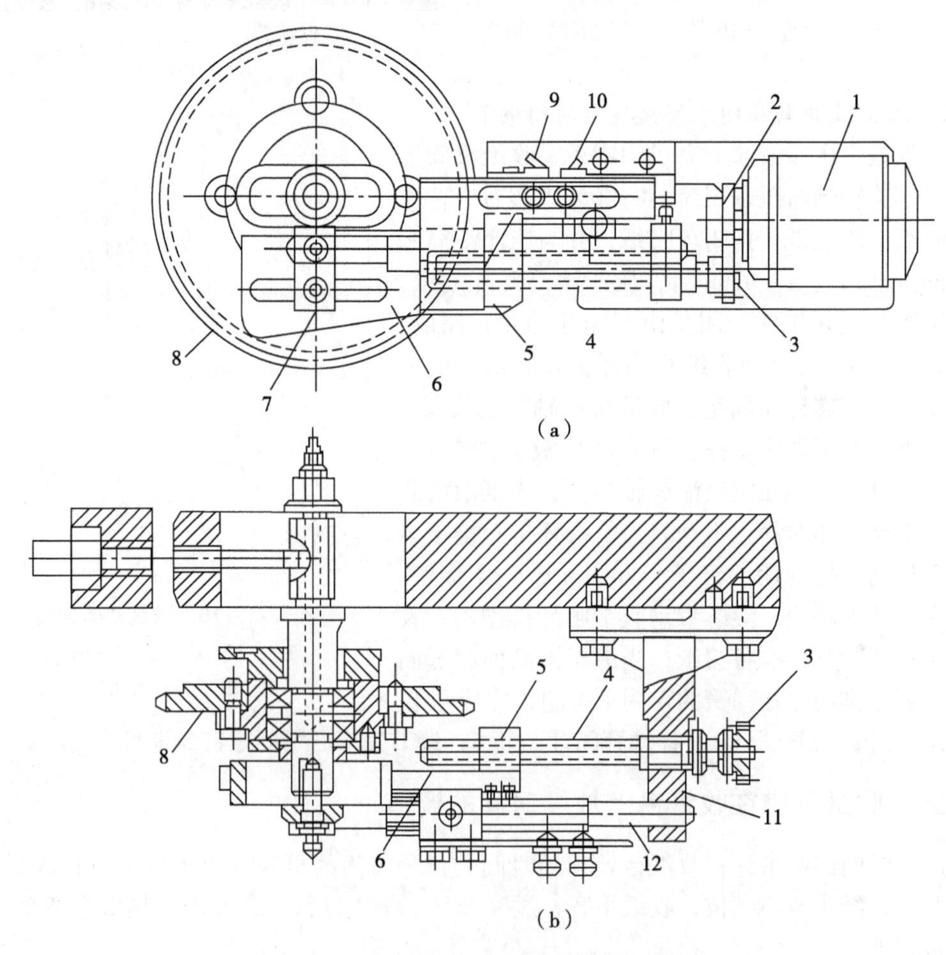

图5－1－16　自动调节放纸时间的开牙装置

1—电动机；2、3—齿轮；4—丝杠；5—螺母；6—开牙凸轮；7—导块；8—链轮；9、10—行程开关；11—支座；12—花键轴

思考题

1. 低台收纸和高台收纸各有什么优点?
2. 收纸装置的作用是什么?
3. 收纸滚筒有哪些类型?
4. 收纸牙排与收纸链条如何连接?
5. 收纸牙排叼纸牙如何实现开闭?
6. 如何调节收纸牙排上单个叼纸牙和整体叼纸牙的叼纸力?
7. 输纸链条张紧的要求是什么，如何调节?

任务5.2 调节齐纸机构及升降装置

1. 学习目标

知识：掌握纸张减速机构的工作原理；掌握齐纸机构的工作原理；掌握收纸台升降机构的工作原理。

能力：能够对减速机构进行调节；能够对理纸机构进行调节；能够对主收纸台和副收纸板进行操作。

情感：通过案例教学激发学生的好奇心和学习兴趣。

2. 教学方法

宏观——四步教学法，微观——引导、案例教学，分组讨论。

3. 教学实施

工作过程	工作任务	教学组织
资讯	(1) 纸张减速机构与稳纸装置; (2) 齐纸机构的工作原理; (3) 收纸台升降机构; (4) 副收纸板的装置	(1) 公布项目和工作任务; (2) 学生分组，明确分工
计划	(1) 调节减速机构; (2) 调节齐纸机构; (3) 主收纸台的操作; (4) 副收纸板的操作	(1) 学生制订完成任务的方案，包括完成任务的方法、进度、学生的具体分工; (2) 对学生提出的方案进行指导，帮助形成方案
实施	(1) 按计划项目实施; (2) 技术文件归档	(1) 各小组按照制订的工作任务逐项实施; (2) 对任务进行重点指导; (3) 技术文件归档

续表

工作过程	工作任务	教学组织
检查评估	（1）分析学生完成任务的情况，并提出改进措施等； （2）技术文件归档； （3）完成个人报告； （4）撰写小组自评报告	（1）评估任务完成的质量、关注团队合作、考勤等； （2）教师指出过程中的不足，团队分析原因，提出优化意见

4．工作对象

平版印刷机（或收纸装置）。

5．工具

教材、课件、多媒体、黑板、工具箱。

6．教学重点

纸张减速机构；齐纸机构。

7．考核与评价

结合实施任务书和任务考核表进行考核与评价。其中，成果评定 60%、学习过程评价 30%、团队合作评价 10%。

实施任务书

项目	调节内容	调节方法
1	调节吸气辊（制动辊）减速机构	
2	调节齐纸机构	
3	调节主收纸台操作	
4	调节副收纸板操作	

任务考核表

项目	考核内容	考核点	评价标准	分值
1	调节吸气辊（制动辊）减速机构	安全性	提出安全注意事项，出现安全事故按 0 分处理	10
		操作方法	（1）吸气辊前后位置调节； （2）吸气量大小调节	60
		质量要求	收纸正常	30
2	调节齐纸机构	安全性	提出安全注意事项，出现安全事故按 0 分处理	10
		操作方法	（1）侧齐纸板左右位置； （2）齐纸时间调节	60
		质量要求	收纸正常	30
3	主收纸台操作	安全性	提出安全注意事项，出现安全事故按 0 分处理	10
		操作方法	（1）主收纸台快速上升； （2）主收纸台快速下降； （3）主收纸台手动升降	60
		质量要求	操作正确	30

续表

项目	考核内容	考核点	评价标准	分值
4	副收纸板操作	安全性	提出安全注意事项，出现安全事故按0分处理	10
		操作方法	（1）拉出副收纸板； （2）取出印刷品； （3）退回副收纸板	60
		质量要求	操作正确	30

一、纸张减速机构与稳纸装置

单张纸印刷机的速度越来越高，收纸链排传递纸张的速度已达到1.5～3.4m/s，如果以这样的高速冲向前齐纸机构，纸张边缘很容易受到冲击而褶皱，同时也造成收纸不齐。为了满足纸张平稳输送的需要，就要在纸张收取和落放时对其进行减速。

1. 吸气辊（制动辊）减速机构

印刷机大都采用吸气辊（也称制动辊）减速机构。如图5－2－1所示为吸气辊减速工作原理。吸气辊速度低于链排速度的40%～50%的线速度运转，并与纸张运动同向。由于负压作用和速度差，当叼纸牙2带着纸张4达到放纸位置时，叼纸牙2放纸，纸张4的尾部被吸气辊吸住，对纸张产生一个向后的拖力，使纸张尾部不致在转弯处飘起，同时吸气辊还将纸张4与收纸台1上的纸张之间的空气抽掉一部分，使纸张平稳地落在收纸堆上。

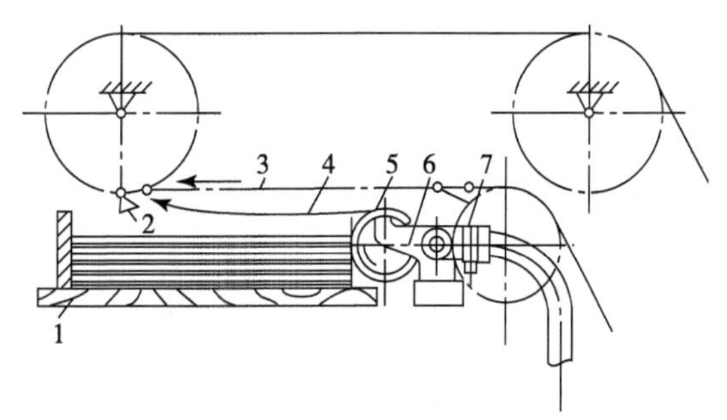

图5－2－1 吸气辊减速工作原理

1—收纸台；2—叼纸牙；3—收纸链条；4—纸张；5—吸气轮；6—风管；7—风量调节阀

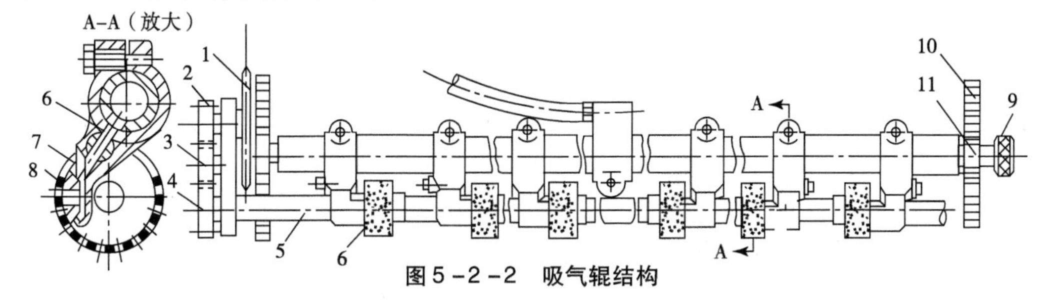

图5－2－2 吸气辊结构

1—传动链轮；2、3、4、11—齿轮；5—轴；6—吸气轮；7—气门；8—吸气嘴；9—手轮；10—齿条

J2108型印刷机吸气辊的结构如图5－2－2所示。传动链轮1由收纸链条带动齿轮2（与传动链轮1同轴）、齿轮3、齿轮4使轴5转动，吸气轮6安装在轴5上，吸气轮6也随着转动，吸气轮6的表面线速度就是纸张减速后的速度。

气门 7 用来调节吸气量，由于吸气轮 6 转动而吸气嘴 8 是不动的，为防止磨损吸气嘴通常采用夹布胶木，而吸气轮用黄铜做成。

旋动手轮 9 则使齿轮 11 在齿条 10 上滚动，可使整个减速机构前后移动，获得所需的工作位置。

2．橡胶圈减速机构

如图 5－2－3 所示为海德堡 SM52－4 印刷机橡胶圈纸张减速机构。在吸气元件 2 上有许多小孔与吸气气管相通，在吸气元件 2 上还有一槽口 3 用于装导纸杆 4 和尼龙导纸线 5。导纸线两端吊一铁砣 6，以便使尼龙导纸线 5 绷紧。橡胶圈 1 由旋转轴 7 带动而与纸张同方向运动。

收纸链条叼牙带着纸张从导纸杆 4、尼龙导纸线 5、吸气元件 2 上经过，当收纸叼牙到达收纸台放纸时，吸气元件吸住纸张尾部，把纸张收齐在收纸台上。

图 5－2－3　橡胶圈纸张减速机构

1—橡胶圈；2—吸气元件；3—槽口（低于表面）；4—导纸杆；5—尼龙导纸线；6—铁砣；7—旋转轴

3．风扇稳纸装置

如图 5－2－4（a）所示为 PZ4880－01 型印刷机风扇稳纸装置。通过在收纸台上方安装风扇，保证纸张在收纸台上方放纸时，利用风扇的压风作用，将纸张平稳下压。

如图 5－2－4（b）所示为海德堡 XL05 印刷机风扇稳纸装置。将传统风扇变成蜂巢式风扇，减少稳纸风量，避免了印张在空气中的扰动，使吹到印张上的气流均匀。

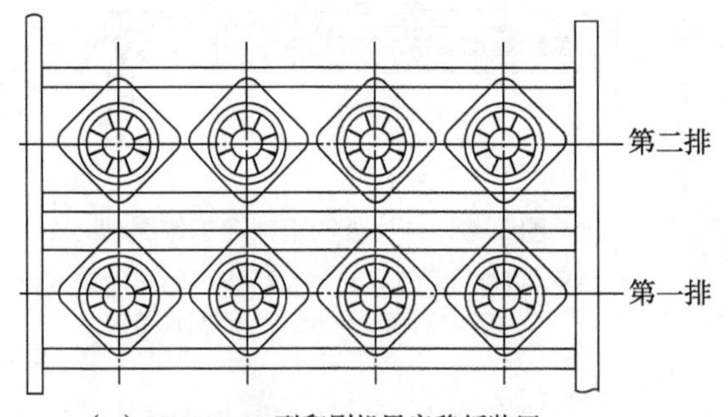

（a）PZ4880-01 型印刷机风扇稳纸装置

（b）海德堡 XL05 印刷机蜂巢式稳纸装置

图 5－2－4　风扇稳纸装置

4．压风杆稳纸装置

如图 5－2－5 所示为罗兰印刷机上使用的压风杆。在收纸台的上方平行于纸张运行方向上安装有五根压风杆，每个压风杆上有六个吹风嘴，当吹风嘴吹风时，印张被吹成波浪形，使纸张轻柔地落在收纸台上。

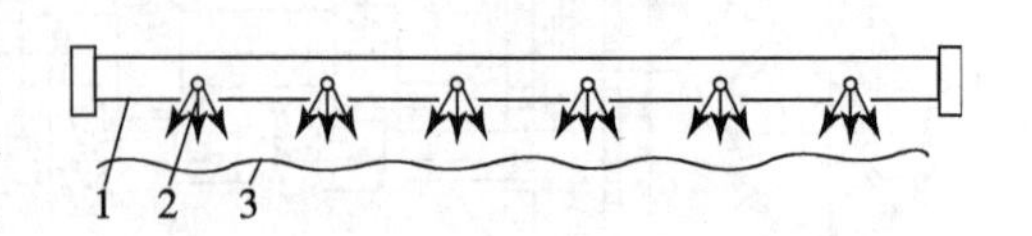

图 5－2－5　压风杆

1—压风杆；2—吹风嘴；3—纸张

5．组合式减速稳纸装置

如图 5－2－6 所示为海德堡 102 系列印刷机采用的组合式减速稳纸装置。该装置在收纸台上方安装有电机 3 驱动的吸气轮 5，在吸气轮 5 的前缘安装吹气头 1、吹气嘴 2，在吸气轮5的后缘安装三排十二个风扇，在纸张的上面向下吹风，使纸张受到均匀的压力而迅速下落在收纸台上。

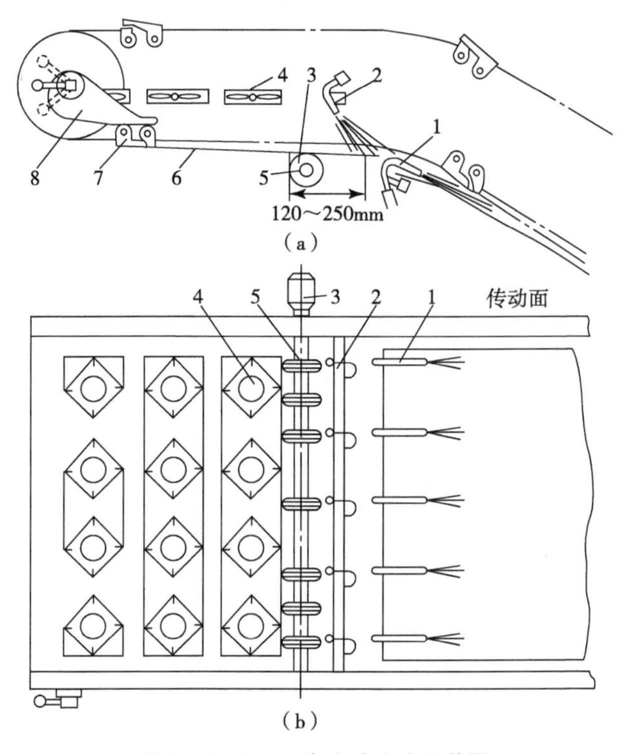

图5-2-6 组合式减速稳纸装置

1—吹气头；2—吹气嘴；3—电机；4—风扇；5—吸气轮；6—纸张；7—收纸牙排；8—开牙凸轮

6. 纸张平整器

在印刷过程中，纸张经过压印滚筒与橡皮滚筒的滚压，形成弯曲率很大的弯曲变形，当变形后的不平整纸张落在收纸台上，会使纸台中央凸起，不易整齐。特别是承印大幅面、大墨量的薄纸或使用高黏度的油墨时，由于收纸不齐，不得不降低印刷速度，影响生产率，同时还会影响印刷品的质量。因此，在现代高速印刷机上都设置了纸张平整器。如图5-2-7所示，纸张平整器利用强吸风把纸张拉向两圆辊之间，迫使纸张在运动过程中朝卷曲反方向使纸张复原，恢复纸张应有的平直状态，消除纸张卷曲收不齐的现象，达到收齐纸张的目的。纸张平整器需要的气量很大，一般单独配置一个气泵。

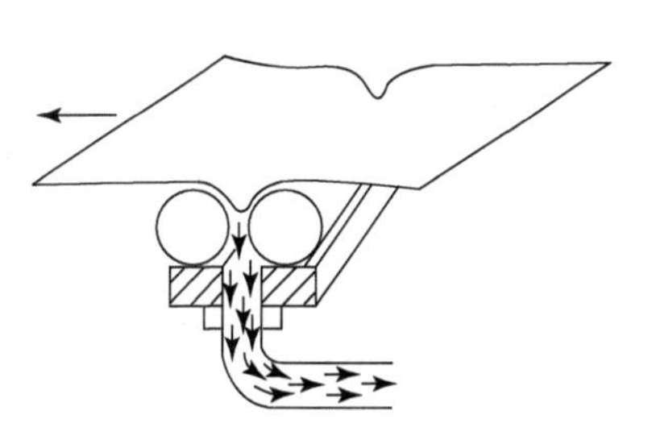

图5-2-7 纸张平整器

纸张平整器一般安装在最后一组印刷单元后面的链轮轴下面，在操作面板上可以使用调节杆调节吸风量。

二、齐纸机构的工作原理

为了保证收纸台上纸张整齐堆垛，印刷机上采用印张齐纸机构，也称理纸机构。齐纸机构包括使纸张横向齐整的侧齐纸机构和纵向齐整的前齐纸机构。如图5-2-8所示为J2108型印刷机的齐纸机构。

1．侧齐纸机构

当纸张飘落在收纸台上时，一侧有固定侧齐纸板，另一侧有一块活动侧齐纸板11。侧齐纸板11的弹簧12，使滚子10靠在斜块5上。当凸轮1转动，经过滚子2使摆杆3摆动。摆杆上的斜块5摆动时，推动滚子10，使侧齐纸板11往复运动。

侧齐纸板11的位置，可根据纸张长度进行调节。

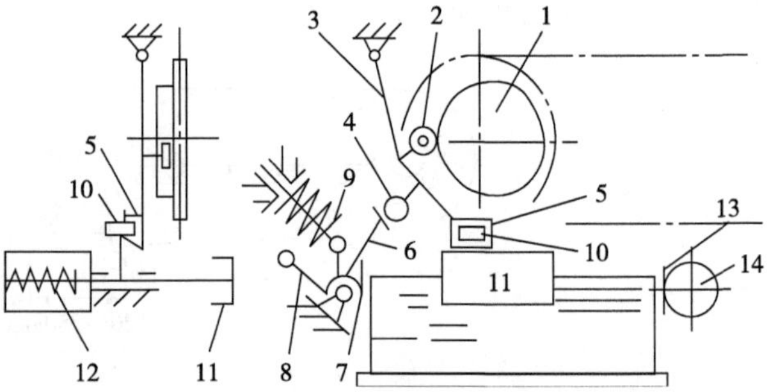

图5－2－8　齐纸机构

1—凸轮；2、4、10—滚子；3—摆杆；5—斜块；6—挡杆；7—前齐纸板；8—手柄；9—压簧；11—侧齐纸板；12—弹簧；13—后齐纸板；14—吸气轮

2．前齐纸机构

凸轮1转动，经过滚子2使摆杆3摆动。摆杆3上的滚子4推动挡杆6，使前齐纸板7前后摆动，对纸张进行整齐。压簧9使挡杆6保持与滚子4接触。当手柄8下转时，可使前齐纸板倾倒，方便操作人员取样。

3．后齐纸板

后齐纸板13和吸气轮14的座架相固定，其前后位置应根据纸张长度调节吸气轮14的座架的前后位置。

4．齐纸机构理纸时间的调节

前齐纸机构、侧齐纸机构理纸时间的早晚，可调节凸轮1的轴向位置来实现。

三、收纸台升降机构

在印刷过程中，随着纸张的堆积，收纸台上纸张高度不断增加，为了保证收纸堆高度位置不变，收纸台应能自动下降。收纸台升降机构一般分电动式和机械式。现代单张纸印刷机采用高台收纸的升降机构为电动式，而采用低收纸的收纸台升降机构的小型印刷机，纸堆重量较轻，收纸台的升降机构一般采用机械式。

1．J2108型印刷机收纸台升降机构

如图5－2－9所示为J2108型印刷机的收纸台升降机构。该收纸台安装在收纸台臂上，收纸台臂可以转动，以方便三面出纸。在导轨12的里、外侧安装有偏心支撑滚轮，可以对收纸台臂进行水平的调节。

（1）收纸台自动下降

收纸台自动下降是依靠在操作面的侧齐纸板上的微动开关控制，当纸张堆积到一定高度时，触动微动开关，电机1的电路接通。电机1的转动经齿轮2、齿轮3、齿轮4、齿轮5、蜗杆6、蜗轮7、链轮8、链条9，使收纸台10下降。当纸堆与微动开关脱开后，电机停止转动，完成一次下降过程。为防止由于堆纸量变化而引起每次下降距离的过多变化，在与电机的连接轴上装有制动器11，以消除收纸台下降的惯性。

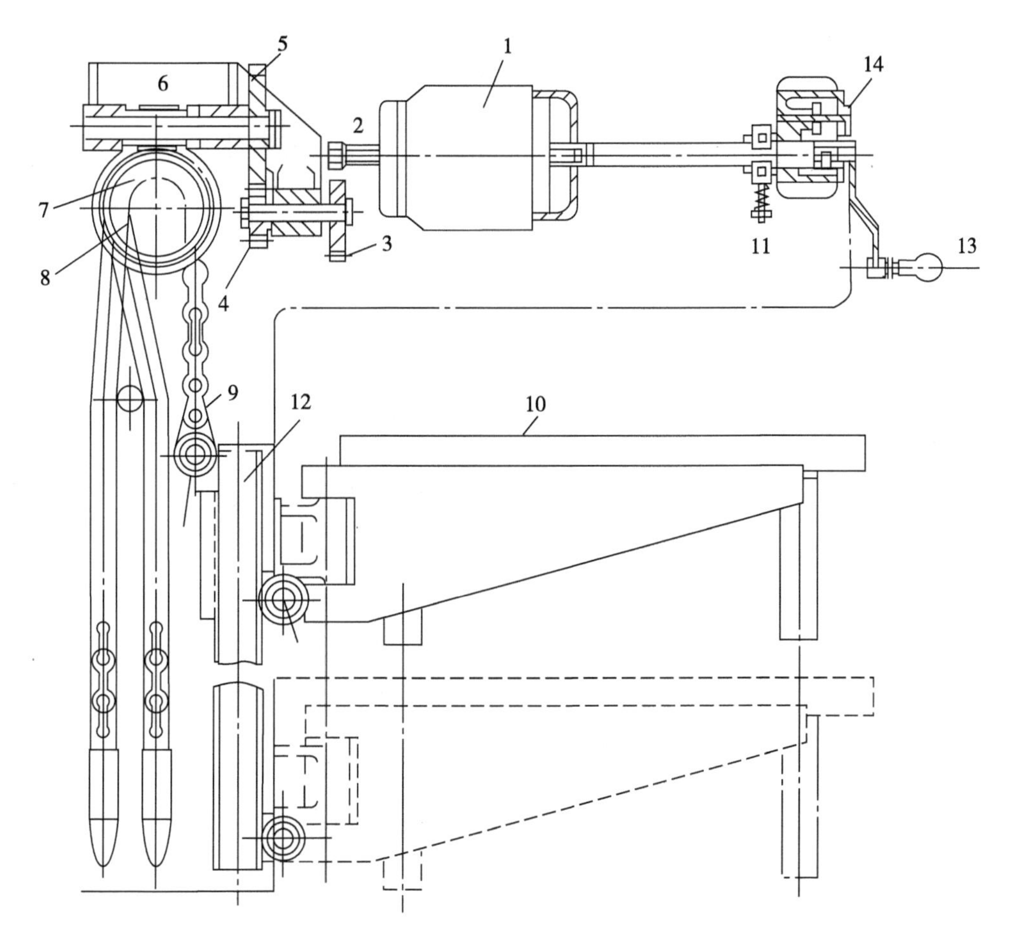

图5-2-9 J2108型印刷机的收纸台升降机构

1—电机；2、3、4、5—齿轮；6—蜗杆；7—蜗轮；8—链轮；9—链条；
10—收纸台；11—制动器；12—导轨；13—手柄；14—盖板

（2）收纸台快速升降

操作控制收纸台升降的按钮，使电机1正转或反转，收纸台10获得快速升降。为保证安全，在导轨12的上部和下部均设限位开关。当收纸台升到最高位或降到最低位时，与限位开关相接触，使电机停止转动。

（3）收纸台手动升降

在遇到特殊情况，需要将收纸台降下来，可由人工对收纸台进行操作。打开盖板14，将手柄13插入孔内，转动手柄带动电机轴转动，使收纸台升降。取下手柄，转动盖板盖住插孔，恢复电机正常工作状态。

2. 海德堡印刷机收纸台升降机构

如图5-2-10所示，该收纸台结构与悬臂式收纸台结构不同，它采用链轮和四根链条吊挂一块钢板，推纸车可以直接推入和拉出，使用操作方便，由于结构简单，可靠性高，收纸堆升降更加平稳。该结构也应用在国产PZ4880型、三菱等印刷机上。

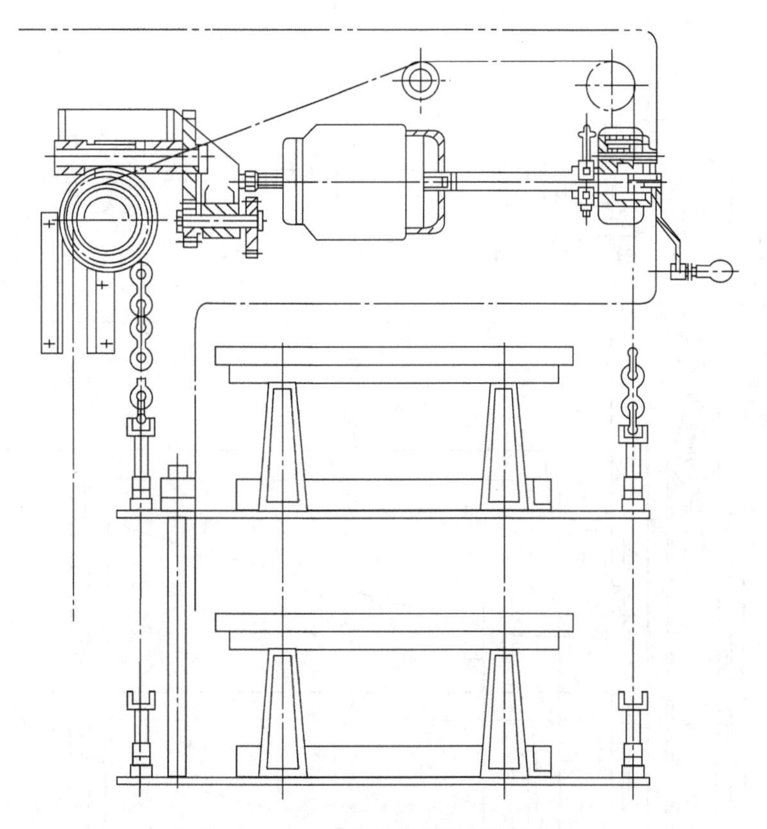

图 5-2-10 海德堡印刷机收纸台结构

四、副收纸板装置

现代单张纸平版印刷机，为了提高生产效率，一般配有主收纸台和副收纸板两套收纸装置。副收纸板的作用是当主收纸台收满纸后，在不停机情况下进行纸堆更换操作；同时在印刷精细产品时，特别是用铜版纸印刷时，油墨的印迹不易渗透干燥，纸堆高度增高后，底部的纸张在压力作用下，纸张背面容易被油墨粘脏，因此在收纸台上加放了晾纸架。

1. J2108 型印刷机副收纸板

如图 5-2-11 所示为副收纸板工作原理。由专用电机 1 的带轮 2，经皮带 3 传动带轮 4，再经齿轮 5、6、7、8 减速，使轴 14 转动。轴 14 上固定的两个链轮 15，分别传动两根链条 12，在导轨 13 内移动，在链条间装有副收纸板，所以当电机 1 正转或反转时，副收纸板获得进、退运动。

（1）副收纸板伸出的过程

按“副板出”按钮，收纸台先自动下降约 120mm 后，电机 1 启动正转，副收纸板从导轨下部迅速伸出到接纸位置。副收纸板伸出的时刻，必须与收纸叼牙排到达收纸台上部的位置相协调。在前一纸张已下落，后一纸张还受叼牙排控制的间隙内快速移出。

可以通过调节装在输纸离合器轴上的无触点开关的铁片位置，控制接通电机电源的时刻来实现。

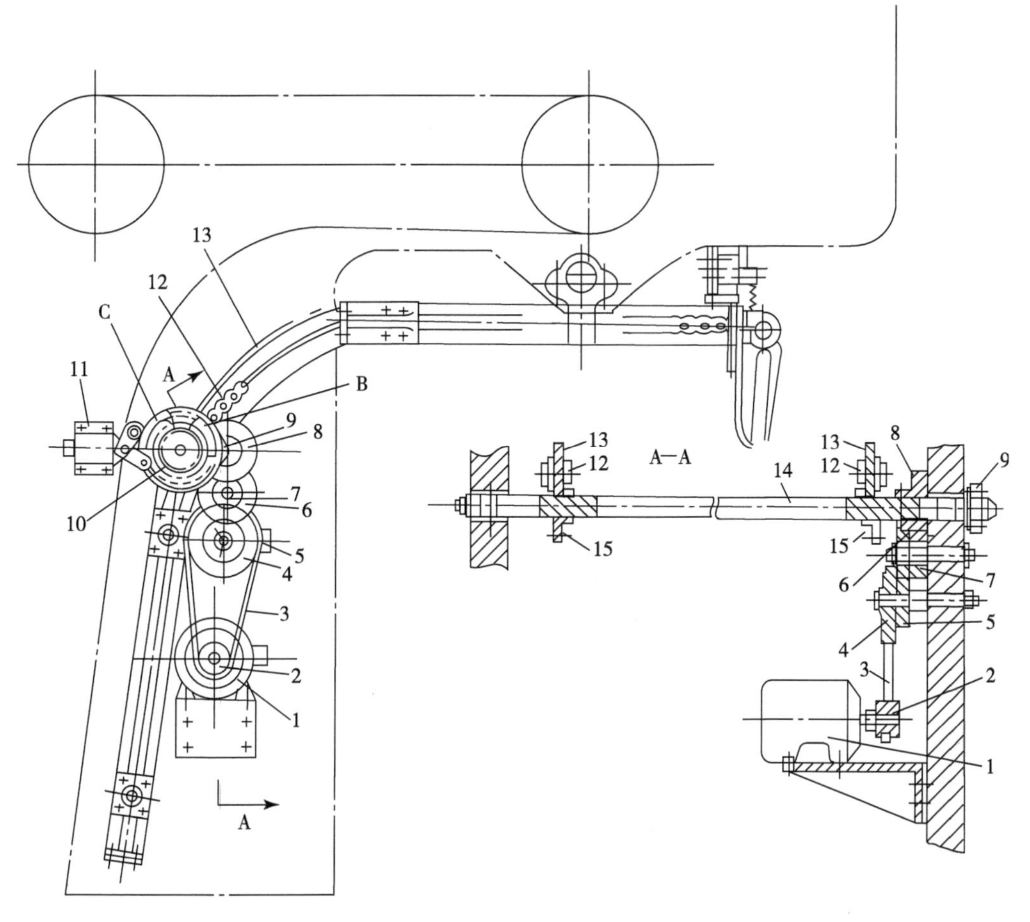

图5-2-11　副收纸板装置

1—电机；2、4—带轮；3—皮带；5~10—齿轮；11—限位开关；12—链条；13—导轨；14—轴；15—链轮

（2）副收纸板退回的过程

换完收纸板或放好晾纸架后，需要将主收纸台返回接纸位置。按“主板升”按钮，收纸台便开始上升，当收纸台在上升过程中触动另一限位开关时，电机1反转，副收纸板快速退回原位。副收纸板退回时，应当用手拿好副收纸板上已收齐的纸张，否则副收纸板退回时，纸张容易被碰乱。

2. 海德堡印刷机副收纸装置

如图5-2-12所示为海德堡CD102型印刷机副收纸装置。该装置采用插辊式结构，主要特点是结构简单、易操作、工作可靠，罗兰、光华系列平版印刷机也采用此装置。在更换收纸台板或加放晾纸架时，先将副收纸架推至传动面和操作面的支撑轴上，主收纸台自动下降50~100mm，把副收纸架对准导轨，插入接纸位置，副收纸架承托纸张。主收纸台下降，用拖纸车将纸张运走，进行更换或放晾纸架。将收纸台板放置在收纸台上，升高收纸台至工作位置。拉出副收纸架，将副收纸架放回待机位置。

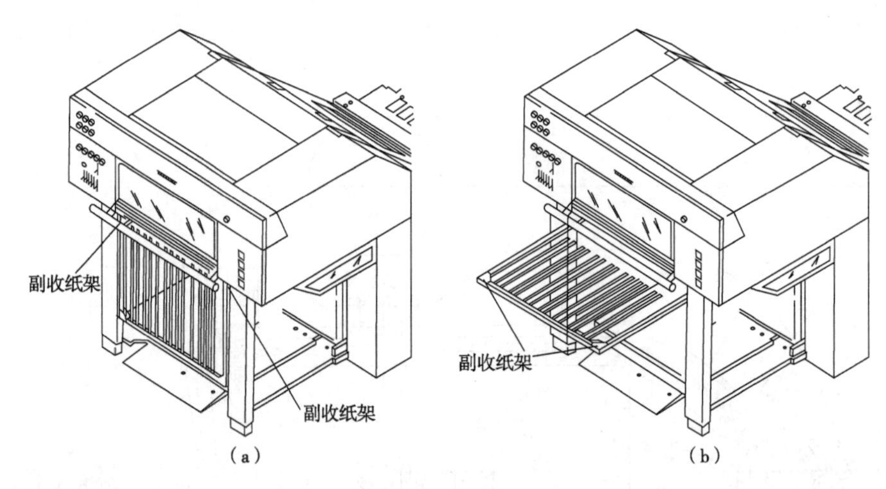

图5-2-12 海德堡印刷机副收纸装置

思考题

1. 不停机收纸的主要目的是什么?
2. 分析纸张减速的类型和各自减速原理。
3. 收纸台升降方式有哪些?
4. 如何保证纸张的平稳收取?
5. 如何操作主收纸台与副收纸板(针对所用机器)?

任务5.3 操作喷粉、干燥、上光装置

1. 学习目标

知识:掌握喷粉装置的作用、工作原理;掌握干燥装置的工作原理;掌握上光装置的工作原理。

能力:能够对喷粉装置进行操作;能够对干燥装置进行操作;能够对上光装置进行操作。

情感:通过案例教学激发学生的好奇心和学习兴趣。

2. 教学方法

宏观——四步教学法,微观——引导、案例教学,分组讨论。

3．教学实施

工作过程	工作任务	教学组织
资讯	（1）喷粉装置； （2）联机上光装置； （3）联机干燥装置	（1）公布项目和工作任务； （2）学生分组，明确分工
计划	（1）调节喷粉装置； （2）调节干燥装置； （3）调节上光装置	（1）学生制订完成任务的方案，包括完成任务的方法、进度、学生的具体分工； （2）对学生提出的方案进行指导，帮助形成方案
实施	（1）按计划项目实施； （2）技术文件归档	（1）各小组按照制订的工作任务逐项实施； （2）对任务进行重点指导； （3）技术文件归档
检查评估	（1）分析学生完成任务的情况，并提出改进措施等； （2）技术文件归档； （3）完成个人报告； （4）撰写小组自评报告	（1）评估任务完成的质量、关注团队合作、考勤等； （2）教师指出过程中的不足，团队分析原因，提出优化意见

4．工作对象

平版印刷机。

5．工具

教材、课件、多媒体、黑板。

6．教学重点

喷粉装置。

7．考核与评价

结合实施任务书和任务考核表进行考核与评价。其中，成果评定60%、学习过程评价30%、团队合作评价10%。

实施任务书

项目	调节内容	调节方法
1	调节喷粉装置	
2	调节干燥装置	
3	调节上光装置	

任务考核表

项目	考核内容	考核点	评价标准	分值
1	调节喷粉装置	安全性	提出安全注意事项，出现安全事故按0分处理	10
		操作方法	（1）指出喷粉装置； （2）调节喷粉大小	60
		质量要求	调节正确	30

续表

项目	考核内容	考核点	评价标准	分值
2	调节干燥装置	安全性	提出安全注意事项，出现安全事故按0分处理	10
		操作方法	（1）选择干燥装置； （2）调节合适	60
		质量要求	调节正确	30
3	调节上光装置	安全性	提出安全注意事项，出现安全事故按0分处理	10
		操作方法	（1）找到上光装置； （2）调节上光量	60
		质量要求	调节正确	30

一、喷粉装置

高速印刷机在印刷铜版纸一类的承印材料时，纸张在进入收纸台时油墨尚未干燥，一经堆积，容易出现纸张与纸张之间粘连，造成纸张画面损坏及背面蹭脏，因此常在多色印刷机的收纸台上方设置喷粉装置，在纸张的表面喷一层极薄的粉末，使纸张之间不发生粘连。同时，喷粉后纸张与纸张之间会留有空气，以便印刷品能继续干燥。但喷粉也会带来一些问题，如粉末残留在印刷品表面会影响印刷品的光泽度；喷粉之后的印刷品需要进行上光、覆膜等加工时需要除粉；粉末在空气中悬浮带来粉尘污染；粉末漂浮在机器上，给机器清洁带来困难。

（1）粉末的种类

喷粉所用粉末有矿物质和淀粉质两种。矿物质喷粉对防止印刷品背面蹭脏有较好的效果，但容易粘在橡皮布上；淀粉质喷粉不易留在橡皮布上，但会因湿度而堵塞喷嘴。

（2）喷粉装置的组成

喷粉装置一般由气泵、喷粉管、喷粉杯、配气阀等组成，如图5－3－1所示。在喷粉杯里预先加入粉末，当压缩空气进入喷粉杯中时，空气和粉末形成雾状从喷粉杯流出，经过管道到达喷嘴，喷散在印刷品上。

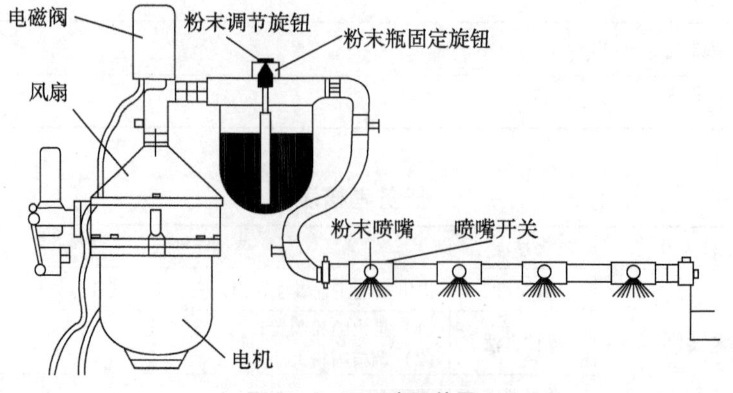

图5－3－1　喷粉装置

喷粉装置的开关一般安装在收纸装置上方的操作面板上，喷粉时间和喷粉长度可根据印刷品的情况进行调节。

二、联机上光装置

上光工艺就是在印刷品表面涂布（或喷雾、印刷）上一层无色透明的涂料，经流平、干燥、压光、固化以后，在印刷品的表面形成薄而均匀的透明光亮层的一种印刷品表面整饰加工技术。上光加工后增强了印刷品表面的平滑度，使印刷品质感更加厚实丰满，色彩更加鲜艳明亮；提高印刷品的光泽和艺术效果，增强印刷品的外观效果；改善了印刷品的表面性能，起到保护图文的作用；可以提高商品档次，增加附加值。联机上光装置可分为辊式上光和刮刀式上光两种。

1. 辊式上光装置

辊式上光装置类似印刷单元的润湿装置，主要由液斗辊、计量辊、着液辊、涂布滚筒和压印滚筒组成。根据液斗辊和着液辊的转向不同可分为同向辊涂布和逆向辊涂布。

如图5－3－2（a）所示为海德堡速霸102－4CD型印刷机的上光装置。该装置的上光涂料由电子双隔膜从储液桶中经过软管抽送到上光液斗盘1中，经液斗辊2、着液辊3、涂布滚筒4对压印滚筒上的印刷品进行上光。液面高度和上光涂料的循环由电位计持续监测，超声波监测器监控上光涂料的上光涂布量。

如图5－3－2（b）所示为高宝RAPIDA 105型印刷机上光装置。机组也可作为逆向运转的三辊式系统。计量辊6与液斗辊2的间隙控制上光涂料的量。着液辊3与液斗辊2之间不能直接接触，间隙可调。着液辊3与涂布辊4之间有一定压力并可调。逆向辊式涂布可得到很好的光亮度，同时在使用高黏度上光涂料时，不必过于提高辊子间的压力来达到薄而匀的涂布目的。

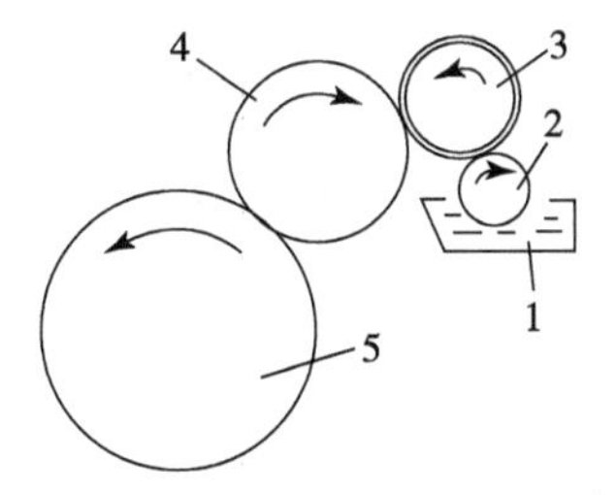

（a）海德堡速霸102-4 CD型印刷机

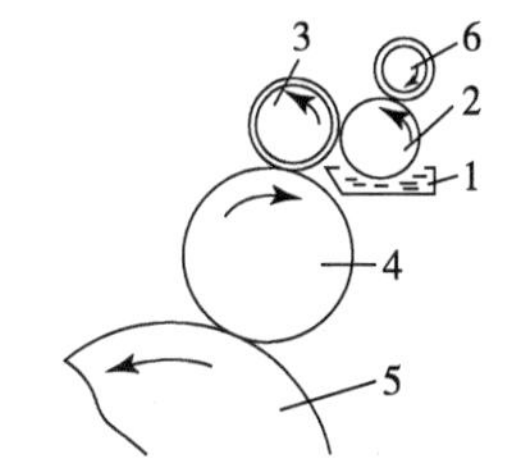

（b）高宝RAPIDA 105型印刷机

图5－3－2　辊式上光装置

1—液斗盘；2—液斗辊；3—着液辊；4—涂布滚筒；5—压印滚筒；6—计量辊

2. 刮刀式上光装置

刮刀式上光装置是一种常见的上光装置。它通常由两个上光刮刀组成的封闭刀片箱及网纹辊所组成。上、下刮刀与网纹辊组成封闭的“上光箱”，网纹辊控制涂布量。

如图5－3－3所示为小森LITHRONE 40型印刷机的上光装置。上光涂料由泵提供，刮刀以气动方式与网纹辊离合。上光涂料经网纹辊2精确计量后由涂布滚筒1转印到印刷品上。刮刀式上光装置涂布量均匀一致，不受印刷速度的影响；具有封闭的循环，有利于环保，具有很高的经济性。

三、联机干燥装置

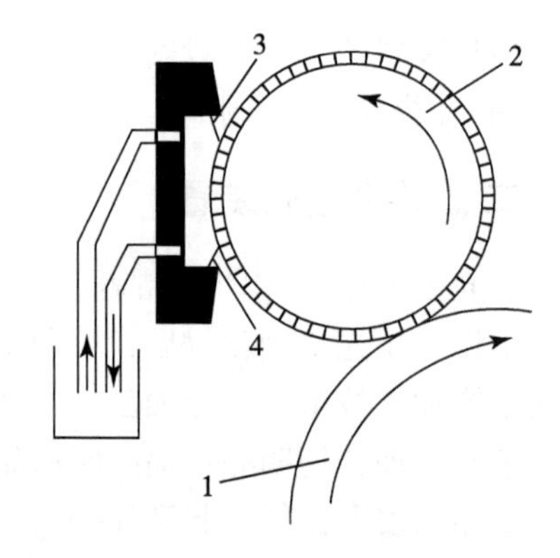

图5－3－3　刮刀式上光装置

1—涂布滚筒；2—网纹辊；
3—上刮刀；4—下刮刀

干燥装置的作用是使油墨和上光涂料在印刷品上快速固化，以防止印刷品之间的粘脏和粘连。在干燥过程中，不能引起油墨、上光涂料和承印物的颜色发生变化，更不能造成承印物尺寸的变化；干燥装置要体积小，使用方便、灵活，对人与环境无害；可根据印刷幅面大小、印刷墨层、上光涂料层的变化、印刷速度大小，对干燥装置的参数进行无级调整，停机时能自动断开，调机时能被隔开，以防止温度过高。

上光涂布后必须干燥，为此单张纸平版印刷机上光涂布的干燥装置有红外线干燥器、紫外线干燥器、热风干燥器、冷风干燥器，以及正在兴起的电子束干燥器等。例如：在印刷机上使用 UV 油墨进行印刷时，在每一个印刷机组后连一个紫外线干燥器。

（1）热风干燥

热风干燥装置利用电热管、电热棒、电热板加热源产生的热能使空气升高到一定温度时，通过鼓风机把加热的空气压向印刷品，从而加速油墨和纸张中水分（润版液）的蒸发，对水基分散上光涂料也非常适用。采用热风干燥方式，设备结构简单、成本低、维修方便，但油墨或上光涂料的干燥速度会很慢、效率低。为了提高干燥效率，通常采用将红外线干燥装置与热风干燥装置组合使用的干燥装置。

（2）红外线干燥

在光谱可见光的右侧相邻区域的波长称为红外线。红外线干燥是利用红外线辐射产生热量，通过加速油墨的吸收和连结料的氧化结膜使印刷品得以干燥。红外干燥装置由于成本低、适应性广、无污染等特点被广泛应用于各种型号的高速印刷机。采用红外干燥装置进行干燥时，应注意红外线和灯管本身放射出的热量对印张、印刷机以及作业环境的影响，通常涂料纸为 35～40℃，胶版纸为 40～45℃。

（3）紫外线干燥

紫外干燥是利用充满氩气和水银蒸气的管状充气石英灯作为辐射器，依靠椭圆或抛物线反射装置，将辐射线聚集到承印物上来完成印刷品的干燥。与红外干燥装置不同，紫外干燥不是依靠光波辐射产生的热量使油墨或上光涂料干燥。而是利用紫外线油墨或紫外上光涂料本身吸收辐射光波后干燥。由于采用紫外油墨和上光涂料进行印刷和给印刷品上光，能够获得更好的光泽，更高的抗磨损性，从而获得更好的印刷效果。

紫外线干燥装置可以实现瞬时干燥，干燥更为彻底；油墨没有化学反应，不妨碍印品上油墨的渗透与黏结，可在无吸收性的承印物（如金属、箔）上印刷。

（4）电子束干燥装置

电子束干燥是利用电真空器件产生聚合的、密集的、具有一定方向的电子束流，当电子束冲击到纸面时，动能变为热能，产生极高的温度，使油墨、上光涂料最大程度地交联和聚合，无须固化，并无溶剂残留。高能电子与物质碰撞时产生 X 射线，X 射线穿透性强，必须给予充分的屏蔽和配备自动保险装置。

（5）组合干燥装置

现代单张纸平版印刷机仅使用上述当中的某一种干燥装置去干燥印刷品是远远不够的，将这几种组合起来才能满足实际印刷需要，将紫外光固化或加热干燥处理的任何一种与电子束干燥相结合，无论涂层多厚，混合处理均能使之完全固化。生产速度提高，对载体基材无热损伤变形，能提高上光涂料的应用性能，增强黏附力，提高印后精饰加工效果，是今后发展的方向。

思考题

1. 喷粉装置的作用是什么？
2. 喷粉装置的工作原理是什么？
3. 红外线干燥装置的特点是什么？与紫外线干燥相比有什么优点？
4. 辊式上光装置与刮刀上光装置各自的特点是什么？

情景 6 印刷机的润滑、维护和保养

知识目标

1. 掌握润滑作用及润滑方法。
2. 掌握润滑油、润滑脂的种类及用途。
3. 掌握润滑装置的特点。
4. 掌握印刷机清洁的注意事项。
5. 熟悉印刷机主要部件的维护和保养。
6. 了解印刷机维修。

能力目标

1. 能够正确选择和使用润滑剂。
2. 能够对印刷机进行润滑。
3. 能够对印刷机进行清洁。

任务 6.1 润滑印刷机

1. 学习目标

知识：掌握润滑的作用；掌握润滑剂的种类及特点；掌握润滑装置的特点，了解润滑的“五定”内容。

能力：能够正确选择润滑剂；能够对机器进行润滑。

情感：通过案例教学激发学生的好奇心和学习兴趣。

2. 教学方法

宏观——四步教学法，微观——引导、案例教学，分组讨论。

3. 教学实施

工作过程	工作任务	教学组织
资讯	（1）润滑的作用； （2）润滑方法； （3）润滑剂的种类、特点与选用； （4）润滑装置； （5）印刷设备润滑的“五定”内容	（1）公布项目和工作任务； （2）学生分组，明确分工

续表

工作过程	工作任务	教学组织
计划	印刷机加油工作	(1) 学生制订完成任务的方案，包括完成任务的方法、进度、学生的具体分工； (2) 对学生提出的方案进行指导，帮助形成方案
实施	(1) 按计划项目实施； (2) 技术文件归档	(1) 各小组按照制订的工作任务逐项实施； (2) 对任务进行重点指导； (3) 技术文件归档
检查评估	(1) 分析学生完成任务的情况，并提出改进措施等； (2) 技术文件归档； (3) 完成个人报告； (4) 撰写小组自评报告	(1) 评估任务完成的质量、关注团队合作、考勤等； (2) 教师指出过程中的不足，团队分析原因，提出优化意见

4. 工作对象

平版印刷机。

5. 工具

教材、课件、多媒体、黑板、机油、黄油、油壶、黄油枪等。

6. 教学重点

润滑剂的种类、特点与选用，润滑装置。

7. 考核与评价

结合实施任务书和任务考核表进行考核与评价。其中，成果评定60%、学习过程评价30%、团队合作评价10%。

实施任务书

项目	项目内容	操作方法
1	印刷机加油	

任务考核表

项目	考核内容	考核点	评价标准	分值
1	印刷机加油	安全性	提出安全注意事项，出现安全事故按0分处理	10
		操作方法	(1) 了解加油部位，找出润滑点； (2) 检查路径正确； (3) 对油孔、黄油嘴、凸轮、油杯加油； (4) 加油量和加油次数	60
		质量要求	加油方法正确，油枪使用方法正确，加油适量	30

一、润滑的作用

润滑是提高机器使用寿命的关键因素，如果胶印机没有润滑，很快就会报废。润滑具有减少摩擦、降低温度、防锈、减振、清洗的作用。

二、润滑方法

润滑方法有分散润滑和集中润滑。每一对摩擦副由配置在润滑地点附近的各独立和分离的装置润滑，称分散润滑。数个摩擦副，靠一个多出口的润滑装置供油，该装置的位置和被润滑的摩擦副的地点无关，称集中润滑。

根据作用时间，可将润滑分为间歇润滑与连续润滑。间歇润滑（包括人工以油壶定时加注）仅用于低速、轻载的摩擦副。对关键性的滑动轴承及高速自动印刷机的传动齿轮等，常采用连续润滑。

三、润滑剂的种类、特点与选用

胶印机常用的润滑剂可分三类：润滑油、润滑脂和固体润滑剂。对润滑剂的基本要求是：较低的摩擦系数、良好的吸附与楔入能力（即具有较好的油性）；一定的内聚力（即黏度）、较高的纯度、抗氧化稳定性好、无研磨和腐蚀性及有较好的导热能力和较大的热容量。

（1）润滑油

润滑油是胶印机使用得最多的一种润滑剂。黏度大的润滑油工作时易形成油膜，但工作时润滑油的内部运动阻力大。油性好的润滑油，与轴颈、轴瓦的吸附能力好，可在较大载荷下工作。温度指数高的润滑油，当油温升高时，其黏度不剧烈降低，可在较大的温度范围内使用。标号越大的润滑油，其黏度越大，油也越稠厚。

选择润滑油黏度的一般原则是：轴承工作时的压强较大，轴颈圆周速度较低，工作温度较高时，应选择黏度较大的润滑油；反之，则选用黏度较小的润滑油。冬天选用黏度较低的润滑油，夏天选用黏度较高的润滑油。

国产印刷机主机部分大都采用封闭雨淋式自动润滑装置，一般选择中等黏度的46号润滑油为宜，部分油孔和凸轮选用100号润滑油，气泵在运转过程中温度较高，选用100号润滑油比较恰当。海德堡印刷机由于负载重，通常使用100号润滑油。具体选用润滑油时，要根据印刷机说明书中建议标号。

（2）润滑脂（俗称黄油）

润滑脂是在润滑油内加入皂类做稠化剂制成的，具有黏附力强、保护性好、缓冲性好、不易流失等特点，适合于那些分散润滑点的润滑。由于高温时油脂会融化，失去润滑作用，所以适合轻载、低速的零部件润滑。使用润滑脂可以避免不断加油的麻烦，它的润滑装置和密封装置结构简单。润滑脂的缺点是内摩擦系数大，在高温下长期工作时会失去润滑性质，更换润滑脂时必须拆开机件，不能在低温条件下使用。润滑脂在水、墨辊两端轴承、递纸牙轴轴承等处使用。

(3) 固体润滑剂

固体润滑剂是一种利用石墨、云母、皂石粉和二硫化钼等制成的润滑剂。固体润滑剂可以单独使用，也可以和润滑脂混合使用，其特点是在高温高压情况下能可靠地起润滑作用，而且可以长期工作。这种润滑剂在印刷机中应用较少，一般在分纸吸嘴和气泵上使用。

四、润滑装置

(1) 人工润滑装置

对缓慢运动的零件，利用油壶或油枪（有机油油枪和黄油油枪）注入润滑油或润滑脂，或直接滴在摩擦副上，这是既简单又普遍的人工润滑装置。它有油孔与油杯两种形式：

①油孔（俗称油眼）。在静止零件表面的上部开有喇叭形小孔，注入润滑油以润滑摩擦副，如图6－1－1所示。该结构简单，但不能防止灰尘和脏污落入油孔，在印刷机上不太重要的零件上常用。

②油杯。在油孔的上方，安装储油器，有保护油孔的作用，并增加储油量而减少加油次数。如图6－1－2所示为各种油杯的结构形式。如图6－1－2（a）所示为自动关闭式弹簧盖油杯，其缺点是突出在零件外部。如图6－1－2（b）所示为球阀式油杯，可以镶在零件的表面以下，需要用专用油枪加油。如图6－1－2（c）所示为旋盖式油杯，用于润滑脂润滑。如图6－1－2（d）所示为压注油杯，用润滑油润滑，需要用专用油枪加油。

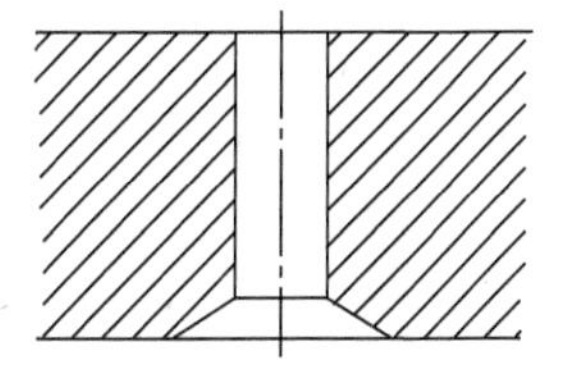

图6－1－1　油孔

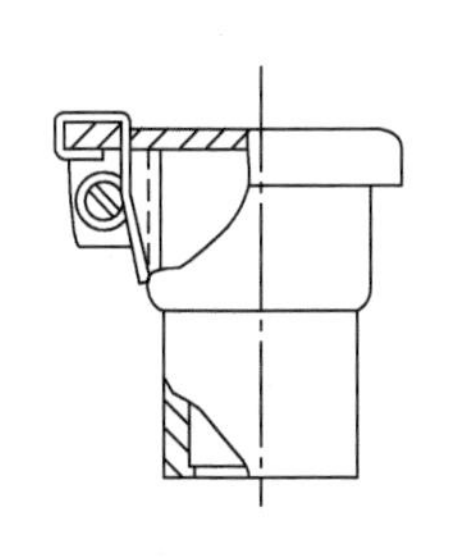

（a）自动关闭式弹簧盖油杯

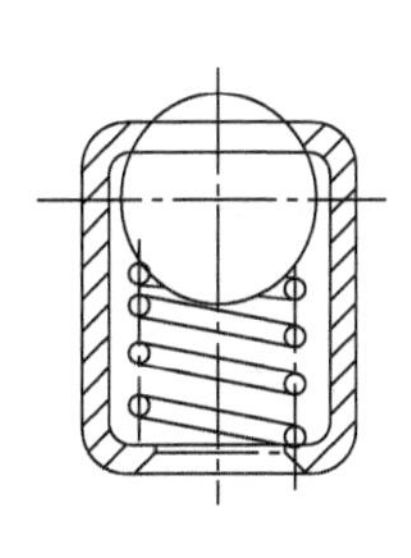

（b）球阀式油杯

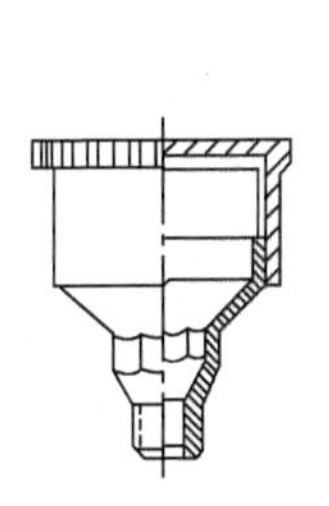

（c）旋盖式油杯

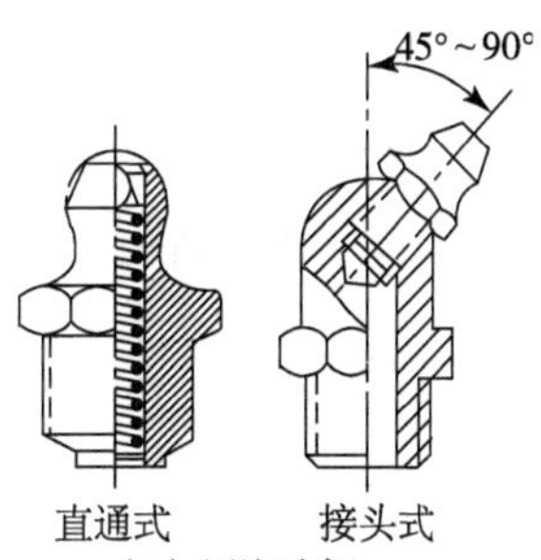

（d）压注油杯

图6－1－2　油杯

人工润滑装置在机器润滑图中均有说明。国产印刷机润滑点的位置、润滑周期及对润滑油的要求在润滑图中标明。表6－1－1和表6－1－2介绍了与润滑工作相关的一些润滑图中所用符号及意义。

如“●A”表示100号机油，每日一次，加油处在操作面；“▲A、B”表示加黄油，每周一次，加油处在操作面及传动面。

海德堡印刷机手工润滑点用颜色标示：红色表示每日润滑，黄色表示每周润滑一次，蓝色表示每月润滑一次；绿色表示每六个月润滑一次。

表6－1－1　机器润滑点符号及意义

符号	润滑油种类	润滑周期
●	100号机油	每日一次
○	100号机油	每周一次
▲	黄油	每周一次
⬇	46号机油	每三个月一次
△	黄油	每半年一次

表6－1－2　润滑图中的一些符号及意义

符号	含　义
◒	油窗
⊗	油塞
○	清洗
A	操作侧
B	传动侧

（2）滴油润滑装置

如图6－1－3（a）所示为油绳式弹簧盖油杯，滴油润滑装置利用虹吸原理和毛细管作用，依靠油绳（棉绳或羊毛绳），将油杯内的润滑油滴入需润滑的摩擦副上。油绳能起滤清杂质的作用。缺点有：油绳不能调节滴油量，在机器停转时，不能停止滴油；油绳在长期工作以后，毛细作用降低，甚至会停止供油，必须定期检查或更换。

在早期的单张纸平版印刷机上，往往在一个大油杯处集中多条油绳，给多根导油管滴油。

如图6－1－3（b）所示的针阀式油杯可以克服这个缺点，且供油速度以调节，当手柄在水平卧倒位置时，针阀在弹簧的推力作用下而被推下，使出油孔堵住，当手柄直立时，针阀被提起，油即源源滴出，出油速度由调节螺母调整并可通过观察孔窗观察滴油情况。

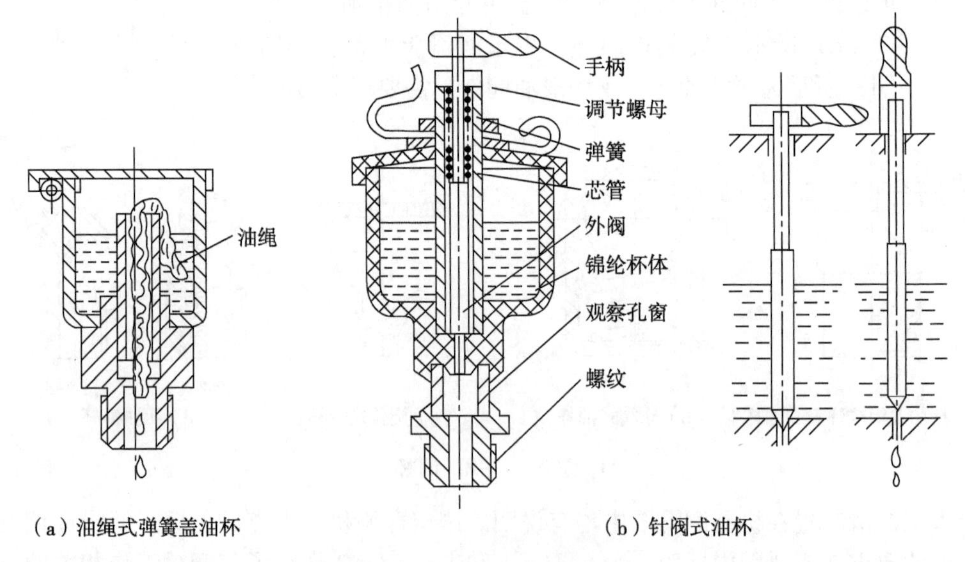

（a）油绳式弹簧盖油杯　　（b）针阀式油杯

图6－1－3　滴油润滑装置

（3）油池润滑装置

把所需润滑的机件放在密封箱内，保持油面一定高度，使工作零件部分浸入油池内，这种润滑方法称为油池润滑装置。此方法用以润滑传动齿轮和滚动轴承等。油池润滑的优点是自动、可靠，给油充分、油耗少。缺点是当油量过多、零件运转速度过大时，会造成油的发热和氧化，增加能量消耗。

（4）循环润滑装置

循环润滑装置由贮油箱、油泵、滤油器及油管等组成。在印刷机墙板的外侧，有较多的传动齿轮、轴承等，需要润滑的摩擦副相对集中，可以采用循环润滑装置进行自动润滑。如图6－1－4所示为印刷机循环润滑装置，贮油箱内的润滑油经过滤器1由导管进入油泵2的进油口，油泵的出油口经导管将油输送至分油器3，将油分配至各个需润滑的部位。如印刷滚筒的滑动轴承、递纸牙摆动轴承、传动面外侧的传动齿轮等零件。

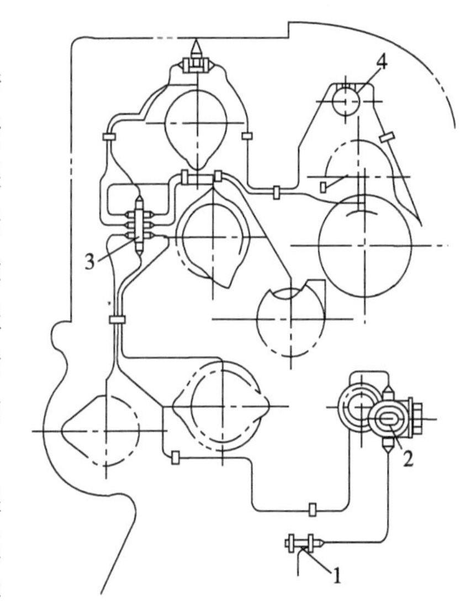

图6－1－4　循环润滑装置

1—过滤器；2—油泵；3—分油器；4—润滑部位

油泵是润滑系统的动力源，提高机油压力，保证机油在润滑系统内不断循环。印刷机常用的油泵是齿轮泵，它由相啮合的齿轮转动，按转动方向将润滑油从进油口输向出油口。齿轮泵结构简单、加工方便，工作可靠，使用寿命长，输油效率高。

滤油器的作用是防止铁屑、杂质等进入润滑系统。一般印刷机的滤油器是过滤式滤油器，当使用时间较长时，滤芯就会被堵塞，需要定期清洗或更换。

新机器在开始使用两周后，应彻底更换油一次。一般情况下，建议2～3个月换油一次。换油时应对油池彻底清洗。电动机每工作一年应进行一次清洗和加润滑脂。过滤器每隔1～2月应清洗一次，发现润滑油变黑，应更换滤芯。

五、印刷设备润滑“五定”内容

①定点：根据设备的润滑部位和润滑点的位置及数量进行加油、换油，并要求熟悉它的结构和润滑方法。

②定质：使用的油品质量必须经过检验，符合该台设备使用标准；清洗换油时要保证清洗质量，润滑油应保持清洁；设备上润滑装置要完好，防止尘土、铁屑、粉末、水分等落入。

③定量：在保证润滑良好的基础上，本着节约用油的原则加油，机台应该有油的定额。

④定时：按照设备规定的时间进行加油，并按换油周期进行清洗换油。

⑤定人：规定什么润滑部位和润滑点由谁负责加油、换油。

思考题

1. 润滑的作用是什么？
2. 润滑剂种类包括哪些？如何选择？
3. 人工润滑装置有哪几类？
4. 在什么场合下设置循环润滑装置？

任务 6.2 清洁、保养印刷机

1. 学习目标

知识：掌握印刷机清洁的内容；熟悉印刷机的保养；熟悉主要装置的保养，了解印刷机的维修。

能力：能够清洁印刷机；能够保养印刷机。

情感：通过案例教学激发学生的好奇心和学习兴趣。

2. 教学方法

宏观——四步教学法，微观——引导、案例教学，分组讨论。

3. 教学实施

工作过程	工作任务	教学组织
资讯	（1）印刷机的清洁； （2）印刷机的保养； （3）主要装置的保养和维护； （4）印刷机维修	（1）公布项目和工作任务； （2）学生分组，明确分工
计划	（1）清洁印刷机； （2）保养印刷机	（1）学生制订完成任务的方案，包括完成任务的方法、进度、学生的具体分工； （2）对学生提出的方案进行指导，帮助形成方案
实施	（1）按计划项目实施； （2）技术文件归档	（1）各小组按照制订的工作任务逐项实施； （2）对任务进行重点指导； （3）技术文件归档
检查评估	（1）分析学生完成任务的情况，并提出改进措施等； （2）技术文件归档； （3）完成个人报告； （4）撰写小组自评报告	（1）评估任务完成的质量、关注团队合作、考勤等； （2）教师指出过程中的不足，团队分析原因，提出优化意见

4. 工作对象

平版印刷机。

5. 工具

教材、课件、多媒体、黑板、抹布、铲墨器、墨刀、机油、还原剂等。

6. 教学重点

主要装置的保养和维护。

7. 考核与评价

结合实施任务书和任务考核表进行考核与评价。其中，成果评定 60%、学习过程评价 30%、团队合作评价 10%。

实施任务书

项目	项目内容	操作方法
1	清洁印刷机	
2	保养印刷机	

任务考核表

项目	考核内容	考核点	评价标准	分值
1	清洁印刷机	安全性	提出安全注意事项，出现安全事故按0分处理	10
		操作方法	（1）清洗印版； （2）清洗橡皮布； （3）清洗压印滚筒； （4）清洗墨路； （5）清洗水路； （6）清洗滚枕	60
		质量要求	动作规范，操作步骤正确，清洗部位整洁	30
2	保养印刷机	安全性	提出安全注意事项，出现安全事故按0分处理	10
		操作方法	（1）日保； （2）月保； （3）季保； （4）年保	60
		质量要求	计划详细、动作规范、操作步骤正确	30

一、印刷机清洁

清洁工作是维护保养机器的重要方法。保持机器清洁，可提高其使用寿命，及时发现事故隐患，掌握机器磨损和损坏情况，做到及时检修。在清洁机器时，必须注意以下事项：

①擦拭机器时，必须关闭电源。

②擦布不宜使用零星碎布，使用时应将擦布包扎拿好，防止遗落在机器内。

③检查油孔是否堵塞，保持油管或油眼的畅通。

④检查是否有零件损坏，螺丝、螺母松动现象。

⑤擦拭必须转动机器时，应先进行“呼（长按电铃）”，待其他人员有相应的呼声后才可转动机器，以免造成安全事故。

⑥擦拭完毕，必须对机器进行全面检查，由人工反盘车，仔细检查是否有擦布或其他物件遗落在机内，防止造成机器损坏事故。

⑦清除输纸机、输纸板、前规、侧规等装置上的纸粉。

⑧保持滚枕清洁。

⑨清除机身下面的废纸及其他垃圾、油盘中的积油及踏脚板上的油垢，保持机身干净。

⑩在清洁机器四周的场地时，应防止纸屑、灰尘飞起。

⑪如果长时间停机，需装好机罩，用塑料布等将其遮盖，以防止出现灰尘侵入机内而加速机件磨损的情况。

二、印刷机的保养

机器保养直接关系机器的使用寿命与工作性能，是印刷机必须经常做的一项基础性工作。机器保养的好坏反映出操作者的技术水平，也体现出一个印刷企业的管理水平与管理能力。

1. 设备维修保养制度

印刷机按保养级别可分为日常保养、一级保养和二级保养。

(1) 日常保养

日常保养是指设备的例行保养，设备使用人员在班前、班后对机器进行必要的清洁擦拭，按润滑要求加油。

①每天开机前按规定给机器加油。

②经常打扫机器表面，发现油污或油墨要马上擦去。

③尾班要洗干净墨辊、水辊、墨铲、墨槽、刮墨斗。

④下班时要擦洗橡皮布及压印滚筒并要洗净各滚筒滚枕。

⑤定期给机器加润滑脂，检查油路，清洁各叼纸牙机构灰尘。

⑥严格遵守操作规程，认真检查设备运行情况。

⑦设备发生故障应及时排除并做好记录。

⑧经常保持设备周围清洁、整齐、无油垢、无垃圾等杂物。

(2) 一级保养

以操作工人为主，维修工人为辅，根据一级保养细则要求认真做好保养工作。一级保养完成后应填写一级保养作业单，并由车间或班组设备员验收。一班制设备每半年做一次一级保养工作，二班制设备每季度做一次一级保养。

(3) 二级保养

以维修工人为主，操作工人为辅，根据二级保养细则要求认真做好保养工作，完成后应填写二级保养作业单，并由车间设备员、厂设备管理员验收。

2. 印刷机的定位保养检查

保养按周期可分为日保、周保、月保、季保、半年保和年保。日保即每天的保养，周保即每周进行一次保养，其他类推，保养周期不同，其保养内容也不相同。

三、主要装置的保养和维护

1. 输纸装置的保养和维护

现代多色平版印刷机，印刷速度高，输纸装置的气泵必须使用石墨泵，而不能使用加润滑油的气泵。

回转式导阀每月都要清洁一次，清洁旋转阀要使用汽油或酒精，不可使用煤油或机油，以防旋转阀咬死。旋转阀清洁完毕不必加润滑油或润滑脂，因为石墨泵中的石墨粉起到了润滑作用。输纸器分纸凸轮和送纸凸轮每周要加适量的润滑脂，予以润滑，切记不可过量，过量会造成分纸吸嘴或送纸吸嘴的动作失调，影响产品质量。为了确保输纸器送纸吸嘴动作的稳定性，输纸器的送纸吸嘴动作不仅受凸轮的控制，还受导槽的控制，所以在保养输纸器时，导槽内也应适当加注润滑脂，以减少机械摩擦。

输纸前端处的摆动挡纸牙每周都必须加注润滑油一次，因为纸粉、纸毛极易造成摆动挡纸牙缺油而干摩擦。在加油时，油量要适当。以免油迹碰到纸张上而影响产品质量或造成产品的报废。

输纸台板上一般设置6～8根线带，线带被绷紧在线带轴上起输送纸张的作用，在线带轴座上都设有加油孔，每周必须对线带轴轴承加油。

每周设备保养时，对机械双张检测控制器的摆动及转动进行确认，以免闷车事故发生。

2. 定位装置的保养和维护

定位装置是多色平版印刷机的重要部件之一，产品套印的准确性主要靠定位装置来保证，定位装置的保养主要包括前规和侧规相应的润滑。

3. 润湿与输墨装置的保养和维护

输墨装置的保养需根据操作说明书的要求定期加注润滑脂；对已老化或呈橘子皮状的墨辊及时更换，并在拆卸墨辊时对两边的轴承进行检查，如有松动或磨损，应及时更换，以免造成轴座或轴套的过量磨损和脱落。

在清洗墨辊时，极易造成油墨溅入传动齿轮中，所以在清洁保养过程中，要注意对传动齿轮的清洁，在安装水辊时要注意对传动齿轮加注润滑脂。

水斗辊和着水辊使用一定周期后都会发生直径缩小，当水辊调节到传动齿轮稍有振动时，应更换水辊，以免造成传动齿轮不正常磨损而产生白条痕。

4. 印刷装置的保养和维护

为了避免损坏压印滚筒表面，各种可能产生机械损害的物质（刻针、砂皮、含抛光剂的清洁液、墨铲等）不要作用于滚筒表面。每天至少要手工清洗压印滚筒表面一次，不要使用强酸（如洁版剂）及油墨清洗剂清洁滚筒的表面，不要使用含氯的清洁剂。强碱溶液同样不能作用于压印滚筒表面，印刷滚筒的肩铁必须每天清洁一次。

压印滚筒的叼牙轴每月加注润滑脂一次，开闭牙滚轮每周加注润滑脂一次，开闭牙凸轮每周加润滑脂一次，每年或适时清洁牙片与牙垫，清洁方法按操作说明书进行。

传纸滚筒工作的稳定性关系到产品套印的准确性。传纸滚筒一般都有因纸张厚度变化而调节牙垫高低的结构，在印刷常规规定范围厚度的纸张时，不必调节该机构。在印刷非常规厚度纸张时，必须调节传纸滚筒上的牙垫高低，否则会造成套印不准和传纸滚筒的叼牙非正常磨损。传纸滚筒叼牙轴上有多个润滑脂嘴，在每月的设备保养时，要加注适量的润滑脂以确保传纸装置的工作稳定性。

传纸滚筒叼牙开闭牙滚轮是套印准确的关键，建议每周都对传纸滚筒的开闭牙滚轮加注耐高温的润滑脂，同时在开牙凸轮上加注适当的润滑脂，以减小磨损，因为一旦凸轮磨损，将影响套印的准确性，而且更换凸轮相当麻烦。

5．收纸装置的保养和维护

每季度要用钢丝板刷将吸附在收纸链条上的油垢擦干净。否则不管是手动加油还是自动加油，油都仅仅加在链条的油垢上，而链条本身并未受到机油的润滑。

多色平版印刷机都配置了喷粉装置，大量的喷粉会堆积在收纸压风装置上或支撑杆上，当喷粉堆积到一定程度就会发生“雪崩”情况，如“雪崩”落在大面积实地上，就会造成产品报废。所以在印刷大面积实地的产品时，首先要对整个收纸装置进行除尘工作，否则会引起不该有的质量弊病，或造成不必要的经济损失。

收纸牙排加注润滑脂的工作必须坚持每月一次，收纸牙排开闭牙幅度虽然不大，但每天需开闭上万次，忽视了对牙排的保养而造成了过早、过量的磨损，会造成牙排叼力不足或牙排不放纸的故障，容易发生剥纸故障。

6．上光装置的保养和维护

当印刷完成后或印刷中断，要用水清洗橡皮布，当涂布结束时排空涂布液，使用小号塑料清洁刮刀除去涂布盘中遗留的涂布液。

接通涂布供给装置清洗液体管道，对涂布液盘、涂布液泵、涂布系统进行完整的清洗并一直保持足够多的循环水，直至彻底清洗干净涂布液盘、涂布液斗辊和计量辊为止。如不及时清洗涂布系统，将会造成涂布液干结的严重后果，清洗完毕要将涂布辊与计量辊处于分离状态。

7．干燥装置的保养和维护

当干燥装置工作时，按操作说明书中的要求使用油墨和上光油。当印刷机使用溶剂时，不准将溶剂流入烘干区域。溶剂不许存放或应用于干燥区域，否则，由于溶剂受热而汽化，有可能引起爆炸。

印刷机自动清洗时，必须设置好清洗程序，这样当橡皮滚筒进入印刷状态时，表面是干燥的，不会将清洗液带入干燥区域。及时清理干燥区域的废纸，否则有可能引起着火。

在保养工作开始之前，关闭干燥器主电源，并将干燥器开关置于“安全”位置。

四、印刷机的维修

印刷机是有一定使用寿命的，在日常运转生产中也会发生故障，为此，加强印刷机的维修工作，可以维护和恢复印刷机的精度及技术性能，降低故障率，提高印刷机的利用率，延长印刷机的使用年限。

1．维修工作的分类

①小修。一般是指日常的维修工作，只是更换已损坏的中、小型零件的维修。维修时间较短，一般在数时或数日内即可完成。

②中修。对印刷机局部关键主件进行更换或修理，维修时间较长，一般需要 10 天左右的时间。

③大修。对印刷机进行全面彻底的检查和修理，更换或修补所有超过磨损标准的零部件，维修时间一般长达 3 ~ 6 个月。

2．维修的依据

印刷机的维修，特别是中修、大修工作，工作量大，停机时间长，对印刷厂生产的影响较大，所以制定中修、大修计划要有一定的依据。

（1）印刷产品的质量

通过对印刷产品质量的检验与分析来确定是否需要大修。其方法是用150线/英寸，网点面积率为50%左右的平网印刷，然后观察印品是否有杠子，网点是否变形，输纸机输纸是否正确和正常，套印误差的大小等。若印品有明显的条杠，网点严重变形，套印误差较大，则应考虑该机的大修事宜。值得注意的是，当检验产品质量时，要分清影响产品质量的因素是机器本身还是其他因素（如机器的调节、纸张、油墨等）造成的。

（2）印刷机的使用时间

印刷机在使用过程中，不可避免地会出现自然磨损，机器的精度和技术性能会发生变化，使用效率及产品质量会降低。当印刷机的使用价值（由产品质量、产量等决定）降低时，就应对该机大修，否则其使用价值会明显降低。

（3）印刷机的精度指数

印刷机的精度指数是衡量机器磨损状况的综合指标，此值过大说明印刷机的磨损严重，因此该数值是印刷机大修的重要依据。

对印刷机的某些关键部位进行检验，求得数据，掌握各部件磨损情况，然后利用精度指数计算公式进行计算和分析。

$$T = \sqrt{\frac{\sum (T_P/T_S)^2}{n}}$$

式中　T——机器的精度指数；

T_P——精度指数的实际测量值；

T_S——精度指数的许可值；

n——检验的项目数。

计算结果按以下规定进行评定：

当$0.5 < T \leqslant 1$时，为机器大修后的验收条件；

当$1 < T \leqslant 2$时，机器仍可继续使用，但需加强维护保养和调节工作；

当$2 < T \leqslant 2.5$时，机器应进行大修或重点项目的修理；

当$T > 2.5$时，机器应大修或更新。

3. *主要零部件的修复方法*

修理的目的在于恢复零件原有的结构尺寸，消除零件几何形状的改变，恢复部件原有的配合精度，使印刷机恢复原有的工作能力。修理方法有：一是将已损坏的零件报废，更换新的零件；二是对零件进行修复。对平版印刷机的修理来说，尽可能采用后一种方法，因为零件重新制造需要较长的周期，特别是一些关键件的制造周期长，往往要很长时间才能制造出来，而采用修复方法比较容易，周期短，省工又省料。

（1）焊接法

焊接法包括气焊和电焊，焊接法常用于钢件、铸铁件，有色金属件的焊接修理中也广泛使用气割的方法来修理零件。

（2）电镀法

电镀是修复零件磨损表面，提高其耐磨性的一种常用方法。电镀按其镀层的性质和用途分为两种：一是防腐蚀装饰镀层，主要是防止零件在有腐蚀性介质中发生的化学和电化学腐蚀磨损，这种镀层有镀锌、镀铜、镀镍和镀铬等；二是物理耐磨性镀层，主要是能够增加零件对机构磨损的抵抗力，提高零件的表面硬度，恢复零件的几何尺寸，同时也能提高零件的防腐蚀性能。

电刷镀是从槽镀技术基础上发展起来的一种新的电镀方法，其原理和电镀原理基本相同，也是一种电化学沉积过程，其工作原理是将表面处理好的工件与专用的直流电源的负极相连，作为刷镀的阴极；镀笔与电源的正极连接，作为刷镀的阳极。刷镀时，使包套中浸满电镀液的镀笔以一定的相对运动速度在被镀零件表面上移动，并保持适当的压力。这样，在镀笔与被镀零件接触的那些部分，镀液中的金属离子在电场力的作用下扩散到零件表面，在表面获得电子被还原成金属原子，这些金属原子沉积结晶就形成了镀层。随着刷镀时间的延长，镀层逐渐增厚，直至达到需要的厚度。

(3) 金属喷涂法

修复磨损的零件而又不破坏基体金属的机械性能，除了采用电镀的方法以外，还可以应用金属喷涂的方法。金属喷涂法修复零件的过程是将金属丝或金属粉末熔化。用压缩空气把熔化的金属喷散成雾状的极细颗粒，以很高的速度喷射到零件的表面上。金属微粒因被高速度喷射到零件表面上，产生撞击而发生变形，填充在零件表面经过预先处理的粗糙面和不平滑处，随着继续喷射形成完整的涂层。这一金属涂层要比原金属基体的硬度高得多，从而提高了零件的机械性能。

(4) 机械加工修复法

零件修理过程中，机械加工是最基本的修理方法，不论是以机械加工法为主，还是用其他修复方法，都离不开机械加工。以机械加工为主的修复方法有修理尺寸法、镶套修复法、零件的局部更换法、转向和翻转修理法。其中修理尺寸法和镶套修复法在印刷机零件修复中得到了广泛的应用。

修理尺寸法是修复配合副零件磨损的一种方法。它是将待修配合副中的一个零件利用机械加工的方法恢复其正确的几何形状并获得新的尺寸，然后选配具有相应尺寸的另一配合件进行配合。如将滚筒轴颈外圆磨削小些，按照实际尺寸配制轴套或偏心套。

附加零件修理法（也叫镶套修理法）是通过机械加工方法将磨损部分切去，恢复零件磨损部位的几何形状，然后加工一个套并采用过盈配合的方法将其镶在被切去的部位，以代替零件磨损或损伤的部分，恢复到基本尺寸的一种修复方法。如将滚筒已磨损的轴颈磨削到一定尺寸，加工一个钢套并把钢套镶入轴颈，然后磨削钢套外圆到要求的尺寸。

思考题

1. 做好日常清洁工作有何实际意义？
2. 平版印刷机的三级保养的内容是什么？
3. 平版印刷机维修工作分哪几类？

情景7 实施印刷

知识目标

1. 熟悉印刷过程。
2. 学会阅读施工单。

能力目标

1. 掌握平版印刷机的基本操作。
2. 能够独立完成中等复杂程度印刷品的印刷。

任务7.1 单色印刷品印刷操作

1. 学习目标

知识：熟悉印刷单色印刷品的操作流程。

能力：能独立完成一件单色印刷品的印刷。

情感：通过案例教学激发学生的好奇心和学习兴趣。

2. 教学方法

宏观——四步教学法，微观——引导、案例教学，分组讨论。

3. 教学实施

工作过程	工作任务	教学组织
资讯	针对所用印刷机，学习操作手册	(1) 公布项目和工作任务； (2) 学生分组，明确分工
计划	(1) 准备油墨、纸张、印版、润版液； (2) 根据纸张情况，调节机器各部件； (3) 安装印版； (4) 根据样张、印版调节墨斗输出墨量； (5) 调节水量； (6) 调节输纸装置； (7) 试印刷，校版； (8) 动态调节墨色	(1) 学生制订完成任务的方案，包括完成任务的方法、进度、学生的具体分工； (2) 对学生提出的方案进行指导，帮助形成方案

续表

工作过程	工作任务	教学组织
实施	（1）按计划项目实施； （2）技术文件归档	（1）各小组按照制订的工作任务逐项实施； （2）对任务进行重点指导； （3）技术文件归档
检查评估	（1）分析学生完成任务的情况，并提出改进措施等； （2）技术文件归档； （3）完成个人报告； （4）撰写小组自评报告	（1）评估任务完成的质量、关注团队合作、考勤等； （2）教师指出过程中的不足，团队分析原因，提出优化意见

4．工作对象

单色平版印刷机。

5．工具

教材、课件、多媒体、黑板、工具箱、纸张。

6．考核与评价

结合实践任务书和任务考核表进行考核与评价。其中，成果评定 60%、学习过程评价 30%、团队合作评价 10%。

实施任务书

调节内容	调节方法
准备工作	
装、校版操作	
调节水墨	
调节输纸装置	
调节收纸装置	
印刷操作	

任务考核表

项目	考核内容	评价标准	分值
安全性	安全注意事项	操作不出现安全事故	10
操作方法	准备工作	准备油墨、纸张、印版、润版液	5
	装、校版操作	操作方法正确，无拉断（裂）印版	5
	调节水量	操作方法正确	5
	调节墨量	操作方法正确	5
	调节输纸装置	根据纸张大小、厚度情况，调节输纸装置	5
	调节收纸装置	根据纸张大小、厚度情况，调节收纸装置	5
	印刷操作	调节方法正确	20

续表

项目	考核内容	评价标准	分值
质量要求	图文在纸张上位置	位置合适	10
	印张上的墨色	密度差不超过0.3	15
	印张上的缺陷	无印刷故障，出现一个故障，扣5分	15

任务7.2　四色印刷品印刷操作

1．学习目标

知识：熟悉印刷四色印刷机的操作流程。

能力：能独立完成一件四色印刷品的印刷。

情感：通过案例教学激发学生的好奇心和学习兴趣。

2．教学方法

宏观——四步教学法，微观——引导、案例教学，分组讨论。

3．教学实施

工作过程	工作任务	教学组织
资讯	针对所用印刷机，学习操作手册	（1）公布项目和工作任务； （2）学生分组，明确分工
计划	（1）准备油墨、纸张、印版、润版液； （2）根据纸张情况，调节机器各部件； （3）安装印版； （4）根据样张、印版调节墨斗输出墨量； （5）调节水量； （6）调节输纸装置； （7）调节套准； （8）试印刷，校版； （9）动态调节墨色	（1）学生制订完成任务的方案，包括完成任务的方法、进度、学生的具体分工； （2）对学生提出的方案提供指导，帮助形成方案
实施	（1）按计划项目实施； （2）技术文件归档	（1）各小组按照制订的工作任务逐项实施； （2）对任务进行重点指导； （3）技术文件归档
检查评估	（1）分析学生完成任务的情况，并提出改进措施等； （2）技术文件归档； （3）完成个人报告； （4）撰写小组自评报告	（1）评估任务完成的质量、关注团队合作、考勤等； （2）教师指出过程中的不足，团队分析原因，提出优化意见

4. 工作对象

四色平版印刷机。

5. 工具

教材、课件、多媒体、黑板、工具箱、纸张。

6. 考核与评价

结合实践任务书和任务考核表进行考核与评价。其中，成果评定60%、学习过程评价30%、团队合作评价10%。

实施任务书

调节内容	调节方法
准备工作	
装、校版操作	
调节水量	
调节墨量	
调节输纸装置	
调节收纸装置	
调节套准	
印刷操作	

任务考核表

项目	考核内容	评价标准	分值
安全性	安全注意事项	操作不出现安全事故	10
操作方法	准备工作	准备油墨、纸张、印版、润版液	5
	装、校版操作	操作方法正确，无拉断（裂）印版	5
	调节水量	操作方法正确	5
	调节墨量	操作方法正确	5
	调节输纸装置	根据纸张大小、厚度情况，调节输纸装置	5
	调节收纸装置	根据纸张大小、厚度情况，调节收纸装置	5
	调节套准	调节套准方法正确	5
	印刷操作	操作方法正确	15
质量要求	图文在纸张上位置	位置合适	5
	套准	套准误差不超过0.2mm	5
	印张上的墨色	墨色均匀、密度差不超过0.3	15
	印张上的缺陷	无印刷故障，出现一个故障，扣5分	15

参 考 文 献

[1] 赵吉斌．平版印刷机结构与维护操作．北京：化学工业出版社．2007.
[2] 潘杰．现代印刷机原理与结构（2 版）．北京：化学工业出版社．2010.
[3] 周玉松．现代胶印机的使用与调节．北京：中国轻工业出版社．2009.
[4] 袁顺发．印刷机结构与调节．北京：印刷工业出版社．2008.
[5] 宁荣华．海德堡 102 系列胶印机维修与调节．北京：印刷工业出版社．2005.
[6] 唐裕标，吴明根．四色胶印机操作教程．北京：化学工业出版社．2007.
[7] 唐耀存．印刷机结构调节与操作．北京：印刷工业出版社．2006.
[8] 韩玄武，郑莉．海德堡单张纸胶印机操作技术．北京：化学工业出版社．2008.
[9] 陈虹．印刷设备概论．北京：中国轻工业出版社．2010.
[10] 杨海俊．印刷机结构和调节．北京：中国劳动保障出版社．2005.
[11] 严永发，袁朴，柳世祥．胶印机操作与维修．北京：印刷工业出版社．2006.
[12] 潘杰．平版印刷机操作指南．北京：化学工业出版社．2005.
[13] 唐裕标，胡根荣．平版印刷工职业技能鉴定教程．北京：化学工业出版社．2007.
[14] 冯焕玉．进口胶印机调节与维修．北京：印刷工业出版社．2008.
[15] 冷彩凤，陈满儒．平版胶印机使用与调节．北京：中国轻工业出版社．2007.
[16] 武吉梅．单张纸平版胶印印刷机．北京：化学工业出版社．2005.
[17] 潘光华．印刷设备．北京：中国轻工业出版社．2007.
[18] 张慧文，邵伟雄．平版印刷机使用与调节．北京：印刷工业出版社．2008.